中国轻工业 "十三五" 规划立项教材

高等学校酿酒工程专业教材

酒精工艺学

石贵阳　主编

中国轻工业出版社

图书在版编目（CIP）数据

酒精工艺学/石贵阳主编. —北京：中国轻工业
出版社，2020.11
ISBN 978 - 7 - 5184 - 3006 - 2

Ⅰ. ①酒⋯　Ⅱ. ①石⋯　Ⅲ. ①乙醇—生产工艺—
高等学校—教材　Ⅳ. ①TQ223.12

中国版本图书馆 CIP 数据核字（2020）第 082868 号

责任编辑：江　娟　王　韧　靳雅帅　　策划编辑：江　娟　　责任终审：劳国强
整体设计：锋尚设计　　　　　　　　　　责任校对：燕　杰　　责任监印：张　可

出版发行：中国轻工业出版社（北京东长安街 6 号，邮编：100740）
印　　刷：三河市国英印务有限公司
经　　销：各地新华书店
版　　次：2020 年 11 月第 1 版第 1 次印刷
开　　本：787×1092　1/16　印张：20.5
字　　数：420 千字
书　　号：ISBN 978 - 7 - 5184 - 3006 - 2　定价：58.00 元
邮购电话：010 - 65241695
发行电话：010 - 85119835　传真：85113293
网　　址：http://www.chlip.com.cn
Email：club@ chlip.com.cn
如发现图书残缺请与我社邮购联系调换
151152J1X101ZBW

黄名正（贵州理工学院）

寰华丽（华南农业大学）

李宪臻（大连工业大学）

李　艳（河北科技大学）

廖永红（北京工商大学）

刘世松（滨州医学院）

刘新利（齐鲁工业大学）

罗惠波（四川理工学院）

毛　健（江南大学）

邱树毅（贵州大学）

单春会（石河子大学）

孙厚权（湖北工业大学）

孙西玉（河南牧业经济学院）

王　栋（江南大学）

王　君（山西农业大学）

文连奎（吉林农业大学）

贠建民（甘肃农业大学）

赵金松（四川轻化工大学）

张　超（宜宾学院）

张军翔（宁夏大学）

张惟广（西南大学）

周裔彬（安徽农业大学）

朱明军（华南理工大学）

本书编写人员

主　编　石贵阳（江南大学）

参　编　张　梁（江南大学）

　　　　丁重阳（江南大学）

　　　　李由然（江南大学）

　　　　徐　沙（江南大学）

前　言

从 20 世纪 70 年代起，爆发了"能源危机"，人们开始认识到，廉价的原油是会用完的。人们试图利用可再生资源（如粮食或植物纤维）发酵生产酒精作为生物能源来代替或部分代替汽油。酒精是一种重要的工业原料，广泛应用于国民经济的各个部门，其生产方法主要有合成法和发酵法两大类。合成法生产酒精，不仅其产品成本受到石油价格的制约，而且产品中往往夹杂异构化高级醇类，对人的高级中枢神经有麻痹作用，不适宜在饲料、食品、医药、香料、化妆品等方面使用。而发酵法生产酒精，不仅可利用再生资源作原料，来源充沛，而且生产成本较为稳定，产品质量高，生产过程又较为简单，设备要求低。因此，在现行的酒精生产中，发酵法占有一个相当大的比重。

稻草、玉米和小麦秸秆是我国农村农业的三大废弃物，仅农作物秸秆、皮壳，每年产量就达 7.5 亿多吨，其中玉米、稻草、小麦秸秆所占比重分别为 35%、22%、21%。秸秆等木质纤维素由纤维素、半纤维素和木质素三部分组成，其中纤维素占 40% ~ 50%，半纤维素占 25% ~ 35%，木质素占 15% ~ 20%。农作物秸秆资源量大、稳定、可再生，解决秸秆中纤维素、半纤维素、木质素的降解利用问题，可为我国生产乙醇提供稳定的原料。本书从原料、预处理、菌种、工艺等方面对发酵制取酒精进行概述，旨在为开发低成本、高效新型预处理技术，为高效发酵菌及优化发酵工艺等提供参考。随着经济的发展，能源需求越来越大，开发新能源，可最大程度地利用现有潜在资源，缓解能源危机。纤维质原料在自然界中来源广泛，稻草、玉米、高粱、小麦秸秆、油茶籽饼粕是产量较大的纤维质原料，如何低成本、低能耗、轻污染、工艺简单地转化为酒精，还有很大的发展和研究空间。

用发酵法生产酒精，经常使用酵母菌为其发酵菌株。酵母对人类来说，是利用最多的微生物之一。由于拥有其他微生物所不具备的高酒精耐性，因此到现在还在酒精生产上被广泛应用。不论是在基础研究，还是在开发研究中，关于酵母的酒精耐受性机理的研究成为酵母研究者的重要课题之一。到目前为止，研究者通过不同酵母菌株对酒精耐受性比较、同一菌株的酒精耐受性的有无、用于酒精发酵的培养基组成的差异等，从生物化学、分子生物学角度进行了研究，获得了大量结果及成果。

细菌酒精发酵是目前的研究热点之一，主要探讨运动发酵单胞菌代替酒精酵母的可能性。目前它是可以和酒精酵母相匹敌，甚至将来可能取而代之的唯一细菌。运动发酵单胞菌作为乙醇产率高的天然微生物，具有巨大的开发潜力。随着生物化学和分子生物学研究技术的不断发展，构建可直接利用纤维素类等农业副产物高效生产乙醇的优良运动发酵单胞菌工程菌的前景越来越光明。就基础理论研究而言，运动发酵单胞菌所具有的一些特殊的糖代谢和能源代谢方式，可能与其耐受性和能量消耗有密切关系，是改造运动发酵单胞菌的理论依据。就运动发酵单胞菌在乙醇生产上的应用而言，从代谢工程学的角度出发，通过加入或修饰一些性能，如对乙醇和抑制物的耐受性、水解纤维素或半纤维素、耐热性、简化所需营养成分补给和糖转运等，选择性地提高其性能，为实际生产提供更优良的菌株。

酒精生产设备选型首先必须考虑生产上的适用，技术性能好，能满足生产工艺和产品设计的要求，并能提高生产效益。另外要考虑设备的先进性，并要求标准化、自动化程度高，易于操作，节约能源。劳保、安全和环保技术等也要符合国家要求，还必须要考虑经济上的合理性。酒精的提取纯化主要采用蒸馏工艺。蒸馏是利用液体混合物中各组分挥发性能的不同，将各组分分离的方法。乙醇的蒸馏是将发酵成熟醪液中的乙醇与其他组分分离，从而得到乙醇含量较高、杂质及水分含量较少的产品。现代乙醇企业普遍采用多塔多效蒸馏系统和计算机控制系统，生产乙醇的能耗大幅度降低，乙醇的质量也明显提高。

本书由江南大学石贵阳主编，张梁、丁重阳、李由然和徐沙参与编写，共分九章。系统介绍了酒精工业生产的概况，酒精生产的主要原料、生产用酶制剂和菌种、酒精发酵过程、酒精蒸馏与脱水、副产物的利用与处理和生产设备等。目前，大规模的市场需求给酒精工业提出了新的挑战和发展机会，生物工程、代谢工程、电子计算机等高新技术的发展使酒精工业的面貌发生了根本变化，给酒精生产领域注入了新的活力。基于此，编者以前瞻性的视角，凭借多年来在酒精工艺学方面的理论研究和生产实践经验编写此书。

编者虽然尽力收集最新资料，但限于能力和水平，书中一定有许多遗漏和不当之处，恳请读者批评指正。

本书特别感谢产、学、研多领域具有丰富经验的专家提供宝贵素材，他们是中国酒业协会酒精分会张国红秘书长，杜邦中国集团有限公司段钢博士，广西凭祥市丰浩酒精有限公司凌长清，太仓新太酒精有限公司茅伟刚，吴江永祥酒精制造有限公司汪李严，天津大学吕惠生教授，广东中科天元新能源科技有限公司姜新春，山东金塔机械集团有限公司孟华，吉林新天龙实业股份有限公司腾海涛，以及河南天冠企业集团有限公司张会湘。

编者

2020 年 10 月

目　录

第一章

绪 论

　　酒精（化学名乙醇，C_2H_5OH），广泛应用于国民经济的许多部门，通常由乙烯水合法制成，或经发酵法而得。本书所叙述工艺只涉及发酵法生产酒精。

第一节　酒精的性质与分类

　　酒精是一种有机物，结构简式为 CH_3CH_2OH 或 C_2H_5OH，分子式 C_2H_6O，是带有一个羟基的饱和一元醇，在常温、常压下是一种易燃、易挥发的无色透明液体，它的水溶液具有酒香的气味，并略带刺激气味。酒精液体的密度是 $0.789g/cm^3$（20℃），能与水以任意比互溶，且能与氯仿、乙醚、甲醇、丙酮和其他多数有机溶剂混溶；酒精气体的密度为 $1.59kg/m^3$，沸点是78.3℃，熔点是 −114.1℃，易燃，其蒸气能与空气形成爆炸性混合物。

　　酒精产品有不同的分类方法，如下所示。

　　（1）按生产使用的原料分类　分为淀粉质原料发酵酒精（一般由薯类、谷类和野生植物等含淀粉质的原料，在微生物作用下将淀粉水解为葡萄糖，再进一步由酵母发酵生成酒精）；糖蜜原料发酵酒精（直接利用糖蜜中的糖分，经过稀释杀菌并添加部分营养盐，借酵母的作用发酵生成酒精）；亚硫酸盐纸浆废液发酵生产酒精（利用造纸废液中含有的六碳糖，在酵母作用下发酵生成酒精，主要产品为工业用酒精，也有用木屑稀酸水解制作的酒精）。

　　（2）按生产的方法分类　分为发酵法酒精和合成法酒精两大类。

　　（3）按产品质量或性质分类　分为高纯度酒精、无水酒精、普通酒精和变性酒精。

　　（4）按产品系列分类　分为优级、一级、二级、三级和四级。其中一、二级相当于高纯度酒精及普通精馏酒精。三级相当于医药酒精，四级相当于工业酒精。新增二级标准是为了满足不同用户和生产的需要，减少生产与使用上的浪费，促进提高产品质量而制订的。

第二节　酒精工业发展概况

　　历史上关于蒸馏酒精的最早描述是12世纪的 Mappae Clavicula。18世纪末，首次报道了无水酒精的生产方法。但真正的工业化酒精生产是在19世纪末开始发展起来的，一直到第二次世界大战期间，发酵法生产酒精达到了高峰。

　　1973年石油危机使原油价格暴涨，各国政府为了避免石油短缺，都大力提倡和资助开发新能源。以酒精部分或全部替代汽油作为汽车燃料的计划得到各国政府的支持和鼓励，包括减免税收、保证贷款、保证销售等。在这个大背景下，发酵酒精再次进入大发展时期。

巴西从 1978 年产酒精 3300 吨，到 2019 年产酒精 2569 万吨，占全球产量 30%。美国后来居上，1979 年产燃料酒精仅 3 万吨，2019 年达到 4708 万吨，占全球产量达 54%。

在产量发展的同时，有关发酵酒精生产新技术和新工艺的研究，也得到了迅猛发展。一度成为科研的中心课题，发酵酒精生产经历了第二个大发展时期。

我国现代化酒精工业的历史不长，1907 年德国人在哈尔滨建立了我国第一个酒精厂；1920 年福建酒精厂成立，以薯干为原料发酵生产酒精；1922 年山东溥益酒精厂投产，以甜菜糖蜜为原料发酵生产酒精；1935 年上海中国酒精厂成立，以进口甘蔗糖蜜和薯干为原料发酵生产酒精。这些是我国的第一批酒精厂，到中华人民共和国成立前夕，全国总产量不及万吨，淀粉利用率仅 60% 左右，生产工艺均为间歇法，糖化剂用的是麦芽，原料不经粉碎。

20 世纪 50 年代初是恢复期，产量逐步发展。50 年代中期开始进行技术革新，首先用微生物糖化剂替代麦芽；用三段蒸煮替代间歇蒸煮，进而采用粉碎原料连续蒸煮；糖化方面采用混合冷却连续糖化，进而采用一级真空冷却连续糖化；糖蜜发酵实行了连续化，淀粉质原料的连续发酵也在一些工厂开始运转；发酵醪的蒸馏全部采用连续工艺。

20 世纪 70 年代，我国酒精工业开始采用液体曲，以后又有糖化酶、液化酶问世；80 年代中期，80~85℃ 液化和其他低温蒸煮工艺开始在我国酒精工业中得到应用。90 年代初高温 α-淀粉酶、高糖化力糖化酶、耐高温酵母、活性干酵母、差压蒸馏和各种酒糟处理新技术也开始应用，同时引进了国外一些酒精联产饲料的成套设备和技术，使我国的酒精生产水平上了一个新台阶。

近几年来，酒精发酵生产的发展，体现在食用酒精的质量要求提高和燃料酒精生产原料的拓展上。随着高端食用酒精的需求，2002 版食用酒精国家标准 GB 10343—2002，提出了特级酒精的标准，对甲醇浓度提出较高要求。GB 10343—2008 又对优级食用酒精的高级醇类提高标准。这也使国内的食用酒精生产工艺及设备都提高了要求，见表 1-1。

表 1-1 食用酒精（edible alcohol）国家标准（GB 10343—2008、GB 10343—2002、GB 10343—1989）比较

项目	单位	GB 10343—2008			GB 10343—2002			GB 10343—1989	
		特级	优级	普通级	特级	优级	普通级	优级	普通级
外观		无色透明			无色透明			透明液体	
气味		具有乙醇固有香气，香气纯正		无异臭	具有乙醇固有香气，无异味		无异臭	无异臭	

续表

项目	单位	GB 10343—2008			GB 10343—2002			GB 10343—1989	
		特级	优级	普通级	特级	优级	普通级	优级	普通级
口味		纯净、微甜	较纯净	纯净、微甜	纯正、微甜	较纯正	—		
乙醇	%（体积分数）≥	96.0	95.5	95.0	96.0	95.5	95.0	95.0	
氧化时间	min≥	40	30	20	40	30	20	30	15
色度	号≤	10			10			10	
硫酸实验	≤	10	10	60	10	10	60	10	80
甲醇		2	50	150	2	50	150	100	600
醛（以 CH_3CHO 计）		1	2	30	1	3	30	3	30
正丙醇		2	15	100	2	35	100	—	
异戊醇＋异丁醇		1	2	30	1	2	30	2	80
酸（以 CH_3COOH 计）	mg/L ≤	7	10	20	7	10	20	10	20
酯（以 $CH_3COOC_2H_5$ 计）		10	18	25	10	18	25	—	
不挥发物		10	15	25	10	20	25	20	25
重金属（以 Pb 计）		1			1			1	
氰化物（以 HCN 计）		5（用木薯为原料产品）			5（用木薯为原料产品）			—	

注： 1. 为比较方便，将 GB 10343—1989 的理化规定值单位核算为 GB 10343—2008 的理化规定值单位。

2. GB 10343—2008、GB 10343—2002 比较，主要体现在优级酒精的标准提高。

作为一种可再生能源，燃料酒精在 20 世纪 70 年代后得到迅猛发展。

目前全球燃料酒精年产量约 7300 万 t，其中美国占比超过 55%，巴西占比超过 25%，位列世界前 2 位。中国约为 245 万 t，虽位列第三，却只占 3%。

随着燃料酒精的需求暴涨，发酵酒精所需原料短缺，所以在 20 世纪 80 年代就已经在纤维素利用上做了大量工作。但原料预处理和酶制剂成本一直成为纤维素原料酒精与玉米酒精竞争上的障碍。

最近几年，美国面临玉米需求增长，价格上涨，到 2011 年年底，玉米乙醇退税补贴法案终止，玉米燃料乙醇成本快速上升。另一方面，美国政府一直对纤维素生产乙醇的技术路线持观望态度，主张各种技术路线并行发展。美国研发了浓酸水解、氨水处理、汽化蒸馏、酶解发酵等多种生产技术。经过多年的实践尝试，证明酶解发酵法污染低，能耗低，工艺流程相对简单，逐渐成为主流技术。截至 2019 年，全球燃料酒精年产量为 8672 万 t，其中美国和巴西的年产量和消费量均位列世界前两位，且占世界总量的 80% 以上。同时，国际能源署（IEA）于 2018 年 10 月发布的报告预测，到 2023 年，利用纤维质原料生产的二代燃料乙醇将达到 84 万 t。

我们国家从 2005 年开始生产燃料酒精，第一批试点企业有四家公司，分别是吉林燃料乙醇有限公司、河南天冠企业集团公司、黑龙江华润酒精有限公司、安徽丰原生物化学有限公司，总年生产能力约 150 万 t，原规划燃料酒精年总产量要达到 1200 万 t。

随着玉米原料供不应求及价格上涨，发改委叫停了粮食燃料乙醇的扩大发展，而要求燃料乙醇的发展要"不与人争粮，不与粮争地"，大力发展非粮食原料燃料乙醇，开发纤维素原料燃料乙醇。目前我国纤维素原料乙醇产业化进程落后于国际先进水平，但随着世界上以农业和林业废弃物为原料的纤维素乙醇技术不断取得进展，我国纤维素燃料乙醇技术已处在工业化突破的前夜。GB 18350—2013《变性燃料乙醇》理化规定值简表见表 1 - 2。

表 1 - 2　　　GB 18350—2013《变性燃料乙醇》理化规定值简表

项目		指标
外观		清澈透明，无可见悬浮物和沉淀物
乙醇/%	≥	92.1
甲醇/%	≤	0.5
溶剂洗胶质/（mg/100mL）	≤	5.0
水分/%	≤	0.8
无机氯（以 Cl^- 计）/（mg/L）	≤	8
酸度（以乙酸计）/（mg/L）	≤	56
铜/（mg/L）	≤	0.08
pH		6.5 ~ 9.0
硫/（mg/kg）	≤	30

GB/T 394.1—2008《工业酒精》感官和理化指标规定值简表见表 1 - 3。

表1-3　　GB/T 394.1—2008 《工业酒精》 感官和理化指标规定值简表

项目	单位	优级	一级	二级	粗酒精
外观			无色透明液体		淡黄色液体
气味			无异臭		—
乙醇 （20℃）	%vol≥	96.0	95.5	95.0	95.0
氧化时间	min ≥	30	15	5	—
硫酸试验色度	号≤	10	80	—	—
甲醇	mg/L≤	800	1200	2000	8000
醛 （以乙醛计）	mg/L≤	5	30	—	—
异丁醇+异戊醇	mg/L≤	10	80	400	—
酸 （以乙酸计）	mg/L≤	10		20	
酯 （以乙酸乙酯计）	mg/L≤	30	40		—
不挥发物油	mg/L≤	20	25	25	—

　　注： 从表中可见， 就优级品工业酒精而言， 由于其甲醇、 杂醇油、 醛、 酸、 酯等指标与食用酒精相比均严重超标， 故不能用于调制蒸馏酒， 否则将会产生严重后果。

第三节　发酵酒精工艺总体流程

　　发酵酒精的生产工艺，根据原料不同，大体为玉米原料发酵酒精、木薯原料发酵酒精和木质纤维素原料发酵酒精。生产工艺流程分别如下：

一、 玉米原料发酵酒精生产工艺流程

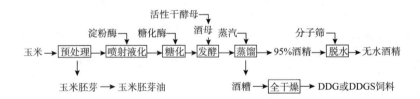

二、 木薯原料发酵酒精生产工艺

三、 木质纤维素原料发酵酒精的生产工艺流程

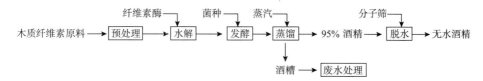

世界上各工厂发酵酒精的生产工艺大体类同，但综合水平差异较大，需要取长补短，边生产边提高，以减少原料消耗、能源消耗、废物排放，提高生产强度，最终降低生产成本。

第二章

酒精生产原料

第一节　主要原料分类

一、分类

常用的或具有潜在能力的原料有以下几大类：第一大类为淀粉质原料（粮食原料），包括薯类原料（甘薯、木薯和马铃薯等）、谷物原料（玉米、小麦、高粱、大米等）、野生植物（橡子仁、葛根、土茯苓、蕨根、石蒜、金刚头、香符子等）以及农产品加工副产物（米糠、米糠饼、麸皮、高粱糠、淀粉渣等）；第二大类原料为糖质原料，这类原料中最常用的是废糖蜜，其次是东欧用甜菜、巴西用甘蔗，具有潜在发展前景的是起源于美国的甜高粱（秸秆中含糖，结的高粱米含淀粉）；第三大类为纤维质原料，目前用于酒精生产或研究的有农作物秸秆，森林工业下脚料，木材工业下脚料，城市废纤维垃圾，甘蔗渣、废甜菜丝等工业下脚料等；还有其他原料，主要是指亚硫酸纸浆废液、各种野生植物、乳清等。野生植物虽然含有可发酵性物质，但从经济的角度来看，不具备真正成为酒精工业化生产原料的条件。不在非常时期，不应用它作为原料。乳清产量不大，短期内在我国不会成为重要的酒精生产原料。

在上述几类原料中，按目前生产水平，谷物原料中的玉米以其栽培面积大并逐年扩增，亩产（目前亩产 500~600kg）不断提高而占据原料主导地位。

薯类原料由于收获期温度较高，鲜薯含水量高达 75% 以上，收获和收购破伤后非常容易感染杂菌而腐烂，给生产带来困难，与谷物原料相比使用薯类原料的酒精企业逐年减少。

糖质原料在巴西等具独特地利的国家有很大优势，甘蔗作为巴西酒精主导原料，成功地解决了绿色、可再生能源问题。

二、成分分析

原料所含的化学成分，不仅关系着酒精生产率的高低，同时也影响酒精生产的工艺过程。常用原料中主要的化学成分如下。

1. 碳水化合物

原料中所含的淀粉，或与淀粉类似的菊糖、蔗糖、麦芽糖、果糖及葡萄糖等，这些物质都可以发酵生成酒精，同时也是霉菌和酵母的营养及能源，原料中含这些物质越多，生成的酒精也就越多，所以它和产量有着密切的关系。碳水化合物中的五碳糖多存在于原料的皮层，如麸皮、高粱糠、谷糠、花生壳等都含有很多，它不但影响淀粉含量，发酵中也易生成有害的糠醛。纤维素虽属于碳水化合物，但一般不能像淀粉一样水解，只起填充作用，对于发酵没有什么直接影响。

2. 蛋白质

原料含有的蛋白质，在酒精生产过程中，经曲霉菌的蛋白酶水解后，可作为霉菌和酵母菌生长繁殖的重要营养成分，而微生物细胞中，30%～50%（干重）是蛋白质。一般来说，当培养基内氮的含量适当，则曲霉菌丝生长旺盛，酶的含量也较高。有些原料所含蛋白质有时不能满足微生物生长和繁殖的要求，则应从外界加入氮源。氮源一般包括有机氮源和无机氮源两种，根据不同情况，添加不同种类的氮源。

3. 脂肪

脂肪对发酵有影响，如高粱糠、米糠等含油脂多，则生酸较快，生酸幅度也较大，影响酒精质量。一些酒精厂如采用玉米作为原料，总是把含油脂较高的玉米胚芽除去。

4. 灰分

灰分中的磷、硫、镁、钾、钙等是构成菌体细胞的重要成分，还有调节渗透压的作用，是微生物生长不可缺少的。不过，在一般原料中，灰分的含量已能满足需要。

5. 果胶

块根或块茎作物的原料（如甘薯、马铃薯、木薯等），果胶质的含量比粮谷类多好几倍，它是生成对人体有害的甲醇的主要来源，并对醪液的黏度也有影响。

6. 单宁

橡子、高粱等原料中，都含有大量的单宁。单宁带有涩味，遇铁就成蓝黑色，能把蛋白质凝固。而糖化酶和酵母细胞的主有成分是蛋白质，遇到单宁就凝固硬化，失去它应有的作用能力，不能进行正常的糖化发酵，所以，单宁的存在对酒精的生成是有害的。在用含单宁的原料生产酒精时，一定要考虑采用含单宁的霉菌作糖化剂，以分解单宁。

部分原料中还含有一些有碍发酵作用的成分，如木薯中的氢氰酸，发芽马铃薯中的紫色龙葵素，野生植物中的各种生物碱等。由于这些妨碍发酵物质的存在，会影响原料的出酒率，但是绝大多数的有害物质，经蒸煮和发酵作用，可被分解或破坏，也就失去了它的危害性。

第二节　各种生产酒精原料的特点

一、淀粉质原料

淀粉质原料主要包括谷物原料（玉米、小麦、高粱、水稻等）和薯类原料（甘薯、木薯、马铃薯等）。

1. 玉米

在我国，发酵生产酒精的主要原料就是玉米。由于玉米是主要的粮食作物之一，为了合理利用资源，在酒精工业生产上，要处理好生产酒精与节约用粮的关系。

玉米（Zea mays L.）又名玉蜀黍、苞米、珍珠米、苞谷等。玉米的化学组成见表2-1。

表2-1 玉米的化学组成 单位：%

水分	蛋白质	脂肪	淀粉	粗纤维	灰分
7~23	8~10	3.1~7	65~73	1.3	1.7

玉米的籽粒组织情况依品种不同而有差异，就同一品种而言，每粒玉米可包括果皮、种皮、糊胶粒层、内胚乳、胚体或胚芽、实尖等六个基本部分。各部分的组成比例及各部分的主要化学组成见表2-2和表2-3。

表2-2 玉米各部分组成比例 单位：%（干基）

玉米全粒	胚乳	胚芽	皮及尖冠
100	79~85	8~14	5~6

表2-3 玉米籽粒各部分的主要化学组成 单位：%（干基）

籽粒部位	占全粒量	化学组成				
		淀粉	糖类	蛋白质	油脂	灰分
胚乳	81.9	86.4	0.64	9.4	0.8	0.31
胚芽	11.9	8.2	10.8	18.8	34.5	10.1
种皮	6.2	7.3	0.34	3.7	10.0	0.84

玉米是粮食作物中用途最广、开发产品最多、用量最大的酒精工业原料。原因是玉米种植范围广、产量高、籽粒结构特殊。玉米胚主要由脂肪和蛋白质组成，利于酒精发酵的原料处理（淀粉与脂肪、蛋白质的分离）。

玉米的特点是含有丰富的脂肪。脂肪主要集中在胚芽中，胚芽的干物质中含脂肪30%~40%，它属于半干性植物油，大约由72%的液态脂肪酸和28%的固态脂肪酸组成。所以从玉米胚芽中榨取玉米油，已引起各酒精厂的重视。

一般黄色玉米的淀粉含量较白色玉米为高，作为生产酒精的原料是含淀粉越多越好。玉米淀粉主要集中在胚乳，呈玻璃质状态。玉米淀粉颗粒呈不规则形状，堆积非常紧密，因而玉米原料液化、糖化有困难。淀粉颗粒的直径约为20μm。淀粉中10%~15%是直链淀粉，85%~90%是支链淀粉。而蜡质玉米的淀粉全部是支链淀粉，遇碘呈红棕色。玉米还含有1%~6%的糊精。

玉米的含氮物质几乎全是真蛋白质，而且是以玉米醇溶蛋白为主。玉米中没有水溶性蛋白，而球蛋白占玉米质量的 0.4%。醇溶蛋白不含色氨酸和赖氨酸，是不完全蛋白质。

玉米含有 3%~7% 的脂肪，主要集中在胚芽中。胚芽干物质中 30%~40% 是脂肪，它属于半干性植物油，大约由 72% 的不饱和脂肪酸和 28% 的饱和脂肪酸组成。在酒精生产中，应事先将胚芽除去，这样既能进一步提取玉米油，又减少了酒精发酵过程中的无用功。

由于玉米原料整齐容易加工，也为生料发酵生产酒精提供了基础条件。发展玉米酒精的合理性正被国内外相当多的业者所认识，我国发酵酒精的原料构成近年来也发生了明显的变化：甘薯干酒精的比重逐年下降，玉米酒精呈不断增长的趋势。

据报道，2020 年我国玉米种植面积减少 5000 万亩，尽管玉米供给有所下降，但我国玉米市场维持正结余，加之庞大的临贮库存，我国玉米供应仍然宽松。我国是玉米生产大国，玉米种植面积和总产量居世界第二位，总产量约占世界总产量的 20%，仅次于美国。至目前，玉米总产量已达 4394 亿斤。优良品种的更新换代，增施肥料，建设农田基础设施等一系列综合技术的大面积推广，极大地提高了玉米单产总产量。

玉米酒精是"地下长出的绿色清洁能源"。从生态的角度来看，以乙醇的生产和开发为核心的产业集群不仅带来了多方面的社会效益，更带来了巨大的生态效益，因此，玉米酒精被称为是一种"地下长出来的绿色清洁能源"。以能源消耗大户汽车行业为例，目前我国汽车保有量达到 1500 万辆以上，并以每年 15%~20% 的速度增长，汽车污染物的排放，给城市大气环境和人体健康带来很大危害。试验表明，使用 10% 的酒精汽油，可使汽车尾气中一氧化碳、碳氢化合物排放量分别下降 30.8% 和 13.4%，二氧化碳的排放量减少 3.9%。作为增氧剂，玉米酒精还可替代甲基叔丁基醚、乙基叔丁基醚，避免对地下水的污染。

玉米酒精产业化有利于可持续发展。从产业的角度分析，玉米通过乙醇这条工艺路线，可以生产乙烯等一系列化工产品，不仅可以使使用石油的时代得以延长，更为我们发展绿色产业和循环经济展现出一条现实通道。专家介绍，玉米中可转化成乙醇的淀粉和纤维素含量为 60% 左右，其余为蛋白质和脂肪，每 2.5t 玉米市场售价不到 3000 元人民币，就可以生产 1t 乙醇，还可以提炼大量的食用油和蛋白质。玉米酒精糟液经脱水后，加工成全干燥酒精糟（Distillers Dried Grains with Solubles，DDGS），有较高经济效益。北京、安徽宿县、吉林、哈尔滨、天津、山东、上海等大型酒精企业近年引进的酒精设备、技术在酒精生产中附加联产 DDG 或 DDGS，充分证实了其综合经济效益。

当然，玉米酒精工业发展前景虽然一片光明，但仍存在一定隐患。知情人士分析，首先是我国拥有 14 亿多人口、9 亿多农民，我国国情决定了"粮食安全"应放在很重要的地位。但一旦大量采用玉米为原料生产酒精，就会造成玉米用量以及价格上涨，这自然就会触及最敏感的粮食安全问题。另外，农产品很容易受到天气或收成等因素的影响，这些因素常常会导致玉米价格的变动。变动的价格对玉米的稳定供应不利，而玉米供应是影响燃料酒精发展的一大关键因素，从而也会影响酒精企业的发展。

再者，很多企业看到新能源热就盲目跟从，缺乏理性。企业一定要按国家提出的"因地制宜、非粮为主"等原则发展生物乙醇燃料，不能以牺牲粮食安全为代价。

据了解，除了用玉米提炼乙醇外，现在已经出现了更新的技术，即以纤维原料加工提炼乙醇。这种技术仍处于实验室研发阶段，但一旦投入生产，这种以纤维原料提炼的燃料乙醇的能量效率将是现有玉米乙醇的 6 倍。而它所使用的纤维物质是包括草、秸秆等极易获取的原料，比起玉米更物美价廉。最重要的一点是，这种纤维乙醇将比前者更环保。

2. 高粱

高粱又名红粱，其品种很多，按外观分有白高粱、红高粱和黄高粱等；按品质分有黏高粱和粳高粱。高粱胚乳内部大部分是淀粉，另外也含有少量脂肪以及蛋白质等。淀粉颗粒呈多角形，中心有核点，最大的淀粉颗粒直径可达 $30\mu m$。

高粱中还含有大约 3% 的单宁与一定量的色素，大部分集中在种皮上。单宁会对酵母的酒精发酵起阻碍作用，红高粱中含有的高粱红色素以及高粱黄色素也会对发酵产生不利影响。

高粱不是主要粮食，因此用它来生产酒精与各种白酒较少触及粮食安全的问题，但是高粱的产量不高，又含有单宁等有害物质，从长远角度看，高粱作为酒精生产的主要原料并不合适。

除玉米、高粱外，偶尔也有利用小麦、大麦、燕麦、黑麦以及大米与小米等谷物原料发酵生产酒精的。但一般来说，谷物原料中玉米为最佳的酒精生产原料，其他谷物较少采用。当然，在特殊情况下，如患小麦赤霉病的病麦，其无法食用或作饲料，那么用它发酵制酒精就是比较合适的。

3. 马铃薯

马铃薯属茄科一年生植物，又称土豆、洋山芋等。

马铃薯可食用部分为块茎。鲜马铃薯含水 68%～85%，含淀粉 9%～25%，粗蛋白质 0.7%～3.67%，灰分 0.5%～1.87%。马铃薯块茎中含有较多酪氨酸和酪氨酸酶，切开的鲜马铃薯块茎在空气中与氧接触，酪氨酸酶使酪氨酸氧化成黑素。黑素影响马铃薯色泽，低浓度的亚硫酸溶液可使已生成的黑素变为无色；马铃薯淀粉中灰分含量较高，其中磷可达 0.18%，磷的含量与淀粉糊糊的黏度呈正相关。

马铃薯作为生产酒精的原料的优点有：马铃薯的生长期短，在日照不足与无霜期短的地区也能生长；且其含有较多的淀粉以及酵母生长需要的蛋白质，纤维少，结构松脆，容易加工。其缺点主要是其亩产量较低；在我国种植面积不如甘薯广，目前的年产量大约 6000 万 t；它的贮藏性能也比较差。我国用马铃薯作原料的酒精工厂数目很少，但在苏联与东欧国家，它是主要原料之一。

4. 甘薯

甘薯属旋花科植物，又称地瓜、白薯、红薯等。我国是甘薯栽培生产最多的国家，日本和美国也曾有较多栽培。印度、东南亚各国、热带美洲、非洲一些国家也普遍栽培。

甘薯为高产作物，一般优良品种的亩产可达 2000kg。甘薯食用部分为块茎，鲜甘薯块茎含水 60%～80%，含淀粉 10%～30%，含糖约 5%，还含有少量油脂、纤维素、灰分等。

多数学者认为甘薯原产地是美洲和西印度群岛，大约在 16 世纪末传入我国，已有 300 多年栽培历史。种植面积较大的地方有四川、山东、河南、广东、浙江、辽宁、河北等地，其中浙江、辽宁、河北、山东单位面积产量较高。

鲜甘薯虽然其淀粉加工性好，价格与其他作物相比有一定优势，但由于贮存困难限制其发展应用。特别是能够种植甘薯的区域改种玉米大多能够很成功，这种作物种植上的取代受工业需求的影响是必然的。日本曾是世界上甘薯种植大国，甘薯淀粉厂多达 1500 多家，1963 年日本甘薯总产量达 660 万 t（淀粉产量 74 万 t），2019 年甘薯总产量已降至 100 万 t，甘薯淀粉生产厂家仅剩 50 余家。由于经济发展和淀粉加工制糖技术的提高，造成甘薯栽培面积减少的趋势，在我国也开始显现。

5. 木薯

木薯是我国生产淀粉主要的原料之一，主要产地为广东、广西、海南岛等热带、亚热带地区，其它地方也有种植，但产量不多。中国木薯产量有限，自 2000 起开始进口泰国鲜木薯（泰国年产鲜木薯 2800～3000 万 t），以提高酒精产量。2019 年我国进口泰国木薯约 300 万 t（进口均价为 227.44 美元/t）。

木薯品种很多，大体可分为两种：苦味木薯和甜味木薯。苦味木薯含淀粉质一般比甜味木薯高，这有利于酒精生产，但其氢氰酸含量高于甜味木薯。由于酒精生产过程都在加热状态下进行，所以产品中基本不含氢氰酸。木薯淀粉中一般直链淀粉占 17%，支链淀粉占 83%。

木薯作为酒精原料具有一定的优势。首先，木薯是非粮食农产品，且对土质的要求低，耐旱，耐瘠薄，符合"不争粮，不争（食）油，不争糖，充分利用边际性土地（指基本不适合种植粮、棉、油等作物的土地）"的国家粮食发展战略，同时用于发展燃料乙醇也很符合当前国家生物质能源发展战略，有利于保障国家粮食安全和能源安全。其次，木薯的亩产量较高，一般亩产可达 900kg 以上，按淀粉产量计算也远远高于谷物。且亚热带、热带地区四季都可种植，有利于全年供应原料。2018 年世界鲜木薯的产量大约为 2.8 亿 t。2019 年我国木薯产量 90% 以上集中在广东和广西，总产量 800 多万 t。其中广西是全国木薯种植、加工的最大产地，占全国产量的 70%；广西属北回归线以南，是木薯产品适宜种植区，木薯酒精产量居全国首位，变性淀粉、山梨醇等产量居全国前列。

　　木薯作为原料的主要缺点是含有氢氰酸，有一定毒性；种植较分散，收集运输有一定困难；目前的总产量尚小，不能全面供应酒精生产的需要。表 2-4、表 2-5，图 2-1、图 2-2、图 2-3 给出了木薯与玉米及其他农作物生产酒精的经济性及效益、成本、价格的比较。

表 2-4　　　　　　　　木薯与其他农作物生产酒精的经济性比较

项目	鲜木薯	木薯干片	甘蔗	甘蔗糖蜜	玉米	小麦	马铃薯	红薯
原料价格/（元/t）	400	1150	280	800	1330	1440	600	380
原料单耗/t	7	2.8	16	5	3.2	3.28	9	8.7
原料成本/（元/t）	2800	3220	4480	4000	4256	4732	5400	3306
酒精加工费/（元/t）	800	600	700	500	800	800	800	800
酒精生产成本/（元/t）	3600	3820	5180	4500	5056	5532	6200	4106
酒精市场价/（元/t）	4500	4500	4500	4500	4500	4500	4500	4500
盈亏额/（元/t）	900	680	-680	0	-556	-1032	-1700	394

表 2-5　　　　木薯渣生产酒精与鲜生薯、纯干片生产酒精效益对比

项目	原料/t	原料成本/（元/t）	加工成本/（元/t）	吨成本/元	酒精售价/元	税利/元
鲜生薯	7	3200	800	3600	4500	900
纯干片	2.8	3220	600	3820	4500	680
木薯渣			3000	3000	4500	1500

注：国家政策规定用废渣、废料生产酒精可免税。

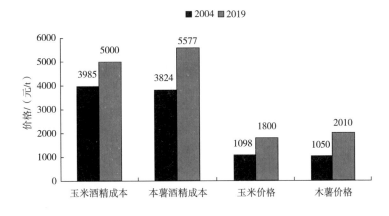

图 2-1　木薯与玉米酒精成本、价格比较

由此可见，2004—2019 年数据表明，木薯酒精成本及价格均比玉米酒精略高。

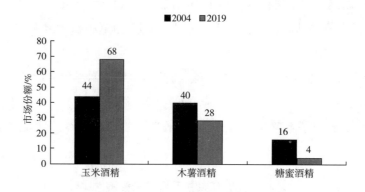

图 2-2　木薯、玉米、糖蜜酒精市场份额比较

数据显示，2004 年时玉米酒精与木薯酒精市场份额几乎持平，而到了 2019 年，由于经济效益更优，玉米酒精占据了 68% 的市场份额，而木薯与糖蜜酒精份额却出现大幅萎缩。

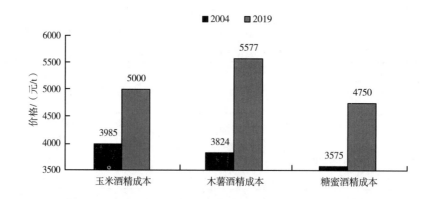

图 2-3　木薯、玉米、糖蜜酒精成本比较

但全面分析木薯作为酒精原料的优缺点，其优点还是主要的，其缺点是可以克服的。由于木薯加工性能良好，并且不与粮争地，已被世界公认为是一种有很大发展潜力的酒精生产再生资源，应该重点开发。与其他原料比较，木薯生产的酒精具有较大的成本优势。而且，还可充分利用木薯生产淀粉后剩余的废料木薯渣、黄浆等作为辅助原料生产酒精，进一步降低成本，提高效益。

广西大学陈立胜等人提出要提高木薯酒精的效益，关键在于从木薯酒精产业化和发展生态经济、循环经济的高度，统筹规划、合理布局；典型示范、正确引导；提升产业技术水平、形成循环经济规模。即组成如图 2-4 所示的木薯生态产业链，提高木薯的效益。

尤其是产业链中采用厌氧发酵处理酒糟醪液，生产沼气代替部分燃煤用于烧锅炉，

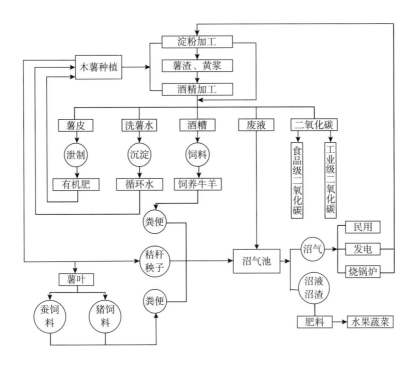

图2-4　木薯生态产业示意图

解决了以木薯生产淀粉、酒精的环保大问题，实现了木薯资源的循环利用，如图2-5所示。

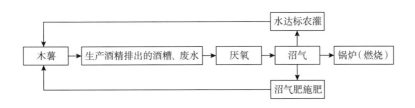

图2-5　木薯生产淀粉、酒精的循环利用图

用鲜木薯生产1t酒精约生成11m^{3}的酒糟醪液，约含660kg的COD；经厌氧发酵处理可生成约350m^{3}沼气；350m^{3}沼气约等于0.54t煤（13.39kJ），其经济价值约为216元。充分利用厌氧发酵技术，实现资源的循环利用，走循环经济发展之路，每吨酒精的生产成本可降低约281元。经厌氧后的酒糟废水其COD指标可以达标直接用于农灌，废渣可作有机肥料还田或作食用菌的培养基生产食用菌，也可作为蛋白合成饲料。

新世纪我国木薯产品已经以生产酒精为主。在木薯酒精产业化、规模化方面，我国已经做了大量工作。尤其是近年来，上到国家下至地方政府，均增加了对木薯酒精及其他木薯产业的支持力度。2006年，广西建成以木薯为主要原料的生物质燃料酒精项目，项目投资 7.5 亿元，年产超过 20 万 t 的燃料酒精，装置运行平稳，主要技术指标全面达到或超过国际先进水平；燃料乙醇产品符合国家标准，在广西壮族自治区全面推广使用并获得了可观的经济回报。4 年后，在国家和地方政府支持下，该项目继续追加了 2.3 亿元资金。由此可见，木薯酒精产业及其发展日益受到企业、地方政府以及国家的大力支持和高度重视。

总之，木薯作为可再生资源（且不与粮争地），以木薯为原料生产酒精资源消耗低，综合利用率高，环境污染少，具有明显的社会效益与经济效益。搞好木薯产业资源的循环利用，是提升木薯酒精生产企业核心竞争力的关键。

二、 糖质原料

常用的糖质原料主要有糖蜜、甘蔗和甜菜，以及近期引种的美国甜高粱。糖质原料的可发酵性物质是糖分，酵母可以直接发酵，可省去淀粉质原料所需的蒸煮（糊化）、液化和糖化工序，因此其能耗和成本都比较低，是发酵生产酒精的理想原料。不过制糖和其他发酵工业也需要上述糖质原料，糖质用于酒精生产的比较优势在我国并不明显。而且，因为我国的制糖工业不够发达，糖蜜的产量也不高，所以目前利用糖质原料生产的酒精产量较小，远不及淀粉质原料生产的酒精产量。

三、 纤维质原料

目前纤维质原料主要可分为：农作物纤维下脚料、森林和木材工业下脚料、工厂纤维和半纤维下脚料以及城市废纤维垃圾等四类。这些原料主要成分均为纤维素，且来源广泛，数量巨大，价格低廉，因此利用纤维素生产酒精或其它化工原料是人类长期以来就从事研究的课题。第一次世界大战期间，德国就成功研究了纤维素酸水解生产酒精的工艺。近年来，纤维素和半纤维素生产酒精的研究有了相当大的进展，纤维素和半纤维素已成为最有潜力的酒精生产原料。

常见的农作物纤维质下脚料如麦草、稻草、玉米秸秆、玉米芯、高粱秆、花生壳、棉籽壳、稻壳等。一般来说，每生产 1kg 谷物就会产生 1 ~ 1.5kg 的纤维质下脚料。我国每年农作物秸秆的产量接近 5 亿 t，如能经济地将其转变为酒精，那将大大改善我国能源的供给状况。

森林采伐的下脚料主要有森林采伐时产生的树枝、树梢（占整棵树的 4% ~ 12%）与树桩（占木材产量的 4% ~ 5%），以及森林中不成材的树木和枯干（约占整个木材贮藏量的 15%），三者相加可达木材储量的 23% ~ 32%。木材加工工业的边角料和木屑占加工木材量的 25% ~ 30%，其中木屑占大约三分之一。森林工业和木材加工工业的下脚料都是制造酒精的纤维质原料，苏联和北欧等森林资源丰富的国家也有用木材直接加工制酒精的例子。我国森林资源不够丰富，用这一部分纤维质原料制酒精的发展前景不佳。

工厂纤维和半纤维下脚料主要包括糖厂的甘蔗渣、纸厂的废纸浆、纺织厂的废花、废甜菜丝以及造纸用草料中的半纤维素等。我国年产甘蔗渣大约 600 万 t，其他下脚料数量也相当可观，每年仅利用甘蔗渣一项，保守估计可产酒精 70 万 t。但是这些下脚料还可作为造纸原料，作为饲料以及锅炉燃料，能否用于酒精生产还需要与上述用途进行权衡。目前，为缓解不同用途间的竞争，可利用下脚料中的半纤维素生产酒精，余下的纤维素用作其他用途，这个途径具有应用的潜力。

城市生活垃圾中的纤维垃圾也是纤维质原料的一个重要来源。发达国家里的城市废纤维垃圾数量已经相当可观（美国全国每天的纤维质垃圾可达 $28 \times 10^6 t$），利用它们生产酒精其优点是它们已不是天然的纤维素，容易接受酶和酸的水解；其缺点是纤维垃圾要通过机械分离或其他手段才能从生活垃圾中分离出来，而且容易被有害物质污染。我国由于没有可与发达国家相比的城市垃圾回收系统，目前城市纤维质垃圾的利用还很不充分，但这是相当有潜力的一个领域。

总之，纤维质原料制酒精，在我国尤其是利用农作物纤维下脚料制酒精，是一个非常有潜力的发展方向。

四、　其他原料

生产酒精的其他原料主要有木材加工工业中的亚硫酸盐废液、奶酪加工工业中的副产品乳清以及甘薯淀粉渣和马铃薯淀粉渣。其中亚硫酸盐废液还可用于生产酵母、粘结剂、鞣制剂和增塑剂等，用于生产酒精的优势并不明显；乳清主要是乳制品工业发达的西方国家发酵生产酒精的原料，由于我国乳制品工业尚不发达，乳清产量不大，短期内乳清酒精发酵的实用价值不大；但随着我国淀粉工业的发展，甘薯淀粉渣和马铃薯淀粉渣会有所增加，利用其生产酒精有一定的潜力。

第三节　酒精生产菌种——酒精酵母

目前，酒精发酵的菌种主要以酵母菌为主。通过糖酵解途径，酵母菌将葡萄糖高效转化为乙醇和二氧化碳。酵母菌的种类很多，包括孢子酵母、产冬孢子类酵母、掷孢酵母和无孢子酵母等，涵盖 60 个属 500 多个种。在真菌分类系统中，它们分别隶属于子囊菌纲（Ascomycetes）、担子菌纲（Basidiomycetes）和半知菌纲（Fungi Imperfecti）。酒精工业生产中常用的酵母菌属于真菌门（Eumycota）子囊菌纲（Ascomycetes）半子囊菌亚纲（Hemiascomycetes）酵母目（Endomycetales）酵母科（Saccharomycetaceae）。工业上大多采用酿酒酵母（*S. cerevisiae*）进行发酵，卡尔斯伯酵母（*S. carlsbergensis*）、清酒酵母（*S. sake*）及其变种也有较广泛的应用。其他的如粟酒裂殖酵母（*Schizosaccharomyces pombe*）、脆壁克鲁维酵母（*Kluyveromyces fragilis*）、树干毕赤酵母（*Pichia stipitis*）、克劳森酒香酵母（*Brettanomyces claussenii*）、热带假丝酵母（*C. tropicalis*）和管囊酵母（*Pachysolen tannophilus*）等也有一定的应用。

酒精酵母菌属于酵母菌科。单细胞，卵圆形或球形，具细胞壁、细胞质膜、细胞核（极微小，常不易见到）、液泡、线粒体及各种贮藏物质，如油滴、肝糖等。繁殖方式有 3 种：出芽繁殖，出芽时，由母细胞生出小突起，为芽体（芽孢子），经核分裂后，一个子核移入芽体中，芽体长大后与母细胞分离，单独成为新个体。繁殖旺盛时，芽体未离开母体又生新芽，常有许多芽细胞联成一串，称为假菌丝；孢子繁殖，在不利的环境下，细胞变成子囊，内生 4 个孢子，子囊破裂后，散出孢子；接合繁殖，有时每两个子囊孢子或由它产生的两个芽体，双双结合成合子，合子不立即形成子囊，而产生若干代二倍体的细胞，然后在适宜的环境下进行减数分裂，形成子囊，再产生孢子。

酵母菌形态虽然简单，但生理却比较复杂，种类也比较多，应用也是多方面的。在工业上用于酿酒。酵母菌将葡萄糖、果糖、甘露糖等单糖吸入细胞内，在无氧的条件下，经过内酶的作用，把单糖分解为二氧化碳和酒精，此作用即发酵。在医药上，因酵母菌富含维生素 B、蛋白质和多种酶，菌体可制成酵母片，治疗消化不良，并可从酵母菌中提取生产核酸类衍生物、辅酶 A、细胞色素 C、谷胱甘肽和多种氨基酸的原料。

第四节　酒精生产辅料——水

一、水在酒精生产中的作用及消耗情况

酒精工厂是用水大户，一般生产 1t 酒精平均要消耗 120t 左右的水。酒精企业用水可分为锅炉用水（发电、供热）、酿造用水（包括原料处理用水）、换热器用水、洗罐用水等 4 类。

锅炉用水应符合锅炉用水标准，达不到要求的要进行软化处理。

酿造用水主要包括湿法粉碎工艺浸泡玉米用水、干法粉碎玉米拌料用水、酵母菌扩培用水等。由于这些用水直接参与发酵过程，因此水的质量要达到饮用水标准。

换热器降温用水、成品、半成品冷却用水以及粉浆罐、液化罐、糖化罐、发酵罐、

蒸馏系统、DDGS 生产系统、玉米油生产系统等洗罐用水均要达到饮用水标准。所以说大规模酒精企业用水量大，而且对水的质量要求比较高。

在酒精生产中还有被称为工艺水的概念，比如经换热器降温后的水，根据换热器所在工序部位不同，温度有所不同，但都是 30℃ 以上的温水，应该充分利用；从精馏塔塔釜排出的温度很高的热废水，数量很大，在现在大型蒸馏系统设计中均被引入萃取蒸馏塔中充分利用其热能，这样不仅节约了一部分能源，还节约了很多一次用水。

从醪塔排出的液体酒糟，通过分离机把糟液中的固形物分离出来之后，剩余的糟液可以作为拌料用水，称为清液回用。清液回用量因企业工艺水平不同而不同，有的企业已达 50%，剩余的清液则蒸发浓缩作为饲料用。国外有的企业清液回用量已达 100%，这对节水、节能是很大的突破。

为了充分利用工艺水，酒精企业一定要把水处理好。

大型酒精企业由于用水量大，一般都有自己的独立水源（地下水或江河水），这些水均需经过处理才能达到用水标准。一般处理过程是先软化，然后再经活性炭吸附过滤和进行离子交换。严格水质要求的同时，进一步科学合理用水又是考察酒精企业生产管理水平的指标之一。

二、 工艺上对水的要求及水的卫生指标

工艺用水要求符合饮用水标准，总硬度（以 $CaCO_3$ 计，mg/L）为 60~120mg/L，即中等硬度的水。不符合要求的天然水要经过必要的处理才能应用。

硬度过高的水不能用于酒精生产，这是因为所有的酒精生产工艺过程都是在弱酸性的条件下进行的（pH4.5~5.5）。例如，淀粉质原料在低的 pH 条件下蒸煮比较完全，时间也短；在 pH4.5 左右时，淀粉糖化酶作用最活跃；酒精发酵的最佳 pH 为 5~5.5，中性或酸性介质容易长产酸菌；在碱性条件下发酵移往甘油发酵方向，回用部分酒糟初滤液可以部分解决水硬度过高的问题。

冷却用水硬度也不能过高，否则容易引起设备和管道表面结垢，影响冷却效果。

锅炉用水应符合锅炉用水标准，硬度超标一定要进行软化处理。

三、 硬水的软化

1. 水的硬度

水的硬度一般指水中钙离子、镁离子等阳离子的浓度。水的硬度高通常是指水中钙离子、镁离子浓度高，若钙、镁离子含量高的硬水用于锅炉中，会使锅炉管道很容易结垢。

2. 水的硬度分类

水的硬度一般用 $1°d = 10mg\ CaO/L$ 或 $7.19mg\ MgO/L$ 表示，即 1L 水中含 10mg CaO 或 7.19mg MgO 为 $1°d$（德国标准），按此标准可将原水按硬度分为如下几类，见表 2-6。

表 2-6　　　　　　　　　　水的硬度分类表

水质类别	硬度值	碱性离子浓度*
较软水	0~4.0	0~1.44
软水	4.1~8.0	1.45~2.88
中硬水	8.1~12.0	2.89~4.32
较硬水	12.1~18.0	4.33~6.48
硬水	18.1~30.0	6.49~10.80
极硬水	≥31.0	>10.81

* 碱性离子浓度单位为 $mmol/L\ H_2O$，　$1°d = 0.179mmol/L\ H_2O$。

利用钠型阳离子交换树脂除去 Ca^{2+}、Mg^{2+} 后的水称为软化水，其制备原理如下：

$$2RSO_3Na + Ca^{2+} \rightarrow Ca^{2+}(RSO_3)_2 + 2Na^+$$

$$2RSO_3Na + Mg^{2+} \rightarrow Mg^{2+}(RSO_3)_2 + 2Na^+$$

钠型阳离子交换树脂，可用质量分数为 10%~15% NaCl（工业级）水溶液再生，反复使用。

锅炉用水常用磺化煤，即用浓 H_2SO_4 处理粉碎的褐煤粉（或烟煤）来进行软化。一般磺化煤的软化能力为 $700t/m^3$。

第五节　酒精生产用其他辅助材料

酒精生产中其他常用的辅助材料主要有：尿素、纯碱、活性干酵母、硫酸等。

1. 尿素

尿素（H_2NCONH_2）是大型酒精生产中常用的一种酵母菌氮源，白色无臭结晶，含氮量为 46.3%，30℃时溶解度为 57.2%。尿素本是一种高效农用氮源，因其纯度高、质量稳定而成为酒精发酵生产上首选的氮源。

2. 纯碱、烧碱和漂白粉

纯碱（Na_2CO_3）、烧碱 NaOH 和漂白粉是发酵罐、粉浆罐、液化罐、糖化罐、换热器、连通管线等清洗除菌必不可少的化学清洗剂和消毒剂。对清洗剂和消毒剂的要求是：有清洗和杀灭微生物的效果，对人体无害、无危险，易溶于水，无腐蚀，贮存稳定。酒精企业常把几种清洗剂复合使用，下面是其中一个配方：

$NaOH：Na_2CO_3：漂白粉：H_2O$ 为 1：7.5：10：100，效果不错。

Na_2CO_3 另一方面的用途是调整回用清液 pH，使其能达到 α – 耐高温淀粉酶的最适宜的 pH。

应用碱液对上述发酵设备进行 CIP 自控冲洗和化学灭菌，可以取代原来生产过程的蒸汽高压灭菌技术，其意义不仅在于节约能量、用水和工作时间，还在于突破了实验室技术对规模化生产应用生物技术的束缚，不但对发酵酒精生产有意义，而且对柠檬酸发酵、谷氨酸发酵、乳酸发酵同样具有借鉴意义。

3. 活性干酵母

高质量活性干酵母（Active Dry Yeast，ADY）是现代大型酒精企业培养酵母重要的基础酵母菌种。历经了几十年，终于使人们认识到酒精企业自己培养酵母由于设备、特别是专业技术人员综合技术能力的差距，使生产成本增加，特别是延长酒精发酵周期，杂菌增多，酒精产率相对低。

基于此，活性干酵母已成为现代酒精企业的必需原料。但树立酵母近代扩培技术思想和应用酵母回用技术仍是酒精企业专业技术人员的重要课题。

4. 硫酸（H_2SO_4）

硫酸在酒精生产中主要用来调整醪液的 pH。对 H_2SO_4 的要求是：H_2SO_4 含量在 92% 以上，砷含量不大于 0.0001%。98% 的浓 H_2SO_4 密度为 1.8365g/cm^3（20℃）。使用 H_2SO_4 要注意安全，因为 H_2SO_4 能与多数金属及其氧化物发生反应。

第三章
酒精生产用酶制剂

工业生物技术，主要是工业酶制剂的发展对酒精工业生产水平的进步起了非常关键的作用。过去十年是这个领域发展最快的时期，主要是因为全世界特别是美国燃料酒精的发展。世界两大工业酶制剂生产商杰能科（现为杜邦工业生物科技部）和诺维信都在研发上做了很多投入，不断给市场带来更高性能的产品。这些产品通常为复合酶，主要表现为：高活力和专一性（使用成本优）、操作条件宽泛、节约能源、环保，同时出酒率高。

包括淀粉质和纤维素/半纤维素在内的生物质原料，要被酒精发酵的酵母或细菌所利用，首先要转化成可发酵性糖，主要是葡萄糖或木糖，这一过程就是液化和糖化过程。原料的液化、糖化和发酵，可分开进行，也可同时进行，这就是同步糖化发酵。发酵过程依原料不同涉及很多不同酶的应用，本章按原料分为淀粉质和纤维素类生物质两大类来介绍，此外还有其他非淀粉类酶制剂的介绍和应用以及酶分子的改造。

第一节　淀粉水解用酶

在介绍淀粉水解用酶和过程之前，先简单介绍不同原料的组成和淀粉的结构。

1. 不同原料、不同淀粉

酒精生产涉及的主要淀粉来源有两类：一是谷物类，如玉米、小麦、大米、高粱和其他麦类；另一类是根茎类，主要是木薯，此外我国还有少量甘薯。谷物类原料中除了含大部分的淀粉外，还有相对高的蛋白质和脂肪；而根茎中则大部分为水分，淀粉占30%左右，见表3-1。

表3-1　　　　　　　　　　　原料的组成　　　　　　　　　　单位：%

来源	淀粉	湿度	蛋白质	脂肪	纤维	干物质
玉米	60	16	9	4	2	71
土豆	18	78	2	0.1	0.7	82
小麦	64	14	13	2	3	74
木薯	26	66	1	0.3	1	77
蜡质玉米	57	20	11	5	2	71
高粱	63	16	9	3	2	75
碎米	78	12	8	0.5	1	89

2. 淀粉结构

谷物的英文 grains 的最初意思就是颗粒。不同来源的淀粉有不同的形状，图3-1展示了不同淀粉的颗粒形状。而表3-2列出了不同淀粉的颗粒大小。

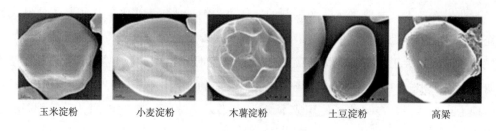

| 玉米淀粉 | 小麦淀粉 | 木薯淀粉 | 土豆淀粉 | 高粱 |

图 3 - 1　不同淀粉的颗粒

表 3 - 2　　　显微镜法和 COULTER 计数法测定的各种淀粉颗粒大小

淀粉种类	颗粒大小范围/μm		
	光学显微镜	COULTER	平均粒径 （COULTER 数据）
蜡质大米	2 ~ 10	2 ~ 13	5.4 ~ 5.6
玉米	5 ~ 30	5 ~ 25	13.8，14.3，14.5
木薯	—	3 ~ 28	13.8 ~ 14.2
高粱	—	3 ~ 27	16 ~ 16.2
蜡质高粱	—	4 ~ 27	15.0，16.5，16.9
小麦	5 ~ 35	3 ~ 34	16.4 ~ 16.6
大麦	2 ~ 3	6 ~ 35	16.5 ~ 16.7
甘薯	—	4 ~ 40	18.0 ~ 18.6
豌豆	—	7 ~ 54	20.3 ~ 21.1
葛根	10 ~ 50	9 ~ 40	22.9 ~ 23.9
西米	20 ~ 65	15 ~ 50	33.1
土豆	10 ~ 100	10 ~ 70	34 ~ 36

注：COULTER 计数法 （库尔特计数法） 是在测定管中装入电解质溶液，将粒子群混悬在电解质溶液中，测定管壁上有一细孔，孔电极间有一定电压，当粒子通过细孔时，由于电阻发生改变使电流变化并记录在记录器上，最后可将电信号换算成粒径。可用该方法求得粒度分布。本法可以用于测定混悬剂、乳剂、脂质体、粉末药物等的粒径分布。

相对于同步糖化发酵工艺，原料的颗粒和形状对生料水解发酵工艺影响较大，大颗粒的淀粉如木薯，就比较难被酶制剂完全水解。

从分子结构上来看，淀粉是由葡萄糖为基本单元的聚合物，具体又由直链淀粉（Amylose）和支链淀粉（Amylopectin）组成。

直链淀粉是 D - 葡萄糖基以 $\alpha - 1$，4 糖苷键连接的多糖链，分子中有 200 个左右的葡萄糖基，相对分子质量 $(1 ~ 2) \times 10^5$，聚合度 990，空间构象卷曲成螺旋形，每一回转为 6 个葡萄糖基，其结构示意如图 3 - 2 所示。

支链淀粉分子中除有 $\alpha - 1$，4 糖苷键连接的糖链外，还有 5% 左右的 $\alpha - 1$，6 糖苷键连接的分支，分子中含 300 ~ 400 个葡萄糖基，相对分子质量大于 2×10^7，聚合度 7200，各分支也都是卷曲成螺旋形，其结构示意如图 3 - 3 所示。

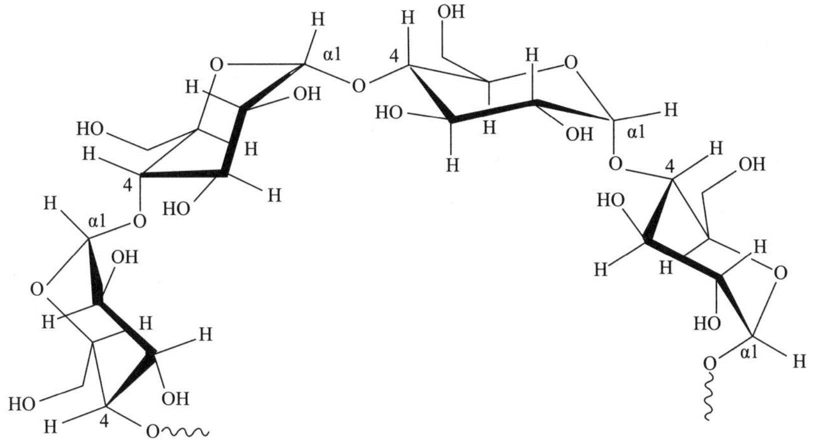

图 3 -2　直链淀粉的结构

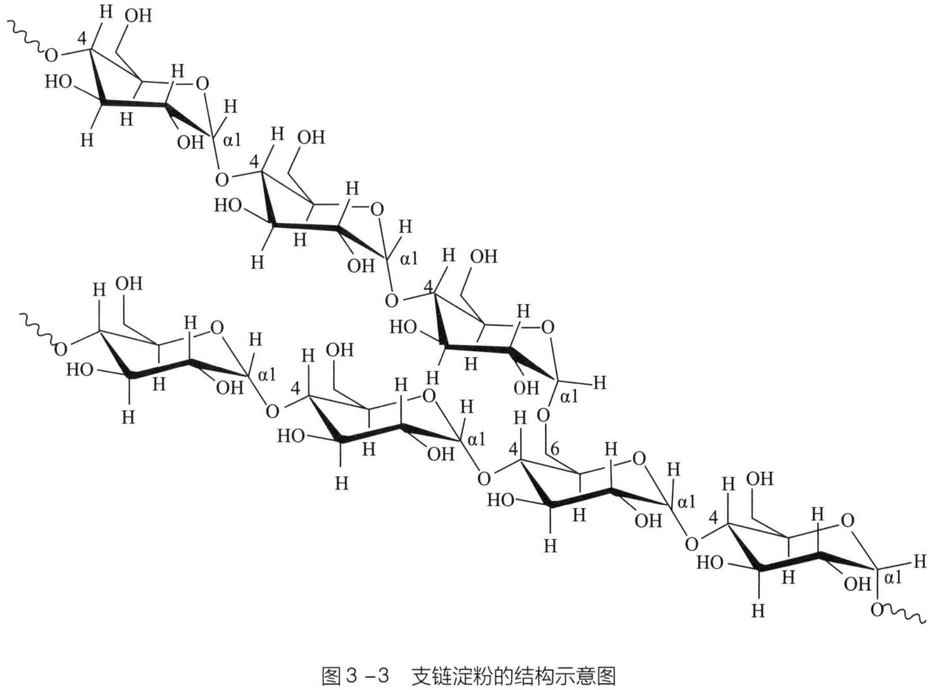

图 3 -3　支链淀粉的结构示意图

　　直链淀粉和支链淀粉在天然淀粉中的比例因来源而不同，大体在 20：80 左右，如图 3 -4 所示。一个支链淀粉可含 2000000 个葡萄糖单元。支链淀粉溶于水，而直链淀粉和淀粉颗粒则不溶于冷水。支链淀粉可形成较强的结晶区域，而谷物中的直链淀粉与脂质体可形成弱的晶体结构。在加热膨胀过程中，直链淀粉从淀粉颗粒中流失出来造成黏度增加。

　　直链淀粉和支链淀粉的主要区别见表 3 -3。

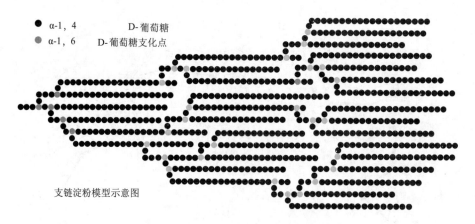

支链淀粉模型示意图

图 3 - 4　天然淀粉中支链淀粉模型示意图

表 3 - 3　　　　　　　　　　直链淀粉和支链淀粉的主要区别

特征	直链淀粉	支链淀粉
形状	基本是线性	支链
键连接	α -1, 4（一些 α -1, 6）	α -1, 4 和 α -1, 6
相对分子质量	<50 万	5000 万至 5 亿
碘试	蓝	红棕色

了解了淀粉的基本结构，下面我们来看水解淀粉的主要酶制剂。

3. 淀粉酶

淀粉酶主要作用于淀粉链的 α -1, 4 糖苷键，属于内切酶，迅速把淀粉的长链打断，从而使系统的黏度在短时间大大降低。

（1）高温淀粉酶　本章所指的温度范围如下：高温：120℃；中温：100～110℃；低温：80～90℃。

虽然称为高温淀粉酶，现在通常使用在低温范围，我国还有一些生产厂仍然采用中高温蒸煮，主要是担心淀粉转化不够和染菌的控制不好。本章对这两个问题有简单讨论。

高温淀粉酶的类型按来源分主要有两种：*Lencheniformis*（L 型淀粉酶）和 *Stearothermophilis*（S 型淀粉酶），以诺维信的 Liquozyme SC、杜邦的 SPEZYME ALPHA 为代表，这两种产品皆来源于 *Stearothermophilis*。随着蒸煮温度的降低，酶的热稳定性似乎没有那么重要，更关键的是液化酶的降黏度性能和溶解淀粉的性能。

图 3 - 5 中比较了 L 型淀粉酶（SPEZYME FRED）和 S 型淀粉酶（SPEZYME ALPHA）的黏度变化过程，虽然 SPEZYME ALPHA 的添加量为 0.2kg/t 干物质（每吨干物质原料添加酶 0.2kg），只有 SPEZYME FRED 的 1/4，但其峰值黏度只有后者的 1/10，在工厂的操作会非常顺畅。

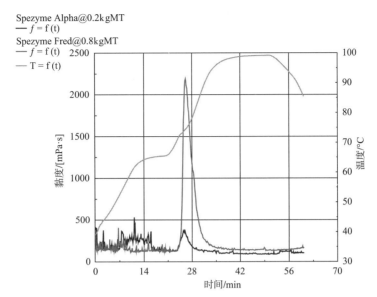

图3-5　L和S型酶用于液化过程黏度变化比较

注：　MT表示每吨干物质原料。

当今酒精行业的浓醪发酵技术发展到现在的水平，美国已达平均18%（体积分数），与高效的液化酶的降黏作用是分不开的。

美国酒精厂发酵罐中酒精浓度统计见图3-6。

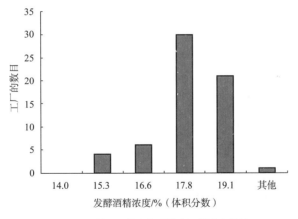

图3-6　美国酒精厂发酵罐中酒精浓度统计

从图3-6中可以看出美国的酒精发酵水平非常高，而我国酒精厂的水平绝大部分还在13%左右，差距很大。

值得注意的是，美国的酒精厂基本上是没有单独的废水处理装置，所有的工厂都达到零排放。蒸馏的清液40%～50%回配到液化罐，其余的浓缩到糖度为30%左右，用于DDGS。我国的酒精厂，因为发酵浓度提不上去，使用大量水进行配料工作，因此产生大量废水，又需费时费力地进行废水处理，工厂的摊子铺得很大。

　　液化酶的使用大家都很熟悉，在此也无须花更多篇幅具体讨论。值得提出的是：液化的关键控制不在于 DE 值具体确定多少，关键要看系统的黏度，糊化、液化和换热器，黏度大会影响料液的混合传质和传热及酶反应的速率。每个生产厂 DE 值要控制到多少，要看自己生产进度和设备的具体情况。传统上所说的 DE 值高，会影响糖化以及出酒率，在实际酒精生产上和理论上都证明是没有什么道理的。美国的酒精厂 DE 值一般在 20 以上。

　　另外，不断提高性能的液化酶，也使反应/液化温度可以降低，大大节省能源，改善 DDG 的颜色，减少淀粉和游离糖的损失，提高出酒率。具体在后面章节液糖化过程中讨论。

　　液化酶的发展也出现复合酶的趋势，如热稳定性的植酸酶和蛋白酶等的添加，可增加淀粉的溶解度、缩短液化时间、减少淀粉和糖的损失，从而提高出酒率。

　　我们在讨论液化酶时，不要忘了糖化酶、液化过程和糖化/发酵过程的联系。因为液化好坏的判断，毕竟要到发酵结束，衡量整体的指标才可得到比较完整的判断，没有全新的糖化酶的配合，酒精生产实现现在的低温蒸煮（85℃）的过程几乎是不可能的。

　　（2）真菌淀粉酶　这类淀粉酶并不使用于中低温的液化过程，因为真菌类的酶通常热稳定性不及细菌淀粉酶，最高通常耐受在 60℃ 左右，在糖化的条件下使用，通常会产生较多的麦芽糖。在发酵温度、酸性条件下，真菌淀粉酶在发酵中使用，主要的表现为可以与糖化酶配合水解一些高温液化没有溶解好的淀粉，同时也非常有效地水解醪液中的长链糖。真菌淀粉酶近期发展很快，主要得益于生料酶的发展。我们知道，大部分糖化酶具有生淀粉水解活力，但速度有限。研究发现，糖化酶与真菌淀粉酶结合使用时，协同效应非常大，如图 3 - 7 所示。现在商业化的生料酶也主要是这两类酶的组成。除了应用于生料过程，此类酶近来也被使用于传统过程，具体组成与生料酶有所不同，但作用相似，使得液化过程中出现的一些问题可以很好地在糖化/发酵中解决。

　　商业上真菌淀粉酶通常和糖化酶混合共同销售，如杜邦的 DISTILLASE CS，诺维信的 SPIRIZYME EXCEL 等。也有单独的酸性真菌淀粉酶 GC626 商业化销售。

　　（3）糖化酶　传统的黑曲霉糖化酶具有很好的糖化性质，适合于酒精发酵，但问题是生产成本相对较高。在过去十年间，由于全世界生物酒精的发展，特别是美国燃料酒精的大发展，使得工业酶制剂生产商，如杰能科杜邦和诺维信在研发上投入了很多，也推出了很多新产品，使得酒精生产的过程简化，操作成本降低及淀粉转化率提高。其中主要的糖化酶包括来自里氏木霉（*Trichoderma reesei*）的糖化酶，如 DISTILLASE ASP（GC147），DISTILLASE CS，SSF，EcoSacc 等；来自 *Talaromyces emersonii* 糖化酶，如，SPIRIZYME EXCEL 等。这些酶有的是单独使用，但大部分是与黑曲霉糖化酶混用，或与其他酸性淀粉酶混用。

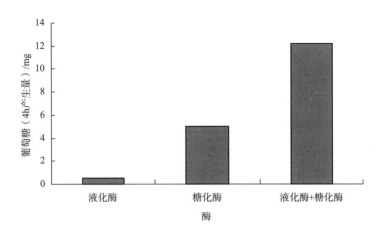

图 3-7 真菌淀粉酶和糖化酶的协同作用来分解生淀粉

作用条件: 纯化的糖化酶和淀粉酶; pH5.0, 32℃, 4h

这些新的酶制剂的使用, 如前文所提到的, 使得液化工艺更容易, 残淀粉更低, 发酵效率更高, 见表 3-4。

表 3-4 发酵结束分析, 参数范围

酒精含量	糖度 (°Bx)	残余糖				其他			pH
		葡萄糖	麦芽糖	DP3	DP4 +	甘油	乳酸	乙酸	
15% ~19%	0 ~10%	0 ~0.5%	0 ~0.5%	0 ~0.1%	0 ~0.5%	0 ~1.3%	0 ~1.0%	0 ~0.15%	3.8 ~4.8

糖化酶的添加量多少通常可以通过 DP4 + 的量多少来控制, 一般低于 0.5% 可以接受, 当然也和系统干物质浓度有关。

第二节 纤维素水解酶类

木质纤维素主要由纤维素 (33% ~51%)、半纤维素 (19% ~34%)、木质素 (21% ~32%)、少量灰分 (0 ~2%) 和其他 (1% ~5%) 等组成。在讨论酶之前, 简单介绍纤维素和半纤维素的结构。

一、 纤维素和半纤维素结构

1. 纤维素结构

纤维素是以 D - 葡萄糖以 $\beta - 1, 4$ 糖苷键连接而成的聚合物, 其聚合度在 8000 ~

10000。纤维素是植物细胞壁的主要结构成分，通常与半纤维素、果胶和木质素结合在一起。

2. 半纤维素结构

比起纤维素，半纤维素的组成就复杂得多。半纤维素并不像纤维素是以葡萄糖为唯一单体的聚合物，而是一群共聚物的总称，其中的聚合单体包括木糖、甘露糖、葡萄糖、半乳糖和阿拉伯糖等。因此，半纤维素的水解比纤维素的水解复杂得多。

半纤维素中木聚糖占主要成分。木聚糖的主链为 $\beta - D -$ 吡喃木糖以 $\beta - 1,4$ 糖苷键连接而成的线性分子，大约 200 个糖单元左右，相对分子质量 30000 左右。

由于纤维素材料的结构非常复杂，其高度的结晶性和木质化，阻碍了酶和纤维的接触，使其难以被生物降解。影响木质纤维素酶水解的因素有很多，纤维素的结晶度只是其中一个因素，其他因素还有聚合度、水分、表面积（颗粒大小/多孔性）和木质素含量等。有研究表明底物颗粒孔径的大小与酶大小的关系是限制木质纤维素水解的主要因素，半纤维素的去除增加了底物的平均孔径，因而增加了纤维素被水解的机会。

还有人把影响酶制剂水解木质纤维素的因素归纳为两类：木质纤维素的结构特征和酶反应的机理。但由于木质纤维素的非均相性质及涉及众多酶制剂和底物，在低底物浓度下，当酶扩散和产品抑制的因素可被排除时，酶对木质纤维素的水解完全取决于酶与底物的接触和效率，这与底物的特征紧密相关。底物的特征又可分为物理特征和化学特征。物理特征包括：可接触表面积、结晶度、聚合度、孔径、木质素的分配和颗粒的大小。化学特征包括：各成分的多少，纤维素、半纤维素、半纤维素上的乙酰基。

如果木质纤维素类原料不经过预处理，酶水解的转化率一般都低于 20%。因此，需要预先进行物理或化学处理。经过预处理后，再进行酶水解/发酵，由生物化学法纤维素制酒精的一般流程如图 3 - 8 所示。

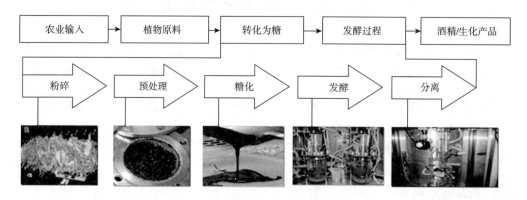

图 3 - 8 由纤维素原料生产酒精的一般流程

二、 纤维素酶类

纤维素的酶水解是由具有高效性的纤维素酶来完成的。水解产物通常是包含葡萄糖在内的还原糖。同酸或者碱相比较，酶水解的成本是比较低的，因为酶通常是在比较温和的条件下（pH 4.8，温度 45～50℃）完成，而且不会有腐蚀问题。细菌和真菌能产生使木质纤维原料水解的纤维素酶。微生物可以是需氧或厌氧的、嗜热或嗜温的。纤维素酶通常是几种酶的混合物，在水解过程中包括至少以下几种主要的纤维素酶。

1. 外切葡聚糖酶

外切葡聚糖酶（E. C. 3. 2. 1. 91，Cellobiohydrolases），也称为微晶纤维素分解酶，简称 CBH 酶，又分为两大类。

（1）CBH Ⅰ　β-1，4-葡聚糖葡萄糖水解酶，作用于纤维素分子链的非还原性末端，切割 β-1，4 键，产物是葡萄糖。

（2）CBH Ⅱ　β-1，4-葡聚糖纤维二糖水解酶，同样作用于纤维素分子链的非还原性末端，但产物是纤维二糖。

2. 内切葡聚糖酶

内切葡聚糖酶（E. C. 3. 2. 1. 4，Endoglucanases），简称 EG Ⅰ-Ⅳ，属于内切酶，作用于纤维素大分子的内部，随机切割 β-1，4-葡萄糖苷键，随机产生短链分子；产生的小分子可以被上面介绍的 CBH 所作用。

3. β-1，4-葡萄糖苷酶

β-1，4-葡萄糖苷酶（E. C. 3. 2. 1. 21）又称 BG、BGL 酶，可水解纤维二糖和短链寡糖成葡萄糖。

不同纤维素酶的作用特点见图 3-9。

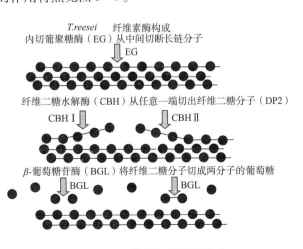

图 3-9　不同纤维素酶的作用特点

在最常用的里氏木霉（*Trichoderma reesei*）纤维素酶中，CBH Ⅰ 约占 60%，CBH Ⅱ 约占 20%，而 EG Ⅰ-Ⅳ 约占 15%，水解纤维二糖的 BGL 则少于 5%。因为 BGL 的含量很低，因此会造成水解过程中纤维二糖的积累，而纤维二糖又对其他酶的水解有抑制作用，因此，要改变这种情况就需提高 BGL 的活力。

三、 半纤维素酶类

如前节提到的半纤维素中木聚糖占主要成分，而水解木聚糖的主要酶包括：$\beta-1,4-$内切木聚糖酶、$\beta-$木糖苷酶、$\alpha-L-$阿拉伯呋喃糖酶、$\alpha-$葡萄糖醛酸苷酶、乙酰木聚糖酯酶和酚酸酯酶等。

$\beta-1,4-$内切木聚糖酶，顾名思义是内切酶，主要切断主链的糖苷键，降低分子质量，产生低聚木糖、木三糖和木二糖。

$\beta-$木糖苷酶，为外切酶，水解短链的低聚木糖或木二糖，并从非还原端释放出木糖。

$\alpha-L-$阿拉伯呋喃糖酶分为内切和外切两种，内切占少数，作用于线性阿拉伯聚糖；外切作用于分支阿拉伯糖和硝基酚及酚-呋喃型阿拉伯糖苷。

$\alpha-$葡萄糖醛酸苷酶可水解葡萄糖醛酸和木糖残基之间的 $\alpha-1,2$ 糖苷键。

乙酰木聚糖酯酶作用于木糖残基 C2C3 位上的乙酰取代基团，消除乙酰基对内切木聚糖酶作用的空间阻碍作用，增强内切木聚糖酶对底物的亲和力。

酚酸酯酶主要包括香豆酸酯酶和阿魏酸酯酶，前者水解香豆酸和阿拉伯糖残基之间的酯键，后者水解阿魏酸和阿拉伯糖残基之间的酯键。

半纤维素的水解过程见图 3-10。

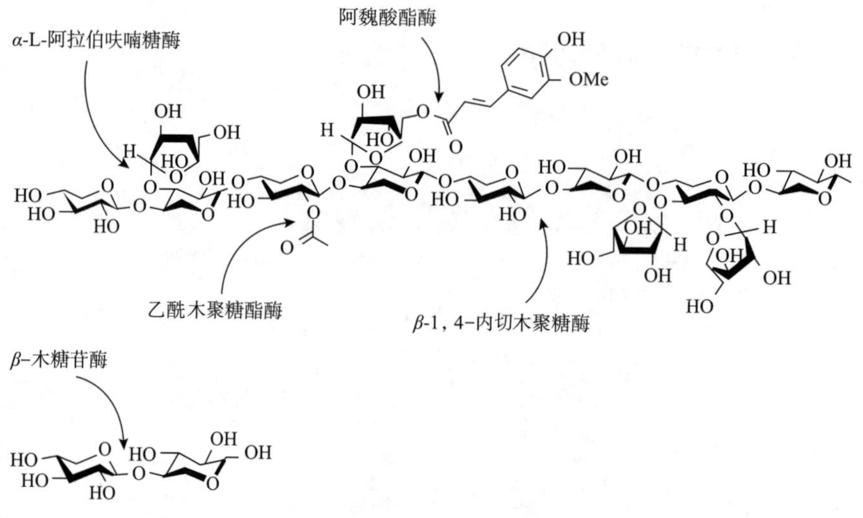

图 3-10 半纤维素的水解过程

利用酸法或酶法把半纤维素去除，可使纤维素水解成纤维二糖和葡萄糖的效率大大提高。

具体情况下，不同酶配比与预处理过程、木质素原料来源和操作方式都有很大关系，大体比例为 CBH Ⅰ：CBH Ⅱ：EG：木聚糖酶：BG = 50% ~ 60%：10% ~ 30%：10% ~ 30%：5% ~ 10%：< 1%。

四、　木质素水解酶

此类酶包括漆酶、木质素过氧化酶和锰过氧化酶，实际应用中对水解没有很大帮助，现在基本局限于研究领域。

五、　二代/纤维酒精用酶的展望

关于二代酒精生产中酶制剂的成本问题，美国能源部 DOE 十年前曾经先后资助世界上主要的酶制剂公司希望他们通过技术创新降低酒精发酵用酶制剂，特别是纤维素酶的生产成本。随着纤维素酶制剂产品的推陈出新，它们在酒精生产过程中的使用成本逐步降低，如图 3 - 11 所示。

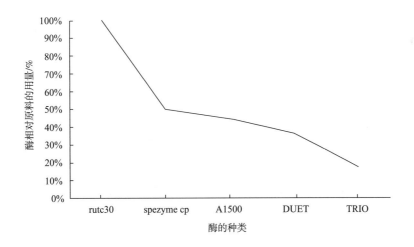

图 3 - 11　不同纤维素酶制剂产品应用于酒精发酵的使用成本变化历史（过去 20 年间）

目前的商业化纤维素酶制剂的发酵生产成本约为 0.2 元/L，在酒精发酵过程中的使用成本即为 60 元/t 产品。现在谷物酒精的生产总成本大约是 5000 元/t。显而易见，纤维素酶的使用成本仍然偏高。由此，关于工业酶制剂在二代酒精中的商业模式可能与现在的经营方式非常不同。在一代淀粉质酒精生产中，酶制剂的添加量和成本为 0.1% 和 0.79 美分/L；而在二代酒精中，酶（未经纯化的）的添加量大大增加，可超过 10%，其量之大已远远超过催化剂的范畴，并且使用的酶都不是精炼的纯化酶，其中一些组分可以参加酒精的发酵，因此把酶看作是反应物的一部分也毫不过分。

除了酶制剂，其他问题如原料的收集、预处理的放大、产生的副产品或废水废渣的处理也限制了二代乙醇的快速商业化。最近几家公司，酒精生产商 POET 和 DSM 形成合资公司 POET – DSM，西班牙生物能源公司 ABENGOA US 和杜邦工业生物科技部开始进行二代酒精工厂的建设和商业化生产，具体操作条件及流程高度保密，因此外界很难评论具体的经济情况。接下来几年对于纤维素酒精的发展会非常关键，这几家大公司在历史上第一次挑战自然的力量，特别是在全球石油价格已经跌到 30 美元/桶的情况下，开始了艰难的商业化进程。

第三节　其他可使用的酶制剂

一、　蛋白酶

玉米的淀粉颗粒基本被玉米中的蛋白质包裹住，如图 3 – 12 所示。这也就是为什么传统玉米湿磨过程中要加入大量的 SO_2 来打开蛋白质的结构，使淀粉可以从包裹中释放出来。蛋白酶的作用与 SO_2 的作用相似，可打断蛋白质的长链，使淀粉释放出来，成为液化酶或糖化酶的底物，从而转化成可发酵糖被酵母利用。除了玉米，其他含蛋白质的谷物的淀粉与蛋白质的相互缠绕的情况也相似。

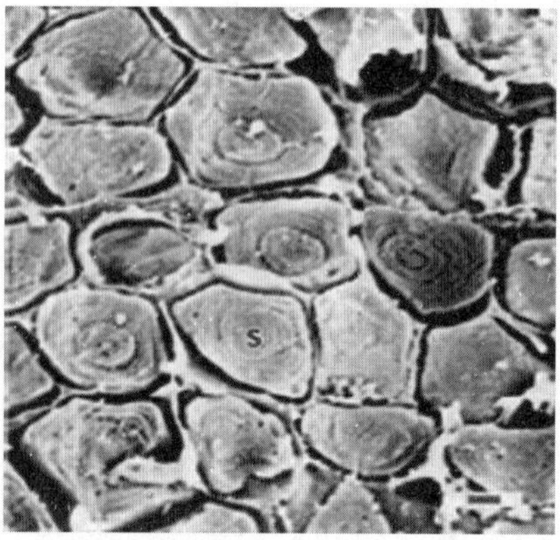

蛋白酶在酒精生产中的作用来源于两个方面：除了释放包裹的淀粉外还会产生游离氨基酸，给酵母提高氮源。

图 3 – 12　扫描电子显微镜中显示胚乳淀粉
颗粒周围蛋白质（McAllister et al. 1996）

对于淀粉的释放作用，蛋白酶可在过程前期使用，如调浆、预处理、拌料，这种情况下，通常要求使用热稳定性的蛋白酶，如 PROTEINASE T；若在发酵中使用，可与糖化酶同时添加。或者有商业化的复合糖化酶，其中包含真菌蛋白酶，如 FERMENZYME，DISTILLASE ASP（GC147）。

FERMGEN™是一种能在低 pH 条件下水解蛋白质的酸性蛋白酶。FERMGEN™对底物广泛的有效性使其能容易且有效地以随机方式水解绝大多数蛋白质。该真菌蛋白酶是由经基因改造的里氏木霉（*Trichoderma reesei*）经控制发酵而制得。该酶作用的 pH 为

3.0~4.5，该 pH 范围与当今燃料乙醇生产的发酵 pH 范围一致。FERMGEN™蛋白酶的 pH、活力曲线如图 3 – 13 所示，对发酵的影响如图 3 – 14 所示，在乙醇发酵中添加 FERMGEN™蛋白酶可加快发酵速度，提高乙醇产率。

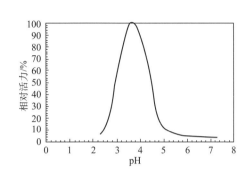

图 3 – 13　FERMGEN™
蛋白酶的 pH、活力曲线

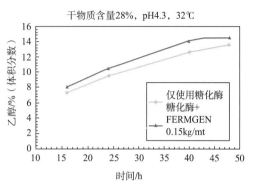

图 3 – 14　FERMGEN™
蛋白酶在传统乙醇发酵中的应用
注：mt 表示每吨干物质原料。

有人担心使用酸性蛋白酶会影响 DDG 中的蛋白质含量。凯氏定氮法测定的结果表明使用和不使用蛋白酶的情况十分接近，而采用 HPLC 测定的结果显示添加酸性蛋白酶的一组 DDGS 蛋白质含量最高。有以下因素可能会导致这种结果：（1）由于 α – 氨基氮增加，酵母生长改善，质量提高，数量增加。酵母是蛋白质含量很高的微生物，可能增加 DDGS 中的蛋白质含量。（2）由于原料出酒率提高，残留的碳水化合物含量降低，导致蛋白质含量相对增加。（3）由于杂醇油含量可能降低，导致从整个体系中被去除的 N 含量或者说氨基酸含量减少，可能导致蛋白质含量增加。（4）凯氏定氮的问题在于其不可辨识系统中的氮是无机氮还是有机氮，添加过量无机盐也反映在测试结果中，但实际上并不是蛋白质的量。由于 α – 氨基氮增加，导致由葡萄糖产生的氨基酸相对减少，可能会增加 DDGS 中的蛋白质含量。由于玉米中的蛋白质大部分为醇溶谷蛋白，醇溶谷蛋白是一种营养价值较低的蛋白，不易被人和动物吸收（醇溶谷蛋白不溶于水及无水乙醇，溶于 70% ~80% 的乙醇中），添加蛋白酶后可以使其改性，增加了 DDGS 的营养，提高了 DDGS 的品质，使动物更容易吸收。而使用无机氮源在 DDGS 中会残留一部分盐（如硫酸盐）及更多的重金属，从而降低了 DDGS 的品质。

二、非淀粉类多糖水解酶

降黏酶多为半纤维素和纤维素酶的混合物，主要是应用于麦类的底物中，由于其含有较多的非淀粉类多糖，如 β – 葡聚糖、木聚糖等给体系带来很大的黏度问题。

水溶性 β – 葡聚糖和阿拉伯木聚糖在谷物中的含量见表 3 – 5。

表 3 – 5　　　水溶性 β – 葡聚糖和阿拉伯木聚糖在谷物中的含量　　单位：%（干物）

谷物	β – 葡聚糖	阿拉伯木聚糖	总计
大麦	3.3	1.1	4.4
小麦	0.5	1.6	2.1
黑麦	0.7	3.0	3.7
燕麦	2.4	0.6	3.0
玉米	0.1	0.7	0.8

这些非淀粉类多糖对以麦类为原料生产酒精的影响很大，小麦、大麦和黑麦皆含有大量的纤维/半纤维素（β – 葡聚糖、戊聚糖和木聚糖等），这些半纤维素具有很强的吸水能力，除了对系统造成黏度问题外，还会对系统的清液蒸发和脱水造成很大的困难。主要造成以下单元操作的效率下降：

（1）换热器的操作。

（2）离心机的固液分离。

（3）清液的蒸发和浓缩。

（4）发酵中的传质。

因而，这些非淀粉类多糖不仅限制了醪液的浓度、系统的产量，而且同时影响了系统的能量平衡，因为系统中的酒精浓度降低，而水的含量增加。另外，残余的半纤维素糖也会造成换热器和蒸馏设备的结垢。

此类酶的应用通常添加在拌料槽中，当然也可加入在发酵中。对于玉米原料，以前很少研究此类酶的使用。最近美国农业部（USDA）的科学家们考察了此类酶对于玉米纤维/DDG 脱水的应用，在发酵罐中添加，发现可以相当程度上节省 DDG 干燥的能源（仅次于蒸馏的能源消耗）达 10%，并且用水量也有 14% 的减少。

三、植酸酶

不同的谷物都含有少量的植酸，植酸含有肌醇环和 6 个对称分布的磷，如图 3 – 15 所示。植酸是植物自然储存磷的方式，各种谷物都含有少量的植酸。

不同谷物中植酸含量范围见图 3 – 16。

植酸由于其很强的螯合能力，可以与蛋白质及金属离子

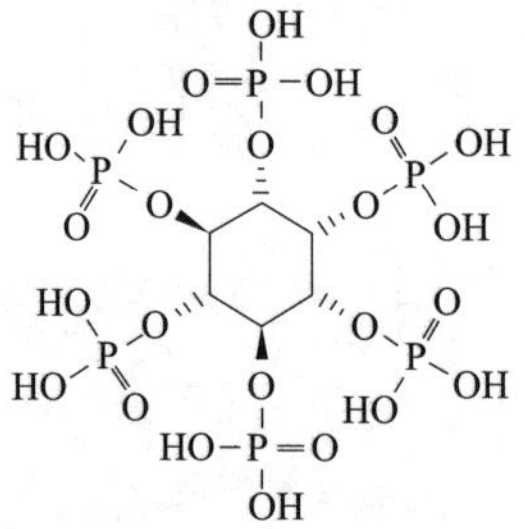

图 3 – 15　植酸的化学式

结合，如图 3 – 17 所示。这二者都影响 α – 淀粉酶的活力和性能，表现为液化酶的添加
量要增加，液化体系的黏度大。但有些谷物本身，如麦类，自身含有相当量的自然植酸
酶，如表 3 – 6 所示，这些酶在料液混合的时候可以起一些作用。

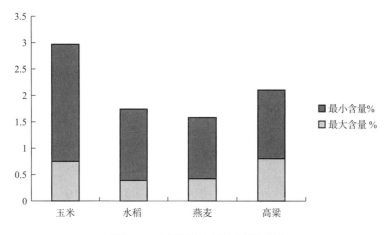

图 3 – 16　不同谷物中植酸含量的范围

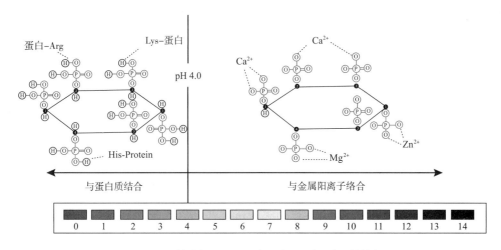

图 3 – 17　植酸在不同 pH 下与蛋白质和金属离子的结合

表 3 – 6　　　　　　　　　　　各种谷物中所含的天然植酸酶

来源	植酸酶/（U/kg）	来源	植酸酶/（U/kg）
黑麦	5130	大麦	582
小麦壳	2957	玉米	约 20
小麦	1193	高粱	约 20

从表中可以看出：玉米和高粱本身基本不含植酸酶，因此对于此类底物，使用带有
外加植酸酶的液化酶，可大大提高液化效率。此外，植酸水解产生的少量肌醇也对酵母
的发酵有一定益处。

植酸酶用于酒精生产的主要益处为：使液化（减少对钙和淀粉酶的结合）的效率更高，液化更容易；减少黏度的影响，可回配更多的清液；减少磷的环境污染；增加 DDGS 中的磷酸盐，降低饲料中磷酸盐的添加；可扩大 DDGS 作为饲料的应用范围，可扩展到非反刍动物，如猪和家禽。

植酸酶在酒精生产过程的应用并不广泛，只有少数专利和研究报告提及在液化和糖化中的应用，或因效果不明显，或因酶的性质不够稳定，都没有工业化。新出现的基因工程改造的植酸酶的热稳定性大大提高，但植酸酶一般不单独使用。商业化的产品都是混合在淀粉酶中。

四、　淀粉脱枝酶

不同淀粉水解酶的作用方式如图 3 – 18 所示。将淀粉原料转化为还原糖（麦芽糖和葡萄糖）是发酵酒精生产过程的第一步。淀粉酶在淀粉加工工业中发挥着十分重要的作用。对于淀粉酶这一目前工业上应用最广泛的一大类酶，过去的研究主要集中于 α – 淀粉酶、β – 淀粉酶和葡萄糖淀粉酶，然而它们的应用却受到淀粉原料中支链组分的严重制约。不同植物合成的淀粉中直链淀粉和支链淀粉的比例视植物种类、品种、生长时期的不同而异。工业上使用的谷物淀粉中支链淀粉的含量为 70% ~ 95%，如玉米为 74%，马铃薯为 76%，小麦为 75%，稻谷为 81%，糯米更是接近 100%。直链淀粉和支链淀粉结构的差异造成了其被淀粉酶水解产物的不同。α – 淀粉酶、β – 淀粉酶和葡萄糖淀粉酶作用于淀粉质原料时，经过液化（95 ~ 105℃，pH5.5 ~ 6.2）和糖化（57 ~ 63℃，pH4.0 ~ 4.5），直链淀粉可被水解为麦芽糖；而支链淀粉只有外围的支链能够被水解为麦芽糖，支链的存在阻碍淀粉的分解，影响到淀粉的利用率和产品的质量。同时，在发酵酒精工业中，原料成本占总成本的比例就超过了 79%。在这样的背景下，提高支链淀粉的利用率意味着原料成本的降低，从而为企业带来巨大的经济价值，这就引发了对淀粉脱枝酶研究的兴趣。

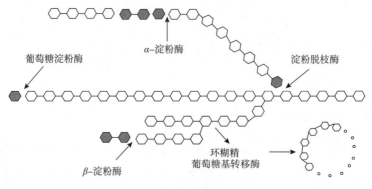

图 3 – 18　不同淀粉酶的作用方式

　　日本的 Nishimura 于 1931 年首次在酵母中提出了淀粉脱枝酶（DBE）这个概念，在对支链淀粉进行染色时检测到了这种酶的活性，因此将这种酶命名为"支链淀粉合成酶"。然而在之后的研究中，人们发现在马铃薯块茎和水稻胚乳中同样的酶并不能合成淀粉，而是能够水解支链淀粉的分枝从而生成直链淀粉，因此这种酶随后被命名为淀粉脱枝酶。在多年的研究中，人们共发现了两种类型的淀粉脱枝酶：普鲁兰类型的淀粉脱枝酶和异淀粉酶类型的淀粉脱枝酶。

　　普鲁兰酶类型的淀粉脱枝酶和异淀粉酶类型的淀粉脱枝酶都能够专一地切开支链淀粉分支点中的 α - 1，6 糖苷键，将小单位的支链分解，从而切下整个侧枝，最大限度地利用淀粉原料。其不同在于，普鲁兰酶作用底物的最小单位是 2 个麦芽糖基含 1 个 α - 1，6 糖苷键，异淀粉酶作用底物的最小单位是麦芽三糖基或麦芽四糖基含 1 个 α - 1，6 糖苷键，不能水解只有 2 个葡萄糖基的 α - 1，6 糖苷键。表现为前者以普鲁兰和支链淀粉为底物，不能作用于植物和动物糖原；后者能够去除支链淀粉和植物、动物糖原中的分支链，却不能作用于普鲁兰。异淀粉酶类型的淀粉脱枝酶相较普鲁兰类型的淀粉脱枝酶具有诸多优点，首先它能同时从内部和外部水解支链淀粉的分支点；其次它的催化反应具有不可逆性；再者，异淀粉酶的催化活性不会被麦芽糖所抑制。

　　异淀粉酶的结构与催化机理：通过比对 *Pseudomonas amyloderamosa* 异淀粉酶与其他淀粉水解酶类的氨基酸序列，可以发现这些蛋白质有着共同的 4 个保守区域 region Ⅰ，Ⅱ，Ⅲ和Ⅳ，其氨基酸序列中对应每个保守区的部分被归纳在表 3 - 7 中。所有四个保守区都在活性位点的架构之上，这些活性位点是糖基水解酶 13 家族催化功能区的重要组成部分。

表 3 - 7　　　　　　　　　　　　α - 淀粉酶家族的保守区[a]

	结构域 Ⅰ	结构域 Ⅱ	结构域Ⅲ	结构域Ⅳ
IAM	292 DVVYNH	371 GFRFDLASV	435 EPWA	505 FIDVHD
PUL	281 DVVYNH	348 GFRFDLMGI	381 EGWD	464 YVESHD
NPL	242 DAVFNH	324 GWRLDVANE	357 EIWN	419 LLGSHD
APL	488 DGVFNH	594 GWRLDVANE	627 ENWN	699 LLGSHD
G4A	112 DVVPNH	189 GFRFDFVRG	219 ELWK	288 FVDNHD
CGT	131 DFAPNH	211 GIRMDAVKH	253 EWFL	319 FIDNHD

续表

	结构域Ⅰ	结构域Ⅱ	结构域Ⅲ	结构域Ⅳ
TAA	117 DVVANH	202 GLRIDTVKH	230 EVLD	292 FVENHD
PPA	96 DAVINH	193 GFRIDASKH	233 EVID	295 FVDNHD
BA2	101 DIVINH	179 GWRFDFAKG	204 EIWT	299 FVDNHD
BLA	100 DVVINH	227 GFRLDAVKH	281 EYWQ	323 FVDNHD

注：ᵃ IAM，*P. amyloderamosa* 异淀粉酶；PUL，*B. stearothermophilus* 普鲁兰酶；NPL，*B. stearothermophilus* 新普鲁兰酶；APL，*Clostridium thermohydrosulfuricum* α－淀粉酶－普鲁兰酶；G4A，*P. stutzeri* G4 淀粉酶；CGT，*B. stearothermophilus* 环糊精葡萄糖基转移酶；TAA，Taka－淀粉酶；PPA，猪胰腺α－淀粉酶；BA2，大麦α－淀粉酶 2；BLA，*Bacillus licheniformis* α－淀粉酶。

迄今为止，仅有来源于 *Pseudomonas* 的异淀粉酶的三维结构被成功解析，如图 3 – 19 所示。该酶的整体结构与α－淀粉酶类似，它们之间最大的不同在于异淀粉酶含有一个由 160 个氨基酸组成的 N－端结构域。除此之外，该酶还有两个结构域（Domain A 和 C），其中 Domain N 是 N－端结构域，Domain A 是包含了其他α－淀粉酶家族中蛋白质共有的 Domain A 和 Domain B 的结构域，而 Domain C 是 C－端结构域。和其他α－淀粉酶家族的酶一样，异淀粉酶的第二个结构域（Domain A）由两部分组成：一部分是由 8 个α螺旋和 8 个呈现希腊钥匙拓扑结构的β折叠组成的（α/β）8 的桶状结构；另一部分是通常意义上淀粉酶家族特征性的 Domain B，该 Domain B 在异淀粉酶中是 Domain A 的外延部分。*Pseudomonas* 异淀粉酶的 C－端结构域由 122 个氨基酸组成，由小的α螺旋和 6 个β折叠片折叠成的反平行的β折叠结构形成β三明治形的空间结构。

Harada 等比较了 *Pseudomonas* 异淀粉酶和 *Klebsiella* 普鲁兰酶与β－淀粉酶合作水解支链淀粉、糖原及相关糊精的效果，结果如表 3 – 8 所示，两种脱枝酶的水解机制由此可见一斑。无论在β－淀粉酶之后作用还是

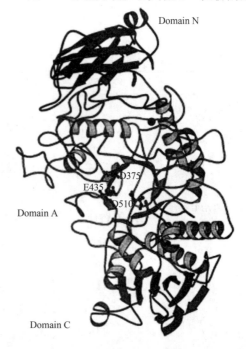

图 3 – 19　*Pseudomonas* 异淀粉酶三维结构示意图

与之同时使用，两种脱枝酶都能够实现支链淀粉的完全降解。同样条件下，异淀粉酶还能促进糖原的完全水解。然而，尽管与 β - 淀粉酶同时作用时，普鲁兰酶可以促进糖原的完全降解，但当它们相继使用时，仅有不到一半（46%）的糖原被转化。同样，以糖原极限糊精为底物时，异淀粉酶和 β - 淀粉酶的相继使用可以达到79%的转化率，在同样条件下远高于普鲁兰酶31%的转化率。这主要是由于异淀粉酶可以穿透糖原分子从内部水解所有 α - 1，6 糖苷键，而这一点正是普鲁兰酶所不具备的。因为同样的原因，虽然普鲁兰酶实现了支链淀粉 β - 极限糊精的完全降解，但是当它与 β - 淀粉酶先后使用时，只能实现32%糖原的转化。从表中还可以看出，异淀粉酶对于 β - 极限糊精和磷酸化极限糊精的水解效率显著不同。这主要缘于这两种底物侧链的结构存在差异，前者主要以 2~3 个葡萄糖基为单位；而后者主要由 4 个葡萄糖基构成。普鲁兰酶对于黏玉米支链淀粉和牡蛎糖原磷酸化酶/β - 淀粉酶 - 极限糊精的水解效率与对支链淀粉，糖原及其磷酸化酶或者 β - 淀粉酶 - 极限糊精的转化效率相似，这两类底物都含有以两个葡萄糖基为单位的短末端。然而异淀粉酶和 β - 淀粉酶的配合使用却可以水解48%的支链淀粉磷酸化酶/β - 淀粉酶 - 极限糊精以及 44% 的糖原磷酸化酶/β - 淀粉酶 - 极限糊精。这一点印证了 Gunja 等的理论，他们在对噬纤维菌属来源的异淀粉酶研究之后提出，所有经异淀粉酶催化作用从磷酸化酶/β - 淀粉酶 - 极限糊精释放的侧枝都是靠近主链非还原性末端的麦芽糖基。因此，β - 淀粉酶对这样脱枝后的分子不起作用。

表 3 - 8　　　　　　　　　　　淀粉脱枝酶对底物作用

底　　物	麦芽糖转化率/%				
	单独使用 β - 淀粉酶	淀粉脱枝酶与 β - 淀粉酶的协同作用			
		在 β - 淀粉酶之前使用		同时使用	
		异淀粉酶	普鲁兰酶	异淀粉酶	普鲁兰酶
糯玉米支链淀粉	50	99	95	108	95
马铃薯支链淀粉	47	96	98	97	103
牡蛎糖原	38	102	46	100	99
兔肝糖原	42	100	51	99	98
糯玉米支链淀粉 β - 极限糊精	0	80	97	72	97
牡蛎糖原 β - 极限糊精	0	79	31	76	99
糯玉米支链淀粉磷酸化极限糊精	21	95	97	98	101
兔肝糖原磷酸化极限糊精	28	94	32	97	99
糯玉米支链淀粉磷酸化 β - 极限糊精	0	48	96	56	100
兔肝糖原磷酸化 β - 极限糊精	0	44	29	50	97

Kainuma 等研究了 *Pseudomonas* 异淀粉酶对底物的结构特异性，并与 *Klebsiella* 普鲁兰酶进行比较，如表 3 – 9 所示。由结果可见，异淀粉酶的最适底物为具有高分子质量的聚合物，如糖原和支链淀粉，而普鲁兰酶的最适底物是由直链淀粉衍生的分枝寡糖。它们之间的最明显区别在于异淀粉酶对普鲁兰酶的最适底物几乎不起作用，而普鲁兰酶对异淀粉酶的最适底物糖原仅能以极慢的速率水解。异淀粉酶对于含有寡糖麦芽糖基支链的水解效率远低于麦芽三糖基构成的支链，这表明它需要至少识别出三个葡萄糖残基才能够发挥作用。

表 3 – 9　　　　　　　　异淀粉酶和普鲁兰酶底物结构特异性的比较

底物	*Pseudomonas* 异淀粉酶[a]	*Klebsiella* 普鲁兰酶[b]
马铃薯支链淀粉	100	15
牡蛎糖原	124	1
普鲁兰	1	100
$6^3 – O – \alpha$ – 麦芽糖基 – 麦芽三糖	3	22
$6^3 – O – \alpha$ – 麦芽三糖基 – 麦芽三糖	10	162
$6^2 – O – \alpha$ – 麦芽四糖基 – 麦芽三糖	7	26
$6^3 – O – \alpha$ – 麦芽三糖基 – 麦芽四糖	33	146

注：[a] 相对酶活性，以 *Pseudomonas* 异淀粉酶相对马铃薯支链淀粉的酶活性为 100% ；[b] 相对酶活性，以 *Klebsiella* 普鲁兰酶相对于普鲁兰的酶活性为 100% 。

第四节　酶的分子改造

目前生物酶制剂在各个领域都得到广泛应用，微生物由于其易培养，来源丰富，性质多样等优点，成为酶制剂的主要来源。通常，应用于工业的微生物酶制剂主要是通过从自然环境中分离筛选获取。但是由于自然环境中微生物太多，大部分的微生物资源还没有得到成功的分离培养和筛选，因此，到目前为止人类获得的微生物酶的种类和数量是非常有限的。由于工业生产中常常伴随着高温、强酸、强碱、高盐、有毒介质等特殊反应体系，这就要求应用于生产的酶制剂能够适应这些相对极端的环境。而普通的酶制剂在极端环境中很容易失活，目前主要的解决办法是从极端环境中筛选微生物，以期获得能够适应极端环境的酶蛋白，但是这种方法最大的缺点就是取样困难，由于人类活动范围的限制，很多极端环境还不能够到达，而且由于微生物本身的特殊生长环境，现有的常规微生物分离培养方法不一定适用。当然，采用工程手段如酶固定化、包埋等能够在一定程度上改善酶制剂的应用性能，但这些方法得到的效果离现实要求还有一定的差距。在此背景下，利用分子生物学技术对现有的微生物酶资源进行改造，以得到更多具有优良性质的工业用酶成为微生物酶研究热点。随着基因工程技术的应用，很多酶蛋白都已经实现了在毕赤酵母和大肠杆菌等工业生产菌株中的表达，但仍然存在有些外源蛋白的表达量很低的问题，严重影响其实现工业化生产和利用。研究人员也在通过各种基因工程的方法，希望能够提高酶蛋白的表达量。

一、 改善酶蛋白应用性能的分子改造方法

利用生物信息学对现有的大量的酶进行统计分析，结合定点突变、定向进化、融合表达等分子生物学技术，对现有的酶进行设计改造，可以使其具有预期优良性质，以达到更好、更广泛的利用目的。

1. 定点突变

定点突变是对酶基因进行改造的重要手段，通过在特定位点引入有益突变，经实验验证后得到具有优良性质的酶蛋白，突变位点可以是单一的，也可以是多个位点。定点突变的成功实施需要建立在对酶蛋白结构与功能、催化机理及活性位点充分了解的基础上，属于理性设计的范畴，所以对目标酶蛋白的分析工作就非常重要，往往需要生物信息学手段的辅助才能实现。Kor Kegion 等通过计算酶的热稳定性，对酵母胞嘧啶脱氨酶（yeast cytosine deaminase，yCD）引入 A23L、I140L 和 V108I 三个点突变，突变后酶催化效率不变，热稳定性大大提高，T_m 值提高 10℃，并且在 50e 时的半数失活时间提高 30 倍。Jeone 等通过同源建模及结构分析，将 *Bacillus stearothermophilus* 来源木聚糖酶的 Ser100 和 Asn150 突变为 Cys，构建了一个分子内二硫键，增加了稳定性，从而使其稳定性提高。除了热稳定性，改善酶的 pH 稳定性，提高酶催化效率等目的也可以通过点突变来实现。Mahadevan 等对来源于 *Thermotoga maritima* 的内切纤维素酶（endoglucanase）Cel5A 进行定点突变后，最适 pH 由 5 变成了 5.4，突变后酶活性提高 10%；Kang 等将来源于 *Pyrococcus horikoshii* 的 $\beta-1,4-$endoglucanase（EGPh）106/159/372/412 位半胱氨酸突变后，对甲基纤维素的酶活性提高了 2.3 倍；Heckman 等在大肠杆菌中表达了来源于 *Peniophora* sp. 的吡喃糖氧化酶 $-2-$oxidase（P2Ox），在分析其晶体结构的基础上，引入了 E542K 和 T158A 两个点突变，得到突变酶 P2OxA2H，在 60℃ 具有较高的稳定性，pH 稳定范围从野生型的 5.0 ~ 7.5 扩展到 3.5 ~ 11.5，对 D - 葡萄糖，L - 山梨糖，D - 木糖的酶活性分别提高 14、28 和 69 倍，催化效率分别提高 230、874 和 1751 倍。定点突变目的性强，不需要进行大量的筛选工作，但是前期的分析工作很重要，往往需要积累很多的知识以及在大量的前期研究基础之上才能很好地实施。因为设计的突变位点不合适的话，不仅不能达到改善的目的，而且还可能起到相反的效果。对于那些结构与功能、催化机理等了解不充分的酶基因，往往在使用定点突变时感到无从下手，应尽量采取其他的突变策略。

2. 定向进化

定向进化是指在实验室模拟基因自然进化的过程，构建包含大量突变体的突变体库，然后通过特定的方法从突变体库中筛选到特定性质的蛋白。定向进化属于非理性设计，不需要事先了解酶的结构、催化机理、活性位点等因素，是在实验室人为创造进化条件，使目标酶蛋白在短时间内完成在自然界需要成千上万年才能完成的进化过程，得到多样性的突变体库，然后通过定向筛选，得到有预期性质的酶。定向进化主要包括两部分工作，一是突变体库的构建，突变体库的质量直接关系到实验结果；二是定向筛选，即从构建好的突变体库中筛选具有优良性质的酶。为了保证突变体库中包含足够量的突变体分子，库容量一般会比较大，所以在进行定向进化研究时，必须要设计合适的筛选策略，以尽量减轻繁重的工作量，加快筛选速度。易错 PCR、DNA - shuffling（DNA 改组，DNA 重排）都是进行微生物酶分子定向进化的有效手段。易错 PCR 属于无性突变，即发生在单一分子内部的突变，通常是在 PCR 过程中通过提高 Mg^{2+} 浓度，调整 4 种 dNTP 的浓度，使用 Mn^{2+} 或采用低保真 Taq 酶等，来增加错误碱基掺入的几率，达到引入多点突变的目的，Kim 和 Leil 将 *Escherichia coli* 植酸酶 AppA2 通过易错 PCR 构建突变体库，筛选到 K46E 和 K65E/K97M/S209G 两个正向突变体，酶的热稳定性提高了 20%，T_m 值提高 7℃，在 pH3.5 的条件下催化效率比野生型分别提高了 56% 和 152%。但是，一般情况下通过易错 PCR 构建的突变体库中包含的有益突变的比例远小于有害突变的比例，不利于后续的筛选和鉴定工作，易错 PCR 局限性明显，目前已很少单独使用这种方法。因此以 DNA shuffling 为代表的有性重组技术成为定向进化的重要手段，Cho 等通过 DNA - shuffling 的方法构建突变体库，筛选到的有机磷水解酶突变体对氯螨硫磷和对氧磷的水解活性比野生酶活性分别提高 725 和 39 倍。随着 DNA - shuffling 技术的成熟和应用，目前已经衍生出多种有性重组的定向进化技术如交错延伸过程（staggered extension process，StEP），随机插入 - 删除链交换突变（randominsertional - deletional strand exchange mutagenesis，RAISE），单链 DNA 家族改组，随机引物体外重组（random priming in vitro recombination，RPIR），以及非同源随机重组（nonhomologous random recombination，NRR），研究人员一般将多种技术结合起来对酶进行定向进化，从而得到更好的效果。Shi 等通过易错 PCR 和 DNA - shuffling 结合创建突变体库，筛选到 β - 琼脂糖酶突变体 S2，S2 的 T_m 值提高 4.6 倍，在 40℃ 时的半数失活时间为 350min，比野生型提高 18.4 倍。Nakazawa 等通过易错 PCR 和活性筛选方法得到 β - 1，4 - 葡聚糖酶突变体 2R4，2R4 的表达量比野生型提高了 130 倍，K_{cat} 提高了 1.4 倍，K_m 值提高了 2 倍，并且比野生型具有更大的 pH 稳定性，在 55℃ 保温 30min 保留全部活性，而野生型活性完全丧失。Miyazaki 等利用随机突变、饱和突变和 DNA - shuffling 相结合的方法对 *Bacillus subtilis* Family - 11 木聚糖酶进行改造，改造后的木聚糖酶半数失活温度及最适反应温度均比野生型提高了 10℃，60℃ 保温 2h 仍保留全部活性，而野生型在60℃保温5min就完全失活。虽然近几年酶蛋白的研究数据增长很快，但是总量还是很少的，所以研究人员往往不能对一种酶蛋白的性质了解得非常透彻，因此定向进化技术的应用越来越广泛，且手段越来越多。

3. 截断表达

研究表明酶蛋白编码基因的某些区域并非酶活性所必须，所以随机或特定的截断基因的改造方法也经常用来提高酶表达量或改善酶的性质。截断位点可以是单一的，也可以是多位点的。截断表达可以通过特定位点的截断，直接得到截断酶，也可以通过随机截断，构建截断库，然后通过筛选得到优良性状的酶。Wang 等将 *Bacillus subtilis* 来源的木聚糖酶基因 C 端截去，结果表达的截断酶在 65℃时的半数失活时间提高 3 倍，在80℃保温 10min，酶活性保有率为 60%，而野生型只剩 12%。Lin 等将 *Thermoanaerobacter ethanolicus* 来源的淀粉普鲁兰糖酶 C 末端截断 100 个氨基酸残基，截断表达的蛋白 TetApuR855 保留了全部的酶活性，并且热稳定性大大提高。Joucla 等将来源于 *Leuconostoc mesenteroides* NRRLB－1355 的交替蔗糖酶的 C 端 APY 重复序列截去，表达的截断酶ASRC－APY－del 保留全酶的全部功能，可溶性表达量提高了 3 倍，并且 ASRC－APY－del 抗蛋白酶降解的能力大大增强。Wen 等将 *Fibrobacter succinogenes* 来源的 $\beta-1$，$3-1$，$4-$葡聚糖酶基因 C 末端截断约 10ku，截短酶的 K_{cat} 值提高了 $3\sim4$ 倍，比活达到10800U/mg，90℃保温 10min 仍保留 80% 的活性，而全酶只剩 30% 活性。截断表达虽然有很多成功的应用先例，但并不是对所有的酶都适用，而且截去的部分不能包含有酶活性必需的氨基酸残基，否则酶活性会降低甚至完全丧失。如 Hai 等通过对 *Nostoc ellipsosporum* NE1 来源的藻青素合成酶的截断发现，将 C 端截去 45 个氨基酸后仍然保留全酶的活性，但是再向上游截去一个氨基酸 Glu865，发现酶活性全部丧失，证明 Glu865 是酶发挥作用的一个关键氨基酸，所以截断表达还可以应用于对特定氨基酸残基功能的研究。

4. 融合表达

构建 2 种甚至多种酶的融合基因，进行融合表达使其具有多种酶活性，已经成为改进酶催化效率的重要手段。通过分析不同来源酶蛋白的结构确定其催化域和结合域，选择具有高比活功能部分和结构稳定部分的基因片段进行融合，可以构建新的基因工程酶使其兼具多种催化活性和高稳定性。多糖水解过程经常需要多种不同的水解酶参与，目前已经通过多种连接方法构建了很多融合酶，Mahadevan 等将木聚糖酶与葡聚糖酶融合表达，使葡聚糖酶活性提高了 $14\sim18$ 倍。Sun 等将 *Thermomonospora fusca* 木聚糖酶 A（TfxA）替换 *Aspergillus niger* 木聚糖酶 A（AnxA）的 N 末端，构建成杂交融合酶 ATx，ATx 比活达到 633 U/mg，分别比两个亲本高 5.4 和 3.6 倍，热稳定性和 pH 稳定性也都大大提高。随着融合表达的深入研究，发现融合表达时所选择的融合方式对表达效果有很大影响，Hong 等构建纤维素酶－葡萄糖苷酶融合表达的基因（cellulase－β－glucosidase），当 β－glucosidase 基因融合在 *cel*5*C* 下游时，融合蛋白表达后兼具有两种酶的活性，但当 β-glucosidase 基因融合在 *cel*5*C* 上游时，就检测不到酶活性；Lu 等通过不同的连接结构构建了 8 种 β-glucanase-xylanase 融合蛋白，都显示两种酶活性，其中以 (GGGGS) 2 连接的融合蛋白葡聚糖酶活性提高了 3.2 倍，木聚糖酶活性提高了 0.5 倍，以（EAAAK）3 为连接肽的融合蛋白葡聚糖酶和木聚糖酶活性分别提高了 1.6 倍和 0.3 倍，而其他连接结构的效果则不明显甚至是负结果。表明选择的融合方式和连接结构对于融合蛋白的活性有很大影响。Xue 等设计了 LINKER 来在线设计融合基因之间的连接序列，可以方便地进行连接结构的选择。

二、 提高酶蛋白异源表达产量的分子改造方法

在实际发酵生产酶蛋白的过程中，希望能够尽量提高蛋白的表达量，以期降低生产成本和使用成本。基因工程的发展已经使很多蛋白实现了在工程菌株中的异源表达，由于影响蛋白异源表达的因素很多，微生物酶分子设计的一个重要方面就是要消除影响外源基因表达的不利因素，从而提高表达量。主要方法有密码子优化，mRNA 结构改造，调整 GC 含量等手段。

1. 密码子优化

根据密码子的兼并性，每个氨基酸对应的密码子可以有多个。研究发现物种具有密码子偏爱性，即不同物种对密码子的使用频率是不同的，有些密码子甚至从来不使用，那些不经常使用甚至从不使用的密码子称为稀有密码子或非偏爱型密码子。非偏爱型密码子形成的原因主要是细胞内缺乏识别这些密码子的 tRNA。对于不同的表达系统如毕赤酵母和大肠杆菌，其密码子偏好性是不同的。若外源基因含有较多的宿主菌非偏爱型密码子，尤其是连续出现的话，就会严重影响其在宿主菌中的表达量。为了消除稀有密码子对蛋白表达量的影响，经常采用对异源基因的密码子进行优化来实现，即在不改变外源基因氨基酸序列的情况下，将外源基因中的稀有密码子替换为宿主常用的密码子。该方法具有简单易行、重复性好的特点，得到了广泛的使用。目前已经有研究者开发出了专门的软件进行密码子优化的设计，如 Poigbo 等开发的 OPITIMIZER 等。Teng 等通过优化 β-1，3-1，4 葡聚糖酶的密码子组成，使其在毕赤酵母中的表达量提高 10 倍；Chang 等将来源于假丝酵母的脂肪酶密码子进行优化后，在毕赤酵母中的表达量提高 4.6 倍。Mechold 等将生物素酶（Bacterial biotinylation enzyme）BirA 密码子进行优化后，其表达量提高了 5 倍。尽管有很多成功的报道，但是关于密码子偏爱性对酶表达量的影响还是存在一些争议，Wu 等通过在大肠杆菌中表达组蛋白和谷氧还蛋白的研究表明，大肠杆菌中蛋白表达水平更加取决于 mRNA 的翻译频率和二级结构。

2. mRNA 结构改造

在外源蛋白表达过程中，外源基因转录出的 mRNA 二级结构与蛋白的合成有很大关

系，也是影响表达效率的重要因素。外源基因序列中 mRNA 5c－端非编码区（5c－UTR）的核苷酸序列组成和长度是影响外源基因能否高效表达的重要因素，适当长度的 5c－UTR 可极大地促进 mRNA 的有效翻译。5c－UTR 太长或太短都会造成核糖体 40S 亚单位识别的障碍。巴斯德毕赤酵母中 AOXl 基因的 5c－UTR 长为 114 bp 并富含 A＋U 时，其编码的乙醇氧化酶表达量极高，这提示我们使外源 mRNA 的 5－UTR 尽可能和 AOXl mRNA 的 5c－UTR 相似是必需的，这种方法可使人血清白蛋白（HSA）的表达量提高 50 倍之多。另外 mRNA 的二级机构和自由能都是影响外源蛋白表达效率的因素，mRNA 二级结构在翻译过程中会影响核糖体与其结合位点以及起始密码子的结合，进而影响蛋白表达量。通过优化基因序列降低对应 mRNA 的自由能，减少两端二级结构的产生，尤其是消除翻译起始区（TIR）二级结构，可以大大提高 mRNA 的翻译效率，从而提高外源蛋白表达量。Huang 等通过对 mRNA 结构的改造，消除起始密码子 AUG 附近 mRNA 的二级结构，使木聚糖酶的表达量提高了 2 倍。此外 5c－UTR 区应避免出现 AUG，以确保 mRNA 从实际翻译起始位点开始翻译，防止造成读码框的错误。目前用于 RNA 二级结构预测的工具很多，如 RNAPfold、srna、CARNAC、MARNA、Pfold、RNA-Structure 等，预测准确度也已经比较高，极大地方便了 RNA 结构分析和设计。

3. GC 含量调整

酶基因序列中四种脱氧核苷酸的含量及分布是影响其在异源宿主中表达量的另一重要因素，有些高 A＋T 含量的基因在毕赤酵母中表达时会导致转录的提前终止而不能有效表达。相反地，如果 G＋C 含量过高也会造成 mRNA 二级结构的刚性过强，导致转录单位无法顺利通过，从而导致翻译不能高效地进行，也会影响蛋白的表达量。所以外源基因在进行表达时，最好将其 GC 含量控制在一个合适的范围，既要使全局的碱基分布比较合理，又要消除局部的高 AT 区和高 GC 区，都可以通过密码子的替换来实现，目前已经有相应的软件可以对碱基组成进行很好的分析和设计。然而在进行 GC 含量调整的时候又要综合考虑密码子偏好性的影响，尽量避免使用稀有密码子，否则可能会起到相反的效果，GC 含量的调整很少单独使用，一般是和其他方法结合在一起进行。

4. 其他方法

分泌表达是一种理想的蛋白质生产方式，将目的蛋白分泌至胞外可以避免异源产物累积对宿主生长代谢造成的负面影响，又可避免宿主体内蛋白酶对产物的降解，从而有利于目的蛋白的持续表达和累积，提高目的蛋白表达量，另外可以减少后续的纯化步骤。通过设计合适的信号肽可以使表达的蛋白质顺利分泌到宿主细胞外，甚至目的蛋白可以达到胞外总蛋白的 90% 以上。采用外源基因自身的信号肽和表达载体的信号肽进行分泌表达都有成功的报道。对于一些难以分泌的蛋白，可以试试采用其他的信号肽，或者对信号肽进行改造。外源基因在宿主细胞中的拷贝数会影响其 mRNA 的拷贝数，从而影响蛋白的表达量。一般认为随着拷贝数的增加，蛋白表达量也会相应增加，但并非对所有基因都是如此，对于有些基因，高拷贝反而会降低其表达量，可能是由于分泌效率低的蛋白在高表达的情况下会对表达途径起到负反馈作用所致，或者是因为拷贝数太高导致细胞代谢负担过重，各种元素相对不充足，导致表达量不升反降。另外有的研究表明终止子不同也会造成表达量的差别，Hai 等在大肠杆菌中表达藻青素合成酶（CphA），发现以 TAG 作为终止密码子时的表达量为以 TAA 作为终止密码子的 2 倍。包涵体的形成是影响外源蛋白表达的一个重要因素，将目的蛋白与一些帮助其折叠的分子伴侣共表达，可以使蛋白在表达过程中更容易形成正确的构象，避免形成包涵体，提高可溶性表达量；另外蛋白质的一级结构即氨基酸序列是影响包涵体形成的重要因素之一，将蛋白质中某个或几个氨基酸进行替换可抑制包涵体的形成，增加表达产物的可溶性，Jung 等将 *Candida antarctica* 来源的脂肪酶 B 表面疏水氨基酸——亮氨酸和异亮氨酸替换成亲水性的天冬氨酸后，可溶性表达提高三倍，可能原因是重组蛋白疏水性的变化。但是氨基酸的替换可能会对酶活性造成很大影响，尤其是对催化活性中心氨基酸残基的改变，可能直接导致酶活性丧失。所以应根据蛋白本身的性质进行替换设计，在替换时应避开活性中心，否则会起到相反的效果。

第五节　前景及展望

随着微生物酶在各领域的广泛应用，目前已知的酶种类和性质已经不能满足生产需求，分子设计作为一个提高酶产量和改善酶学性质的重要手段日益得到广泛应用。随着生物信息学的发展，通过对酶基因序列、酶的空间结构及催化方式等信息进行分析，结合先进的分子生物学手段，实现酶分子改造的思路和手段会越来越多。由于许多蛋白质的结构以及结构与功能之间的关系还不清楚，所以在对其进行分子设计的时候有很大的盲目性，并且这些工作都离不开对酶的编码基因的获取。所以，一方面必须进一步深入研究现有酶的分子结构与功能，提高分子设计的目的性，从而提高效率，避免浪费；另一方面，利用分子生物学技术对那些尚不能进行人工分离培养或尚未被认识，但在自然界中确实存在，尤其是一些具有特殊优良性状的新的微生物酶基因进行筛选和克隆同样是十分重要的。可以预见的是，随着越来越多新的基因被克隆出来和新的分子设计理念的出现，微生物酶的应用前景会越来越好。

第四章

酒精生产用菌种

第一节 酒精酵母

目前，酒精发酵的菌种主要以酵母菌为主。通过糖酵解途径，酵母菌将葡萄糖高效转化为乙醇和二氧化碳。

酒精酵母菌属于酵母菌科。单细胞，卵圆形或球形，具细胞壁、细胞质膜、细胞核（极微小，常不易见到）、液泡、线粒体及各种贮藏物质，如油滴、肝糖等。繁殖方式有3种：①出芽繁殖，出芽时，由母细胞生出小突起，为芽体（芽孢子），经核分裂后，一个子核移入芽体中，芽体长大后与母细胞分离，单独成为新个体。繁殖旺盛时，芽体未离开母体又生新芽，常有许多芽细胞联成一串，称为假菌丝。②裂殖，是少数酵母菌进行的无性繁殖方式，类似于细菌的裂殖；③孢子繁殖，在不利的环境下，细胞变成子囊，内生4个孢子，子囊破裂后，散出孢子；④接合繁殖，有时每两个子囊孢子或由它产生的两个芽体，双双结合成合子，合子不立即形成子囊，而产生若干代二倍体的细胞，然后在适宜的环境下进行减数分裂，形成子囊，再产生孢子。

酵母菌的种类很多，包括孢子酵母、产冬孢子的类酵母、掷孢酵母和无孢子酵母等，涵盖60个属500多个种。在真菌分类系统中，它们分别隶属于子囊菌纲（Ascomycetes）、担子菌纲（Basidiomycetes）和半知菌纲（Fungi Imperfecti）。酒精工业生产中常用的酵母菌属于真菌门（Eumycota）子囊菌纲（Ascomycetes）半子囊菌亚纲（Hemiascomycetes）酵母目（Endomycetales）酵母科（Saccharomycetaceae）。工业上大多采用酿酒酵母（S. cerevisiae）进行发酵，卡尔斯伯酵母（S. carlsbergensis）、清酒酵母（S. sake）及其变种也有较广泛的应用。其他的如粟酒裂殖酵母（Shizosaccharomyces pombe）、脆壁克鲁维酵母（Kluyveromyces fregilis）、树干毕赤酵母（Pichia Stipitis）、克劳森酒香酵母（Brettanomyxes claussenii）、热带假丝酵母（C. tropicalis）和管囊酵母（Pachysolen tannpilus）等也有一定的应用。

第二节 活性干酵母

高质量活性干酵母是现代大型酒精企业培养酵母重要的基础酵母菌种。酒精企业自己独立培养酵母菌，历经了几十年，终于使人们认识到酒精企业自己培养酵母由于设备，特别是专业技术人员综合技术能力的差距，使生产成本高，特别是延长酒精发酵周期，杂菌增多，酒精产率相对低。

基于此，活性干酵母已成为现代酒精企业的必需原料。但树立酵母近代扩培技术思想和应用酵母回用技术仍是酒精企业专业技术人员的重要研究课题。

第三节　酵母的育种及培养

　　人类自古就掌握了利用酵母菌酿制酒的技术。酵母是以出芽繁殖为主要特征的一类单细胞真菌的统称，具有典型的真核细胞结构。酵母的酒精发酵，是将可发酵的糖，在无氧条件下经 EMP 途径先分解为丙酮酸，然后进一步生成乙醛和二氧化碳，再经过细胞内酶的作用转变成酒精，最后通过细胞膜将产物排出体外。

　　酒精工业是以菌种为核心组织生产的，发酵过程所需要的大量的酵母细胞，是怎样从干酵母或斜面保藏的菌种扩大培养而来的，是本章所要讨论的主要内容。另一方面，如何提高发酵效率，如何提高酒精的产量和质量，如何降低能耗与粮耗等问题均涉及酵母菌种的一系列性质和功能。因此，选育高产高效的优良菌株可以大幅提高酒精产业的经济效益和社会效益。随着分子生物学技术和基因工程的进展，人们正以前所未有的深度和广度改良酒精酵母菌种，取得了一定的进展。

一、酵母菌的大小、形态和结构

　　酵母菌是单细胞真核微生物。酵母菌细胞的形态通常有球形、卵圆形、腊肠形、椭圆形、柠檬形或藕节形等，如图 4-1 所示。细胞表面积和其体积之间的比例会影响到细胞和培养基之间传质的速度，因此，对酵母的生命活动强度也有影响。酵母菌一般为 $(1\sim5)$ μm × $(5\sim30)$ μm，无鞭毛，不能游动。酵母菌具有典型的真核细胞结构，有细胞壁、细胞膜、细胞核、细胞质、液泡、线粒体等，有的还具有微体。其中，细胞壁主要分为三层：外层为甘露聚糖，内层为葡聚糖，中间夹有一层蛋白质分子。细胞膜，也是三层结构，主要成分为：蛋白质、类脂和少量糖类。细胞膜是由上下两层磷脂分子以及镶嵌在其间的甾醇和蛋白质分子所组成的。其功能主要有：调节细胞外溶质运送到细胞内的渗透屏障；细胞壁等大分子成分的生物合成和装配基地；部分酶的合成和作用场所。

　　酵母菌具有用多孔核膜包裹起来的定

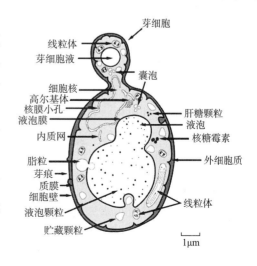

图 4-1　酵母菌的细胞形态

型细胞核——真核。核膜是一种双层单位膜，其上存在着大量直径为 40~70nm 的核孔，用以增大核内外的物质交换。

酵母菌其他细胞结构包括液泡、质粒（"2μm" 质粒）、核糖体（沉降系数为 80S）、线粒体（双层膜构成的产能细胞器，能量代谢的场所）。

二、酵母菌的繁殖

用于酒精发酵的酵母是一种单细胞的微生物，属于子囊菌纲。酵母菌有多种繁殖方式，繁殖方式对于酵母菌的鉴定十分重要。有人把只进行无性繁殖的酵母菌称作"假酵母"，而把具有有性繁殖的酵母菌称作"真酵母"。

1. 酵母菌的无性繁殖

芽殖：酵母菌最常见的无性繁殖方式是芽殖。芽殖发生在细胞壁的预定点上，此点称为芽痕，每个酵母细胞最多有一个芽痕。成熟的酵母细胞长出芽体，母细胞的细胞核分裂成两个子核，一个随母细胞的细胞质进入芽体内，当芽体接近母细胞大小时，自母细胞脱落成为新个体，如此继续出芽。如果酵母菌生长旺盛，在芽体尚未自母细胞脱落前，即可在芽体上又长出新的芽体，最后形成假菌丝状。

裂殖：是少数酵母菌进行的无性繁殖方式，类似于细菌的裂殖。其过程是细胞延长，核分裂为二，细胞中央出现隔膜，将细胞横分为两个具有单核的子细胞。进行裂殖的酵母菌种类很少，例如裂殖酵母属的八孢裂殖酵母（*Schizosaccharomyces octosporus*）等。

产生掷孢子等无性孢子：掷孢子（Ballistospore）是掷孢酵母属等少数酵母菌产生的无性孢子，外形呈肾状。这种孢子是在卵圆形的营养细胞上生出的小梗上形成的。孢子成熟后，通过一种特有的喷射机制将孢子射出。因此，如果用倒置培养皿培养掷孢酵母并使其形成菌落，则常因其射出掷孢子而可在皿盖上见到由掷孢子组成的菌落模糊镜像。

此外，有的酵母如 *Candida albicans* 等还能在假菌丝的顶端产生厚垣孢子（Chlamydospore）。

2. 酵母菌的有性繁殖

酵母菌是以形成子囊和子囊孢子的方式进行有性繁殖的。两个邻近的性别不同的酵母细胞各自伸出一根管状的原生质突起，随即相互接触、融合，并形成一个通道，两个细胞核在此通道内结合，形成双倍体细胞核，然后进行减数分裂，形成 4 个或 8 个细胞核。每一子核与其周围的原生质形成孢子，即为子囊孢子，形成子囊孢子的细胞称为子囊。

三、 酒精生产中常用酵母菌及其特性

在长期的生产实践过程中，人们对很多酵母菌的性能进行了测定，筛选了一些优良的酵母菌株用于酒精生产。从分类系统来讲，淀粉质原料酒精发酵常用的菌种为真酵母属中的啤酒酵母（*Saccharomyces cerevisiae*）及其变种，如拉斯 2 号（Rasse Ⅱ）、拉斯 12 号（Rasse Ⅻ）、K 字以及从我国酒精生产实践中筛选的南阳五号（1300）、南阳混合（1308）等酵母菌株。

1. 拉斯 2 号（Rasse Ⅱ）酵母

拉斯 2 号酵母又名德国二号酵母，为林特奈（Lindner）于 1889 年从发酵醪中分离出来的一株酵母菌。细胞呈长卵形，麦汁培养，细胞大小为 $5.6\mu m \times (5.6 \sim 7)\ \mu m$，很少有 $5.6\mu m \times 8\mu m$，子囊孢子 $2.9\mu m$，但较难形成。能发酵葡萄糖、蔗糖、麦芽糖，不发酵乳糖。营养丰富时，细胞内贮藏有较多的肝糖，营养缺乏时，则有明显的空胞存在。该菌在玉米醪中发酵特别旺盛，适用于淀粉质原料发酵生产酒精。该菌的缺点是发酵中易产生泡沫。

2. 拉斯 12 号（Rasse Ⅻ）酵母

拉斯 12 号酵母又名德国 12 号酵母，由马旦士（Matthes）于 1902 年从德国压榨酵母中分离出来。细胞圆形，近卵圆形。细胞大小普遍为 $7\mu m \times 6.8\mu m$，细胞间连接较多，中央部的数个至十数个细胞常较顶端的细胞为大。富含肝糖，在培养条件良好时，多无明显的空胞。形成子囊孢子时，每个子囊有 $1 \sim 4$ 个子囊孢子，且较拉斯 2 号酵母易于形成。于麦芽汁明胶上培养时，菌落呈灰白色，中心部凹，边缘呈锯齿状。液体培养时，皮膜形成较速，28℃培养 6d，生成有光泽的白色湿润皮膜，发酵液易变浑浊。能发酵葡萄糖、果糖、蔗糖、麦芽糖、半乳糖和 1/3 棉籽糖，不发酵乳糖。常用于酒精、白酒生产。

3. K 字酵母

K 字酵母是从日本引进来的菌种，细胞卵圆形，细胞较小，生长迅速，适用于高粱、大米、薯干原料生产酒精。

4. 南阳五号酵母（1300）

固体培养时，菌落白色，表面光滑，质地湿润，边缘整齐，培养一周，色稍暗。细胞形态呈椭圆形，少数腊肠形 $[(4.95 \sim 7.26)\ \mu m \times (3.3 \sim 5.94)\ \mu m]$。$25 \sim 27$℃液体培养三天，液清、无环、有酸，沿管壁附有沉淀，细胞多呈卵圆形，少数圆形（$6.6\mu m \times 8.91\mu m$）。培养三周后形成环，大多数膜沉淀，且呈块状析出，液体清，细胞形态多数卵圆形或腊肠形 $[(5.94 \times 5.94)\ \mu m \sim (7.26 \times 7.26)\ \mu m]$。能发酵麦芽糖、葡萄糖、蔗糖、1/3 棉籽糖，不发酵乳糖、菊糖、蜜二糖。耐酒精分数 13%（体积分数）以下。

5. 南阳混合酵母（1308）

固体培养时，菌落白色，表面光滑、质地湿润、边缘整齐；培养一周后，色稍暗；胞呈圆形（6.6μm×6.6μm），少数卵圆形，液体中 25 ~ 27℃培养 3d，稍浑，有白色沉淀，细胞多数圆形，少数卵圆形 [（6.6×7.59）μm ~（4.26×6.6）μm]。能发酵葡萄糖、蔗糖、麦芽糖、1/3 棉籽糖，不发酵乳糖、菊糖、蜜二糖。

根据实践，该菌在含单宁原料中酒精发酵能力比拉斯 12 号速度快、变形少，产酒精能力也强。

四、 酒精生产对酵母菌的要求

自然界中，酵母菌的种类很多。有些酵母能把糖分发酵生成酒精，有些则不能；有的酵母菌生成酒精的能力很强，有的则弱；有的酵母菌在不良环境中仍能旺盛发酵，有的则差。因此酒精生产中选择具有优良性能的酵母，是一项十分重要的问题。

酒精生产中要求酵母菌具有下述性能。

（1）含有较强的酒化酶，发酵能力强，而且迅速。

（2）繁殖速度快，具有很强的增殖能力。

（3）耐酒精能力强，能在较高浓度的酒精发酵醪中进行发酵。

（4）耐温性能好，能在较高温度下进行繁殖和发酵。

（5）抵抗杂菌能力强。

（6）耐酸能力强。

（7）生产性能稳定，变异性小。

（8）发酵时产生泡沫少。

五、 酒精酵母的特性

在利用淀粉质原料生产酒精中，所使用的酵母具有下述特性：

1. 繁殖速度快

如在麦汁小滴中培养 24h，一个拉斯 12 号酵母细胞可以产生 55 个子细胞，拉斯 2 号酵母可产生 37 个子细胞。此外，拉斯 12 号酵母还具有产生泡沫少，发酵平静，耐酒精能力强的优点，其耐酒精能力最高可达 13%（体积分数）。适宜于淀粉质原料发酵生产酒精。

2. 醪液浓度

一般酒精酵母在含 5%（体积分数）的酒精发酵醪中，其发酵能力就减弱，当醪液中酒精含量达到 12%（体积分数）时，则停止发酵。所以生产中常将糖化醪浓度控制在 15～18°Bx，发酵成熟醪的酒精含量为 8%～9%（体积分数）。由生产实践中选育出的 1300、1308 二株酵母菌，可用于浓醪发酵。据山东、河南南阳酒精厂的实践，该菌可在 20°Bx 外观糖的醪中旺盛发酵，其酒精含量可达 11%（体积分数）左右，具有较强的耐酒精能力。

3. 培养温度

拉斯 12 号酵母繁殖适温为 30～33℃，最低为 5℃，最高为 38℃。温度适宜，酵母繁殖速度加快。温度过高或过低，都影响酵母细胞的繁殖，甚至引起酵母的衰老或死亡。生产实践中，为了保证酵母菌顺利繁殖而不被细菌污染，酒母培养温度多控制在 28～30℃，发酵温度则控制在 30～33℃，但由于我国南方气候较炎热，尤其是在夏季，发酵醪温度很难控制，往往可以达到 38℃ 以上。目前，有很多酒精厂都在设法筛选适宜于高温发酵的酵母菌种来解决这个问题。

4. pH

发酵醪的 pH 与氧化还原电势有关，而氧化还原电势又与酵母的呼吸有直接关系。酒精酵母可在 pH 4.0～6.0 环境中进行繁殖，如果醪液的 pH 低于 3，则酵母的活力大减。正常的酒母糖化醪 pH 为 5.0～5.5，适宜于酵母菌的繁殖和发酵。但为了保证酵母菌繁殖，并能抑制杂菌生长，生产中常将酒母糖化醪的 pH 控制在 4.0～4.5。

六、 酵母所需营养物质及其数量

酵母菌在生长繁殖过程中需要从外界吸收营养物质，通过一系列的生物化学变化，合成了菌体细胞。在酒母培养过程中需要供给哪些营养物质，这些营养物质又在酵母菌体内构成了什么物质呢?

1. 碳源

酵母菌在繁殖过程中需要供给含碳物质，以构成菌体材料和供给生命活动能量来源。能被酵母菌利用的碳源主要为糖类。酒精生产使用的淀粉质原科，因为淀粉分子质量太大，不能被酵母直接吸收，必须经过蒸煮、糖化，使淀粉转变成分子质量较小的葡萄糖、麦芽糖之后，才能被酵母吸收利用。酵母菌在繁殖过程中，吸收的糖分，一方面用于合成菌体蛋白中的碳架，另一部分转变为酵母菌的贮藏物质，还释放出一定能量，以供合成菌体物质时的能量消耗。

2. 氮源

酵母菌在繁殖过程中还需要从外界环境吸收含氮物质，以合成菌体原生质和酶。酵母菌所需的含氮物质主要也是从淀粉质原料中获得。但原料中含氮物质往往是大分子的蛋白质，因此也必须经过蒸煮和曲霉菌中的蛋白酶水解，生成小分子质量的蛋白胨、肽或氨基酸后才能被酵母所同化。

　　酵母菌在利用氨基酸时，氨基被利用，以合成菌体细胞中的蛋白质、酶等组成分，剩余产物可能转变为醇类。

　　如果原料中含氮量少时，也可补加无机氮，供给酵母生长。生产上多采用（NH_4）$_2SO_4$为补充氮源。

　　硝酸盐因不易被酵母所利用，故不采用。当利用硝酸盐时，只有在 NO_3^- 转化为—NH_2 后，方可被利用。

　　3. 无机盐

　　磷是构成菌体中核酸的重要成分，也是辅酶的组成分，在能量转变中起着重要作用，对酵母菌的代谢活动十分重要。Mg^{2+} 可以刺激酵母的活力，K^+ 可以促进酵母细胞的增大，促进发酵。培养基中低浓度的无机盐可以促进酵母的生长，多了反而会阻碍酵母生长。酵母繁殖过程中需要的无机盐可从原料中获得，一般不需另加。

　　4. 维生素

　　1g 酵母干物质中含有维生素 B_1 120 ~ 200μg，维生素 B_2 20 ~ 30μg，维生素 B_5 280 ~ 500μg，维生素 B_6 50μg。

　　酵母菌不能将初级的化合物合成维生素，而在基质中已经含有现成的 B 族维生素，或者含有合成维生素的前体物质，如嘧啶及噻唑，或者只含有一种噻唑时，才能使维生素增加。此外，培养基中必须有 β – 氨基酸时，才能在酵母的作用下合成泛酸。当缺乏泛酸或 β – 丙氨酸时，酵母便不能繁殖。合成的维生素将转变成酶的构成部分。

　　酵母在生长繁殖过程中所需的维生素主要由糖化醪中获得。维生素易被高温所破坏，因此，在制备酒母糖化醪时，不宜采用高温长时间杀菌，以减少维生素的损失。

七、 酵母的生长条件

　　1. 温度和 pH

　　酿酒酵母生存和繁殖的温度范围很宽，但用于酒精发酵时的适宜温度是 29 ~ 30℃。温度对酿酒酵母酒精发酵的影响具体表现在：①影响酶的活性。每种酶都有最适宜的酶促反应温度，温度的变化影响着酶促反应率，最终影响细胞物质合成。②影响细胞质膜的流动性。温度高，细胞质流动性大有利于物质的运输；温度低，细胞质的流动性降低，不利于物质的运输。因此温度影响酵母对营养物质的吸收和代谢产物的分泌和运输。③影响物质的溶解度。物质只有溶于水才能被酵母吸收或分泌。除气体外，物质随着温度的上升而溶解度增加，温度降低，物质的溶解度也降低，最终影响酵母的生长。

　　另一方面，酵母发育的最适温度不总是和发酵的最适温度相一致。例如在 17 ~ 22℃培养得到的酵母具有较高的发酵能力。同时，高温下培育酵母菌种的染菌风险显著提升，这是因为此时细菌的繁殖速度比酵母高得多。

培养基的 pH 对酵母的生命活动也有显著影响。细胞内正常的 pH 维持对机体正常功能至关重要，如酶反应的进行、蛋白质构象和稳定性、代谢中间产物的维持。在此 pH 下，细胞内几乎所有的水溶性物质都以电离形式存在，或被磷酸化或被羧酸化，从而阻止它们从细胞中泄露出去。蛋白质构象的稳定性也依赖于 pH，若 pH 改变，则会影响氨基酸残基带电基团，导致蛋白质折叠的改变，还原活性增加，将影响蛋白质与其他蛋白质、脂质和代谢物的相互作用。大多数酿酒酵母能在 pH 2.5 ~ 8.5 生长，但它们属于嗜酸性生物，在微酸性的条件下生长，其最适生长范围为 pH 4.5 ~ 5.0。

2. 营养物质

酒精发酵的过程就是酵母将可发酵性糖转化为酒精的过程。而酵母作为一种微生物，其生长、繁殖、代谢酒精等一切生命活动都需要营养的支撑。

酵母细胞的干物质中一般含蛋白质 30% ~ 40%，核酸 5% ~ 9%，灰分 6% ~ 9%，脂肪 4% ~ 5% 以及丰富的维生素，其中灰分包括磷、硫、钾、钠、钙、镁、锌等元素。在酒精发酵液中酵母细胞一般含氮约 2%、磷 1.1%、镁 0.1%。由于不同原料所含的营养成分差别很大，在不考虑原料中所含营养及利用率的情况下，基于酵母成分的组成，可大致估算需要添加的营养盐种类及用量。由此，每立方的发酵液至少需要添加可利用的氮源为 280g、磷 154g 和镁 14g。其中的氮源至关重要，当发酵液中游离氨基氮浓度低于 100mg/L 时，酵母菌的生长受到抑制，高于 870mg/L 时对酵母的生长并无显著有害影响，而在 150 ~ 870mg/L 范围内，游离氨基氮浓度与酒精发酵速度直接正相关。生产酒精常用的原料玉米、小麦中虽然含有大量的粗蛋白，但液化液中通常含游离氨基氮浓度只有约 80mg/L，而且酵母菌本身并不含蛋白酶。它不能分解或使用超过 3 个肽键以上的蛋白质，所以额外补充自由氨基氮是非常重要的。另一方面，核苷酸、维生素及微量元素在高浓度酒精发酵中也是不可缺少的营养。

八、 酒精酵母培养基的制备

在制备酵母培养基时，常采用营养丰富的米曲汁或麦芽汁，因为这两种培养基中含有较多的碳源、氮源、无机盐及维生素等，适合于酵母菌的生长繁殖。

1. 斜面培养基

酒精酵母适合于在 13 ~ 14°Bx 的糖浓度下生长。制备斜面培养基时，在 13 ~ 14°Bx 的米曲汁或麦芽汁中加入 2% 琼脂，加热熔化，装入无菌空试管中，经 98kPa 灭菌 30min，取出放成斜面，待培养基凝固后，放入 30℃恒温箱内，空白培养 3d，使表面水分干燥，检查无杂菌，方可使用。

2. 液体培养基

在 13 ~ 14°Bx 的麦芽汁或米曲汁中加入 0.3% 蛋白胨、0.1% 硫酸镁，用磷酸调节

pH 达 4 左右，装入无菌空试管或无菌三角瓶中，经 98kPa 灭菌 30min，备用。

三角瓶培养基中也可加入 30% ~50% 的糖化醪或糖化醪滤液，用硫酸调节 pH 为 4，因为配制培养基用糖化醪和硫酸调节 pH 可使酵母适应大生产的培养条件。

第四节　酵母的活化与扩培

在酒精发酵过程中，工厂通常把酵母称为酒母，即酵母为酒精发酵之母。在酒精发酵醪中，酵母细胞数一般控制在（0.8 ~1.5）亿个/mL。为了满足大规模生产所需要的酵母细胞数量，就要根据酵母菌的生理特性，供给一定的营养物质，选择最佳的培养条件进行扩大培养，这就是酒母的扩培过程。该过程主要包括酒母糖化醪的制备与酒母扩培（包括实验室酵母菌扩大培养和酒母车间扩大培养两个阶段），酒母扩培的方法主要有间歇培养、半连续培养以及连续培养。

一、　酒母糖化醪的制备

1. 原料的选择

生产上一般采用淀粉质原料来制作酒母糖化醪，其中以玉米为最好，因为玉米中除含有大量淀粉外，还含有丰富的蛋白质等物质。这些物质被曲霉菌中所含的淀粉糖化酶、蛋白酶水解后，产生一定量的糖分和肽、氨基酸等物质，能够满足酵母繁殖所需要的营养。另外，玉米中其他无机盐和维生素含量也很丰富，所以当用玉米为原料制作酒母培养基时不需补加其他营养物质，酵母就能旺盛地生长繁殖。

甘薯原料也可以用来制作酒母糖化醪，但因甘薯中蛋白质含量较低，氮源不足，故常加入硫酸铵以补充氮源。

2. 酒母糖化醪的制备过程

（1）原料蒸煮　酒母醪的原料蒸煮与大生产中原料间歇蒸煮方法基本相同，只是因为酵母宜在低渗溶液中生长，所以加水量要大些。一般原料加水比为原料：水 =1：4 ~5。糖化后的醪液浓度在 12 ~14°Bx。

（2）酒母蒸煮醪的糖化　蒸煮醪打入糖化锅后，冷却到 68℃ 左右，加入曲子进行糖化。为了使酒母糖化醪中含有丰富的可被酵母直接利用的糖分和低分子氮素化合物，其用曲量多高于大生产的加曲量。如果使用液体曲，一般加曲量为 300 单位/g 原料；如果使用固体曲，则加曲量为原料的 10% 左右。

目前各厂使用的曲种多为黑曲霉，该霉菌具有很强的糖化能力，但蛋白质分解能力不够理想。为了使酒母糖化醪中的蛋白质很好地水解，糖化时，除加入部分黑曲霉进行糖化外，还可同时加入部分蛋白质分解力很强的黄曲霉，以利于醪液中蛋白质水解成低分子蛋白胨、氨基酸类物质，以促进酵母大量繁殖。

（3）酒母糖化醪营养盐的添加　甘薯原料中因含氮量不足，所以在使用甘薯原料制作酒母糖化醪时，常加入硫酸铵以补充氮源，其量为原料的 0.05% ~ 0.1%。玉米中因各种营养物质含量丰富，故使用玉米作酒母糖化醪时，就不需另外补加营养盐了。

（4）酒母糖化醪的酸化　在酒母制备过程中，要调节适宜的 pH，使之只适宜于酵母菌的生长繁殖，并能抑制产酸细菌的生长。

酵母菌繁殖最适宜的 pH 是 4.5 ~ 5.0，酒精生产中常用 H_2SO_4 来调节醪液酸度在 5 ~ 6 度（相当于 pH 4.0 ~ 4.5）。根据经验，每升醪液加入浓硫酸（浓度为 98%，相对密度 1.84）0.49g（或 0.49/0.98 × 1.84 = 0.92mL）可使醪液酸度提高 1 度。

（5）酒母糖化醪的杀菌　酒母糖化醪的糖化温度一般在 60 ~ 65℃，而此温度不能把醪液中的产酸细菌完全杀死。为了确保酒母在培养过程中不被杂菌污染，在酒母醪糖化完毕后，还要加温至 85 ~ 90℃杀菌 15 ~ 30min。这个杀菌温度也只能杀死细菌的营养体，而不能杀死细菌的芽孢，因为细菌的芽孢须要在 100℃以上才能被杀死。

酒母糖化醪的杀菌温度应采用尽量降低的原则，因低温不易破坏醪液中的维生素等营养物质，这对酵母繁殖是有利的，所以有的厂采用 75℃杀菌。同时，杀菌温度的高低，需视设备的结构而定，如果设备死角多，可适当提高杀菌温度。

二、 酒母扩培工艺过程

1. 实验室阶段的酒母扩大培养

其流程为：原菌→斜面试管→液体试管→三角瓶培养→卡氏罐。

实验室阶段的培养是酒母扩大培养的开始，因此要特别注意无菌操作，防止杂菌污染，培养基要有足够的营养。

（1）原菌　生产中使用的原始菌种应当是经过纯种分离的优良菌种。保藏时间较长的原菌，在投产前，应接入新鲜斜面试管进行活化，以便使酵母菌处于旺盛的生活状态。

（2）斜面试管培养　将活化后的酵母菌在无菌条件下接入新鲜斜面试管，于 28 ~ 30℃保温培养 3 ~ 4d，待斜面上长出白色菌苔，即培养成熟。然后放入 4℃冰箱保存。斜面培养时间不能过长以防酵母衰老，固体菌种一般两个月传代 1 次。

（3）液体试管培养　在无菌条件下，用接种针从刚成熟的生长旺盛的斜面试管中挑取少量的酵母装入 10mL 米曲汁的液体试管中，摇匀，在（28 ± 1）℃培养 24h 后，液体试管如加磷酸调节酸度，对酵母起了耐酸的驯化作用。液体试管的酵母培养时间要适宜，从外观可鉴别培养情况：如果试管液体较清，底部酵母沉淀少，摇动试管产生大量泡沫时较好；若管内液体很浑浊，沉淀多，经摇动泡沫松散消失，这时为培养过老，衰老的酵母不利于以后的酒精发酵。

生产上可将前一天小试管的液体转接入新鲜液体试管中，进行连续传代，再接三角瓶，这样使酵母一直处于旺盛繁殖阶段，而且酵母生长形态均匀整齐，发酵力强。

（4）三角瓶培养　接种时，应先用新洁尔灭或酒精棉球消毒瓶口，在接种箱内、酒精灯的火焰旁，迅速将试管中的酵母液全部接入小三角瓶中，摇匀后，置（28±1）℃培养15~20h，当液面上积聚大量白色 CO_2 泡沫时，即培养成熟。同法，再按上述操作将小三角瓶酒母全部接入大三角瓶，培养15~20h，即可成熟。

如果扩大培养阶段只用大三角瓶，则需多接几只液体试管，以加大接种量。

（5）卡氏罐培养　卡氏罐所用培养基一般采用酒母糖化醪，目的是使酵母菌在培养过程中逐渐适应大生产的培养条件。卡氏罐用的糖化醪应单独杀菌后备用，同时加入 H_2SO_4 调 pH 4.0 左右，以抑制杂菌的生长。

卡氏罐培养的接种方法与三角瓶基本相同，只是接种时应在无菌室内进行，以防止杂菌的污染。接种后以28~30℃保温培养18~20h，待表面冒出大量的 CO_2 泡沫时，即为培养成熟。

卡氏罐种子的质量标准为：酵母细胞数（0.8~1.0）亿个/mL，出芽率20%~30%，染色率1%以下，无杂菌，耗糖率35%~40%，耗糖率可按下式计算：

$$耗糖率（\%）=\frac{醪液原始糖度-酒母成熟醪糖度}{醪液原始糖度}×100\%$$

2. 酒母车间扩大培养

酵母菌经试验阶段扩大培养以后，即转入酒母车间扩大培养。酒母车间所用的培养基主要以大生产的原料为主，适当添加一些营养物质。

其流程为：卡氏罐→小酒母罐→大酒母罐→成熟酒母送发酵车间。

酒母罐的结构如图4-2所示，均为铁制圆筒形，其直径与高度之比近1:1，底部为锥形或碟形，底部中央有排出管，罐盖是平的，有的封头也用锥形或碟形，罐体密封。罐上装有搅拌器，通过传动装置转动，或直接用电机经减速器而带动，搅拌速度为80~100r/min，因为酒母培养罐的搅拌器利用率不高，因此，有条件的厂如有液体曲车间的工厂就采用通风搅拌罐，以无菌空气代替机械搅拌，其效果一样，不仅简化设备和节省电机与传动装置，还可消除车间噪声。酒母罐内设有兼作冷却或加热用的蛇管，其冷却面积为醪液容

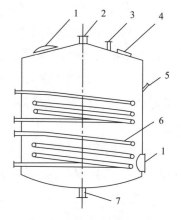

图4-2　酒母培养罐

1—人孔　2—CO_2 排出管　3—进醪管

4—视镜　5—温度计

6—冷却水管　7—排醪管

积的 2 倍左右，大酒母罐体积是小酒母罐体积的 10 倍，酒母罐的数目可根据发酵产量来计算。

三、 成熟酒母质量指标

酒母质量好坏直接影响到酒精生产的业绩。只有在培养出优良健壮的酒母的前提下，才有可能提高淀粉出酒率。在实际生产中，好的酒母除了要求其细胞形态整齐、健壮、没有杂菌、芽孢多、降糖快外，还要通过下述指标来进行检查。

（1）酵母细胞数 酵母细胞数是观察酵母繁殖能力的一项指标，也是反映酵母培养成熟的指标。成熟的酒母醪其酵母细胞数一般为 1 亿/mL 左右。

（2）出芽率 酵母出芽率是衡量繁殖旺盛与否的一项指标。出芽率高，说明酵母处于旺盛的生长期。反之，则说明酵母衰老。成熟酒母出芽率要求在 15% ~ 30%。如果出芽率低，说明培养过程存在问题，应根据具体情况及时采取措施进行挽救。

（3）酵母死亡率 用美蓝对酵母细胞进行染色，如果酵母细胞被染成蓝色，说明此细胞已死亡。正常培养的酒母不应有死亡现象，如果死亡率在 1% 以上，应及时查找原因采取措施进行挽救。

（4）耗糖率 酵母的耗糖率也是观察酒母成熟的指标之一。成熟的酒母，耗糖率一般要求控制在 40% ~ 50%。耗糖率太高，说明酵母培养已经过"老"，反之则"嫩"。

（5）酒精含量 成熟酒母醪中的酒精含量一方面反映酵母耗糖情况，也反映酵母成熟程度。如果酒母醪中酒精含量高，说明营养消耗大，酵母培养过于成熟。此时，应停止酒母培养，否则会因营养缺乏或酒精含量高抑制酵母生长，造成酵母衰老。成熟酒母醪中的酒精含量一般为 3% ~ 4%（体积分数）。

（6）酸度 测定酒母醪中的酸度是观察酒母是否被细菌污染的一项指标。如果成熟酒母醪中酸度明显增高，说明酒母被产酸细菌所污染。酸度增高太多，镜检时又发现有很多杆状细菌，则不宜作种子用。

根据生产实践，可将上述指标归纳如表 4 - 1 所示。

表 4 - 1 成熟酒母的指标

检查项目	小酒母	大酒母
酵母细胞数/（亿个/mL）	1	1
出芽率/%	20 ~ 25	15 ~ 20
外观糖度下降率/%	40	45 ~ 50
死亡率/%	<1	<1
酸度	不增高	不增高

四、 影响酒母质量的主要因素

在酒母培养过程中，酒母质量的优劣与酵母菌种的性能、培养基的营养、接种量、培养时间及培养方法有关。因此在培养过程中，要注意控制好这些因素。

1. 酒母的种龄

酵母菌的生长过程，主要分为 4 个阶段，即菌种的适应期、对数生长期、静止期和衰老期。酵母在适应期时，繁殖能力不强，只有在对数生长期酵母的生命活动旺盛，增殖能力特别强，酒母液中的细胞数达到高峰值。因此，酒精生产过程中所用的酒母，应选用对数生长期的酒母作为种子。酒母培养过程中，培养时间不宜过长和过短，否则将会影响酒母的质量。

2. 接种量控制

培养酒母时，接种量的大小与酒母的培养时间有直接关系。一般接种量大，培养时间短，接种量少，培养时间长。培养时间越长，不仅易造成染菌，而且设备利用率也降低。如果接种量过大，酒母细胞数很快就达到工艺要求，但衰老的细胞多，对酒精发酵不利。一些工厂酒母接种量通常为 8% ~ 10%，经过 10 ~ 18h 培养，酵母数达（0.6 ~ 1）亿个/mL 以上。

酒精产量大的工厂，一般采用分割培养酒母的方法来弥补设备不足的缺点，达到扩大生产的目的。习惯上以 25% ~ 30% 的酒母接种量进行分割接种，可大大缩短培养时间，经过 6 ~ 8h 培养，酒母就成熟了，提高了设备利用率。由于连续分割的留种量较大，酵母容易衰老，空胞增大，接连几十次传代，会使酵母衰老程度加剧，老酵母进入发酵罐后，造成繁殖速度缓慢，所以必须及时调换酒母新种。无论采用小酒母留种，还是大酒母连续分割培养法，均以留种转接 20 代左右为宜（以循环留种 1 次为 1 代），不要超过 30 代。最初几代酵母菌对环境尚不适应，繁殖速度慢，发酵能力较差，随转接次数增加，逐渐适应条件后，酵母一直以对数生长期繁殖，细胞累积加快，保持代代相传的酒母具有较强的活性，这种酒母成熟醪接种发酵后，能够缩短酒精发酵过程的总时间。循环分割次数过多的酒母，由于发酵力衰退，后发酵能力差而影响出酒率。

3. 通风培养

酒母通风培养，对繁殖酵母极为有利，经过试验证实在有氧条件下，生产 1g 干酵母，只消耗糖分 0.35 ~ 0.43g；而在不通气的情况下，要耗糖 1.14g。可见供气培养可以繁殖大量酵母，并且耗糖很少。

酵母在有氧环境中，主要进行呼吸作用，吸收的养料用于合成菌体，此时酒化酶受到抑制，酒精生成量不多，糖分变成二氧化碳和水，并放出一定热能供酵母繁殖使用，其反应式为：

$$C_6H_{12}O_6 + 6O_2 \longrightarrow 6CO_2 + 6H_2O + 2880.5kJ$$

酵母繁殖所需空气量并不大，一般 $1m^3$ 酒母醪每小时通入 $2 \sim 3m^3$ 无菌空气就能满足酵母对空气的需求量，因此培养时，只要每隔几小时通风或开动机器搅拌几分钟，就可保证醪液中酵母所需要的溶解氧量。

4. 培养温度与pH

酒母培养温度一般为28℃左右，温度高，酵母生长繁殖快，但温度过高，酵母衰老速度也加快，且易感染杂菌。如培养温度过低，生长繁殖较慢，培养时间长。因此，控制好酒母的培养温度是十分重要的。

酒母培养的pH对酵母菌生长情况有一定的影响。因为酵母菌适合于在微酸性的环境中生长。如果酒母醪的pH太低或太高，酵母生长会受到抑制。一般酒母醪的pH恒为 $4.0 \sim 4.5$ 为宜。在特殊情况下，如果酒母感染杂菌时，可适当调低pH以抑制杂菌的生长。

5. 酒母杂菌的防治

酒母成熟醪中如有杂菌生长，会给酒精发酵带来影响，多数酒精厂的酒母培养罐是敞开的，很易染菌，在培养过程中，一定要加强无菌操作及车间卫生管理。

一旦感染了杂菌，除用硫酸净化处理外，还可用抗生素杀死细菌。有些酒精厂在培养酒母时，不加硫酸调pH，理由是降低培养液酸度，不利酵母生长，因为用硫酸抑制细菌，毕竟也抑制了酵母的繁殖。因此，为了既可预防杂菌，又能使酵母有较强活性，在酒母醪中，加入一定剂量的青霉素（用 $0.5 \sim 1\mu g/mL$ 醪液）进行酒母正常培养。

抗生素药物中以青霉素对酒母杂菌的作用最大，加青霉素后，抑制细菌，可获得大量的酵母细胞，并能保持醪液中的 α – 淀粉酶的相对活性。

五、 酒母培养中异常现象的处理

在酒母培养过程中，由于某些工艺条件控制不好或操作不细心，会使酒母培养出现异常现象，这些现象如不及时进行处理，会影响酒母培养的质量。因此，生产上要注意工厂条件的控制，做到预防为主，治理为辅，这样才能从根本上解决问题。表4-2中所列的是一些常见的异常现象及处理办法。

表4-2 酒母培养中的常见异常情况及处理

异常情况	原因	处理方法
酒母细胞数不够	①接种量太少 ②冷却温度过低	①检查醪液的糖浓度、酸度等是否合适 ②适当补种或通风 ③减少冷却水量，延长培养时间

续表

异常情况	原因	处理方法
酵母耗糖率过低	①糖液浓度太低 ②接种量过少 ③培养时间过短	①调整糖的浓度 ②适当增加接种量 ③控制酵母培养时间
酵母空胞大，出芽率低	①糖化醪养分不够 ②培养时间过长	①添加糖化醪或营养物质 ②缩短培养时间
酵母死亡率高	①糖化醪酸度过大 ②蒸汽管道漏汽使培养温度太高 ③醪液中含有毒物质	①检查醪液酸度并调整 ②维修管道，加强冷却 ③增加营养 ④补种
酒母中杂菌多	①管道培养罐杀菌不彻底 ②糖化醪中带入杂菌	①搞好车间卫生和杀菌工作 ②硫酸净化法处理：浓硫酸1（1倍水稀释后）加入醪液酸化使 pH 达 2.7～3。当醪中 50% 酵母死亡时，则杂菌也死亡，然后将此酒母接入比平时酸度低 1 度的糖化醪中培养，或加入青霉素处理

六、活性干酵母（AADY）的利用

近年来，国内越来越多的酒精厂或酒厂积极推广活性干酵母进行酒母的扩培，对我国酿酒行业传统的酵母培养方法进行了改进。先将某酒精厂利用活性干酵母制备酒母的工艺介绍如下：

1. 工艺流程

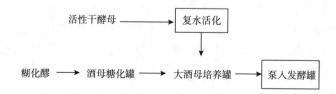

该工艺采用 2 个酒母糖化罐，每个糖化罐的体积为 18m³，6 个大酒罐，每个酒罐的体积为 15m³。糖化罐和酒母罐均设有搅拌装置。

2. 工艺操作条件

将糊化醪泵入糖化罐完成糖化后，通入蒸汽升温至 90～100℃进行灭菌，冷却到 30℃左右备用。在大酒母罐中，提前 30min 将 5kg 活性干酵母加入 80L 水和 40L 糖化醪中，保温 30℃。然后泵入已冷却好的糖化醪，开动搅拌器进行通风培养。在培养过程中，一般每隔 2h 开机搅拌通风一次，以利酵母的增殖，大酒母的培养温度一般控制在 32 ~ 34℃为宜。

利用活性干酵母制备酒母时，大酒母的培养经 6 ~ 8h 即可成熟。酵母细胞数为 0.9 ~ 1.0 亿个/mL，出芽率在 25% ~ 28%，为了防止酒母污染杂菌，可按要求加入青霉素抑制杂菌的生长。当大酒母培养成熟后，与糖化醪同时泵入发酵罐，目的是使酒母与糖化醪混合均匀，这样有利于发酵。发酵温度控制在 30 ~ 32℃，发酵时间为 60h 左右，利用这种方法培养酒母时，每吨酒精均需 1kg 活性干酵母。

第五节　酿酒酵母的分子生物学改造

酿酒酵母既是一种真核模式微生物，又是一种广泛应用于生产的工业微生物。因此酿酒酵母不但在真核生物代谢理论研究的领域中极具重要性，其改造还对生物产业具有非凡的现实意义。酿酒酵母的自身特性对酒精的工业生产有着最直接的影响，因此选育发酵性能优良的菌种菌株就显得格外重要。

一、改造的目的

基因工程育种是近十几年来新兴的一种育种手段，它是随着分子生物学和基因工程技术的飞速发展而发展起来的。作为真核模式生物，酿酒酵母早已进行了全基因组测序。在此基础上，利用基因工程和代谢工程等现代生物技术手段，可以针对菌株的发酵性能对微生物的代谢过程进行有目的地设计、构建、重组和通量调节。目前，乙醇代谢酵母改造的方向主要有以下几个：一是扩大菌株利用底物的范围；二是提高菌株对浓醪发酵条件的耐受性；三是进一步优化菌株的代谢途径以提高乙醇对糖的收率，降低燃料乙醇生产的原料消耗。

二、改造实例

1. 扩大酵母底物谱

野生型的酵母无法利用淀粉，这是因为它们不具备水解淀粉质底物的酶系。Pretorius 等分别将来源于细菌的 α - 淀粉酶基因（*AMY*1），来自酵母的葡萄糖淀粉酶基因（*STA2*）以及来自细菌的普鲁兰酶基因（*PULA*）在酿酒酵母中表达，发酵结果显示重组酵母几乎可完全利用培养基中的淀粉（99%）。Hollenberg 等也成功地将分别编码葡

萄糖淀粉酶和 α - 淀粉酶的 *GAM*1 和 *AMY*1 基因引入重组酿酒酵母。结果显示重组菌直接以淀粉为底物时的发酵产酒精水平与传统的利用酶解淀粉为底物的酵母产酒精水平相当。

酒精发酵糟液中的蜜二糖和纤维二糖是无法被酵母利用的。在纤维质原料酒精发酵时，纤维二糖是纤维素酶水解纤维素的反馈抑制物和纤维素酶系的主要产物，纤维素的有效酶水解需要含有较高葡萄糖苷酶活性的纤维素酶。在浓醪酒精发酵过程中和纤维素酶水解过程中分别添加 α - 半乳糖苷酶和 α - 葡萄糖苷酶，能够达到消耗蜜二糖和纤维二糖的目的，并解除纤维二糖对纤维素酶的反馈抑制。江南大学张梁等以工业生产菌株为研究对象，通过在酵母甘油途径关键节点处分别插入 α - 半乳糖苷酶和 α - 葡萄糖苷酶基因，达到在酒精发酵过程中有效利用蜜二糖和纤维二糖的目的，从而减少副产物生成，提高酒精发酵效率。同时，在纤维素酒精发酵过程中部分解除纤维二糖对纤维素酶的反馈抑制作用，提高纤维素利用率。

纤维素约占木质纤维素总量的35% ~50%，主要由葡萄糖通过 β - 1，4 糖苷键连接而成；半纤维素约占木质纤维素总量的20% ~35%，水解产物主要是木糖，另外还含有甘露糖、葡萄糖、半乳糖、L - 阿拉伯糖和糖酸等多种成分。传统的工业微生物如酿酒酵母能够很好地代谢葡萄糖，但不能利用木糖、L - 阿拉伯糖等五碳糖。因此五碳糖的利用，成为纤维质原料转变成可利用性资源的关键问题，而选育高效木糖发酵菌株对开发可再生纤维质资源具有重大意义。Kuyper 等第一次使重组的酿酒酵母菌株利用 *XI* 基因成功地发酵木糖产生乙醇。通过把厌氧瘤胃真菌 *Piromyces* sp. 中的 *XI* 基因克隆于多拷贝质粒并转化酵母细胞，并由 TPI 启动子驱动，从而获得了高水平的酶活性（0.3 ~1.1U/mg 蛋白）。重组菌被命名为 RWB202，在 20g/L 木糖中好氧批次培养，显示出缓慢的生产，在 20g/L 葡萄糖和 10g/L 木糖的混合糖中厌氧恒化培养，可以消耗 20% ~50% 的木糖。木糖醇生成的比速率不到木糖消耗比速率的 7% 。Kuyper 把表达了 *XylA* 基因的重组酿酒酵母菌株置于葡萄糖和木糖混合培养基中进行筛选，获得了令人瞩目的进展。对此菌株进行详细表征并与对照相比，结果显示木糖和葡萄糖的 V_{max} 值提高了两倍，同时木糖的 K_m 值显著降低。所以，该菌中编码相应己糖转运子的基因可能由于点突变，而使其对应的两种糖的 V_{max} 和 K_m 值受到影响，从而改善了木糖吸收动力学。因此，对重组木糖代谢酿酒酵母中的木糖代谢相关基因使用组成型的强启动子驱动表达，并且异源表达木糖特异性的转运子，对于发展高效的可应用于工业生产的葡萄糖 - 木糖共发酵菌株，具有重要的作用和深远的前景。

2. 提高底物转化率，降低副产物生成

甘油是厌氧条件下酿酒酵母生产乙醇过程中最主要的副产物。厌氧条件下生成的甘油一般是用来氧化细胞合成反应中产生的 NADH，其中最主要的是有机酸如琥珀酸、乙酸和丙酮酸等的合成反应。另一方面，有氧条件下也可以生产甘油，但是一般比厌氧条

件下的产量低得多。然而，也存在例外，当使用高渗透压的培养基时，结果会产生一定量的甘油来调节渗透压。因此，甘油的主要作用是细胞内氧化还原平衡的调控和调节细胞的渗透压。江南大学郭忠鹏在敲除工业酒精酵母甘油合成途径关键基因 $GPD1$ 的同时表达来源于蜡状芽孢杆菌的以 $NADP^+$ 为辅酶的非磷酸化 3 - 磷酸甘油醛脱氢酶（GAPN），随后应用 Cre/loxp 重组酶系统剔除了构建重组菌时引入的抗性标记基因，接着通过 rDNA 位点同源重组在该重组菌中过量表达了海藻糖合成酶（TPS）及海藻糖磷酸化酶（TPS），实现了工业酒精酵母的多基因改造。在葡萄糖浓度为 25% 的底物发酵中，重组菌的甘油得率下降了 76.0% ±0.2%，酒精产量从 113.3g/L 提高到 123.4g/L，糖醇转化率提高 8.9% ±0.1%。更为重要的是重组菌的最大比生长速率和葡萄糖消耗速率与出发株工业酒精酵母相比基本不变，且该重组菌表现出了更好的耐高糖、耐酒精能力。

3. 提高过程效率

为了提高生物产品工业化大生产的效率，反应器的不断改进和发酵过程的进一步优化十分重要。然而，提升菌株自身的生产性能有时可以产生事半功倍的效果。在此方面的一个典型成功案例就是对酿酒酵母絮凝特性的代谢改造。

酵母絮凝是指细胞彼此粘附形成毫米级颗粒而沉降。它可作为细胞自固定化的方法，降低菌体采收的成本。固定化细胞技术可以提高罐体中细胞浓度，提高发酵效率和生产强度。但基于吸附或包埋来固定细胞的方法由于成本、物质传递效率、设备要求等原因并不适用于低附加值的大宗化学品燃料乙醇；而利用酵母自絮凝的特性则可实现细胞固定化的要求，即依靠发酵终点时菌体的自由沉降来分离菌体和产物，可以免除离心等操作降低分离成本，又不会带来包埋材料所具有的副作用。选取诱导型启动子，可以达到絮凝的诱导表达。此策略最早由 Verstrepen 提出，应用 HSP30 启动子调控 $FLO1$ 表达后。在此基础上，Govende 利用 $ADH2$ 和 HSP30 调控 $FLO1$、$FLO5$ 和 $FLO11$ 的表达。最终实现了在发酵末期，葡萄糖耗尽时两个启动子激活从而赋予酵母絮凝特性。

4. 提高酵母的逆境耐受性

在酒精酵母的工业生产过程中，酒精酵母难免受到高渗、高酒精浓度、pH 变化、高（低）温、染菌污染等的胁迫，菌株对胁迫条件的耐受能力直接影响到工艺过程、发酵程度、产物成分等，影响经济效益，比如高糖浓度会形成高渗胁迫，抑制酒精酵母的生长，导致发酵时间延长。在发酵过程中，酒精酵母对酒精的耐受能力直接影响到发酵强度、产量等关键指标，提高酵母对酒精的耐受能力是节能减排的有效措施。Stanley 等利用进化工程（Evolution Engineering）手段，经过 486 次传代后从菌群中筛选到能够耐受 20%（体积分数）的初始酒精浓度生长的酒精酵母；系统生物学研究发现这种变化主要是与胞内线粒体数目的增加、糖酵解途径的增强、NADH 氧化能力的提升等代谢产能途径的增强有关。Mansure 等研究发现高浓度的酒精会引起细胞内电解质类物质的渗漏，对细胞造成严重的损害，但海藻糖与细胞膜中的脂类物质协同作用，可以阻止这种情况的发生，增加细胞的酒精耐性。Guo 等尝试在酒精酵母中表达海藻糖合成酶（TPS）及海藻糖磷酸化酶（TPP）发现重组菌胞内含有较高浓度的海藻糖，用 18% 的酒精处理 2h 之后，其对高浓度酒精的耐性明显优于出发工业菌株，可以有效提高酒精酵母的高酒精耐受性和高糖耐受性。

第六节　运动发酵单胞菌

运动发酵单胞菌（*Zymomonas mobilis*，*Z. mobilis*）是 20 世纪 70 年代以来作为可能代替酵母进行酒精发酵的菌种而广泛进行研究的对象。运动发酵单胞菌是发酵单胞菌属的一个种，因其具有很强的运动性而得名。运动发酵单胞菌早在 1911 年由 Barker 和 Hiller 在变质的苹果酒中发现并分离。为革兰阴性、厌氧细菌，也有一定的耐氧能力。运动发酵单胞菌是圆端肥粗的杆状细胞，周生鞭毛运动，大小为（1.4 ~ 2.0）μm ×（4.5 ~ 5.0）μm，通常成对，较少成短链，不产生抱子。*Z. mobilis* 一直用于水果酒的生产，发酵能力强，极具开发潜力。随着人们对它独特的代谢途径和生理特点的深入研究，再加上 20 世纪 70 ~ 80 年代全球爆发的能源危机，开始被用于燃料乙醇的发酵研究并尝试进行工业化生产。

该菌与酵母菌相比有其优势：发酵温度和对糖的发酵速度及利用率均高于酵母，可以缩短生产周期和提高原料的利用率。发酵过程中不需要通气，工艺设备比较简单。可以采用连续发酵、无载体固定化等先进的工艺控制来降低酒精的生产成本。但是细菌发酵时的初始 pH 较高，在中性范围 6.5 左右。而在工业化酒精生产中，糖化醪 pH 为 4.5 ~ 5.0，并且糖化醪由低温蒸煮工艺制备，不经过高温灭菌，直接进行发酵。该工艺在发酵初始 pH 为中性时很容易染菌。因此酸性环境下的无高温灭菌发酵成为细菌酒精发酵工业化的一个障碍。如果采用耐酸性较好的细菌，则可以结合低温蒸煮工艺和生料发酵工艺的优势，在发酵中节省能量，并且减少发生染菌的机会，为细菌酒精发酵的工业化奠定基础。

Z. mobilis 是自然界中迄今为止唯一已知的将丙酮酸脱羧酶及乙醇脱氢酶与独特的 Enter – Doudoroff（ED）糖酵解途径相耦联高效产生乙醇的微生物，能将葡萄糖、果糖、蔗糖转化为乙醇，由于胞内丙酮酸脱羧酶和乙醇脱氢酶基因高效表达，乙醇发酵能力非常高效。当以葡萄糖和果糖为底物时，能够得到近似理论值的乙醇。但当以蔗糖为底物时由于山梨醇和果聚糖等副产物的生成，转化效率降到 70% 左右。*Z. mobilis* 与传统用于乙醇发酵生产的微生物如酿酒酵母相比，具有如下几个优点：①酒精产量接近理论最大值（约 97%），酒精产量比酵母菌高 5% ~ 10%，产率比酵母菌高近 5 倍，且发酵生物量相对较低；②高酒精耐受力，耐受酒精浓度可达 16%；③发酵时无需控制加氧；

④产物专一性高，生长营养要求简单；⑤易于基因操作。此外，与酿酒酵母一样，运动发酵单胞菌也是公认的安全菌株，发酵菌体生物量可以简单处理后作为动物饲料或肥料使用。同时 Z. mobilis 生长的营养需求相对简单，这些优点使得 Z. mobilis 成为传统乙醇发酵工业菌种和酿酒酵母菌的有力竞争者，同时也使得 Z. mobilis 在乙醇的工业化生产领域具有广阔的应用前景。国外对运动发酵单胞菌的研究工作分为以下四个方面：①菌种遗传工程的改良，通过诱变或基因工程手段来选育优良菌株；②工艺的研究开发，主要是间隙式发酵、连续式发酵、混合发酵等发酵方式；③底物范围的研究，木薯、小麦、玉米、西米、甜高粱、甘蔗等；④工艺过程控制研究，如底物浓度、pH、氮源、温度、氧气等参数。

第七节　运动发酵单胞菌的乙醇代谢及其特点

一、 运动发酵单胞菌的生物学特性

Z. mobilis 属革兰阴性细菌，微好氧生长，大多呈直杆状，尾端呈圆形或卵圆形，有 1 ~ 4 根鞭毛，常成对存在，但很少集结成短链状。兼性厌氧条件生长，在无氧条件下生长最佳，有氧条件下也可生存。正常发酵温度为 36 ~ 37℃，在 60℃、5min 可灭活。Z. mobilis 高度耐酸，能在 pH3.5 ~ 7.5 生长。pH 在 5.0 ~ 5.5 内比较适合该菌发酵产乙醇。生长的必需条件是含有维生素 H 和泛酸盐，且在培养基中混入氨基酸就可以使细菌生长得很好，但没有一种氨基酸是生长所必需的。

根据生长、代谢和基因型等的差异，运动发酵单胞菌又可进一步细分为 3 个亚种，分别为：运动发酵单胞菌运动亚种（Z. mobilis subsp. mobilis，分离自龙舌兰酒浆和棕榈酒酒浆），运动发酵单胞菌梨亚种（Z. mobilis subsp. pomaceae，分离自变质的苹果酒和梨酒酒浆）和运动发酵单胞菌弗朗西斯亚种（Z. mobilis subsp. francensis，分离自法国的白兰地酒中）。运动亚种与后两种亚种最明显的性状差异是：运动亚种可以在 36 ~ 40℃的温度范围生长，而梨亚种和弗朗西斯亚种则无法在 36℃ 以上的范围内生长。弗朗西斯亚种是 2006 年从法国苹果白兰地酒（French Framboise Ciders）分离得到的菌株。该亚种的主要生理特点与梨亚种极为相似，但基因型更接近运动亚种。在不同温度和底物浓度等条件下对乙醇发酵性能和发酵副产物浓度的比较，M. L. Skotnicki 等人最终证实，发酵单胞菌运动亚种的 ZM4 菌株是发酵单胞菌中最为理想的乙醇发酵菌株。鉴于 ZM4 菌株的优良生长特性和乙醇发酵性能，该菌株常作为基础研究、基因工程改造和乙醇发酵过程应用的主要候选菌株。

二、 运动发酵单胞菌的乙醇代谢过程

运动发酵单胞菌酵解途径的鉴定是该菌株研究历程中的第二个里程碑。1952 年，N. Entner 和 M. Doudoroff 以嗜糖假单胞菌（*Pseudomonas saccharophila*）为研究模型，并以 C14 同位素标记的葡萄糖和葡萄糖酸为研究材料，通过科学实验确认，有一种分流途径通过将 6 – 磷酸葡萄糖酸裂解转化成丙酮酸和三磷酸甘油醛而实现葡萄糖的酵解。为了纪念两位科学家的卓越贡献，后人将新发现的 6 – P – 葡萄糖酸直接裂解的代谢途径命名为 ED 途径（Entner – Doudoroff Pathway, ED Pathway）。1954 年，Martin Gibbs 和 R. D. Demoss 通过使用 C14 同位素标记的葡萄糖研究发现，运动发酵单胞菌正是借助于 N. Entner 和 M. Doudoroff 报道的 ED 途径进行葡萄糖、蔗糖和果糖的乙醇酵解，具体代谢过程如下。蔗糖在胞外果聚糖酶（LEVU，也称 SACB）的作用下产生果聚糖和葡萄糖；在胞外蔗糖酶（SACC，也称 INVB）或胞外蔗糖酶（SACA，也称 INVA）的作用下产生葡萄糖和果糖。*Z. mobilis* 能够利用蔗糖（但并不是所有的微生物都可以利用蔗糖）产生乙醇，每代谢 1 分子葡萄糖或果糖仅产生 1 分子的 ATP，产能效率低，因而采取无需耗能但需要载体的促进扩散方式转运葡萄糖和果糖。

另外，葡萄糖果糖氧化还原酶（GFOR）是运动发酵单胞菌特有的一种酶，$NADP^+$ 为其辅酶，其成熟的酶蛋白位于周质空间并将葡萄糖转化为葡萄糖酸内酯，而将果糖转化为山梨醇。葡萄糖酸内酯经葡萄糖酸内酯酶（GNL）转化为葡萄糖酸，这两种酶是周质空间的主要组分，占该空间总蛋白的 20% ~ 30%。葡萄糖酸经某一假定的葡萄糖酸载体进入细胞，然后完全降解为乙醇和乙醛。但是该菌不能以葡萄糖酸作为唯一碳源，可能是因为该菌不能利用该碳源形成的 6 – 磷酸果糖或其他糖异生化合物从而不能形成细胞壁。因此 GFOR 的主要生理作用在于产生一种酶制剂——山梨醇（一种兼性溶质与该菌的耐糖性有关）。

由此，研究者对运动发酵单胞菌的生理和代谢认识进入了一个全新的阶段。随着 1991 年对编码 2 – 酮 – 3 – 脱氧 – 6 – 磷酸葡萄糖酸醛缩酶基因鉴定的完成，终于发现运动发酵单胞菌的乙醇代谢途径。尽管 ED 代谢途径随后在包括诸多古细菌（Archaeo Bacteria）在内的微生物中相继被发现，甚至，大肠杆菌等好氧微生物中也发现了该途径，但作为一个仅利用 ED 代谢途径实现酵解和底物水平磷酸化的微生物，运动发酵单胞菌无论在应用研究还是代谢的基础理论研究中都具有相当重要的研究价值。

三、 运动发酵单胞菌的乙醇代谢特点

理想的乙醇发酵微生物应该具有快速发酵多种底物、乙醇耐受力强、产量高、副产物少、温度耐受力强等特征。实际中具有这几个特征于一体的微生物并不常见。然而

Z. mobilis 单个菌株相比于酵母菌具有以下特点：①运动发酵单胞菌比酵母菌产酒精得率高；②发酵周期短，产乙醇比酵母菌快，理论值可达 97%；③糖类转化率高于酵母菌；④具有良好的遗传改良性；⑤菌体所能积累的细胞量低，不需定期供氧；⑥发酵温度高，耐受力也强于酵母菌，副产物少。当然，与酵母菌相比该菌也存在不足之处，如，底物利用范围较窄，现在基本只能利用蔗糖、葡萄糖和果糖，而酵母菌可以利用葡萄糖、果糖、麦芽糖、半乳糖和木糖；酒精耐受力也较弱；易染菌，酸耐受性较低（pH5 左右）。

第八节　运动发酵单胞菌在工业运用方面的趋势

一、　应用于燃料乙醇的生产

在自然界中，纤维素、半纤维素和木质素是世界上最丰富的可再生性生物资源。木质素广泛存在于林业及农业废弃物中，利用酸解或酶解的方法将木质纤维素转化为还原性糖会产生大量的五碳糖（D－木糖和 L－阿拉伯糖）和六碳糖（葡萄糖、半乳糖和甘露糖），其中六碳糖约占 2/3，五碳糖约占 1/3。在半纤维素的水解产物中，D－木糖约占 90%。然而，具有良好的工业乙醇生产应用前景之一的产乙醇微生物，随着基因工程的改良，运动发酵单胞菌已经逐步可以利用木糖产生乙醇。张颖等将大肠杆菌（*Escherichia coli*）木糖代谢的关键酶基因［木糖通过木糖异构酶（XI）基因，木酮糖激酶（XK）基因，转醛酶（TAL）基因和转酮酶（TKT）基因］引入运动发酵单胞菌中，获得能利用木糖发酵生产乙醇的重组工程菌株 PZM。混合糖发酵过程中，重组菌利用葡萄糖和木糖生成乙醇的效率分别达到理论值的 81.2% 和 63.1%。Rogers 等将质粒 *pZB5* 转入 ATCC31281（ZM4）中，得到重组菌株 ZM4（*pZB5*），在发酵葡萄糖和木糖混合糖产乙醇时显示出了比 CP4（*pZB5*）更高的乙醇耐受性。所以，运动发酵单胞菌应用于工业生产燃料乙醇虽然很有前景，不过还需要进一步地研究。

二、　用于饮料酒的生产

作为可以直接利用糖类生产乙醇的微生物之一，运动发酵单细胞菌在传统饮料酒中的应用值得研究。虽然运动单细胞菌最初分离于果酒中，然而在我国传统白酒、黄酒、米酒等相关研究中，还未见报道。特别是传统白酒窖池、窖泥、酒曲及酒醅中运动单细胞菌的分离鉴定及其在白酒酿造过程中作用等研究的开展，将对揭示白酒酿造机理提供更多的理论依据。

第五章

酒精发酵过程

淀粉质原料生产酒精在我国酒精行业中占据主导地位。在相当长一段时间内，该状况未发生改变。了解淀粉质酒精生产工艺，对开发新工艺、提升技术水平，具有借鉴作用。

第一节 工艺原理与流程

一、 淀粉质原料生产酒精的特点和基本流程

酒精生产涉及的主要淀粉来源有两类：一是谷物类，如玉米、小麦、大米、高粱和其他麦类；另一类是根茎类，主要是木薯，此外我国还有少量甘薯。淀粉质原料的可发酵性物质主要是淀粉，而酵母是不能直接利用和发酵淀粉为酒精的。上述两个原因决定了淀粉质原料酒精生产有以下几个特点。

（1）需要进行原料粉碎，以破坏植物细胞组织，便于淀粉从原料细胞中游离出来。

（2）采用水热处理，使淀粉糊化–液化，并破坏细胞，形成均一的醪液，使其能更好地接受酶的作用并转化为可发酵性糖。早期采用高温、高压的水–热处理方法，即高压蒸煮；随着喷射液化器、高温淀粉酶的出现，低温蒸煮液化法得以广泛推广和应用。

（3）糊化或液化的淀粉，只有在催化剂作用下才能转化成葡萄糖。随着技术进步，糖化酶等酶制剂早已取代无机酸作为催化剂。

淀粉质原料酒精的基本生产工艺流程如下：

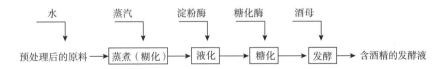

从上述流程可见，淀粉质原料生产酒精由原料蒸煮（糊化）、液化、糖化、酒母制备、发酵等工艺组成。蒸煮（糊化）、液化和糖化的目的是将淀粉水解成可发酵性糖类，即先通过 α–淀粉酶将淀粉水解为糊精和低聚糖；然后利用糖化酶（淀粉葡萄糖苷酶）水解糊精或低聚糖释放葡萄糖；酒母转化葡萄糖生成目标产品酒精。

二、 淀粉质的处理

(一) 蒸煮 (糊化)

1. 原理

一般来说，含在原料细胞中的淀粉颗粒，由于植物细胞壁的保护作用，不易受到淀粉酶系统的作用。另外，不溶解状态的淀粉被常规糖化酶糖化的速度非常缓慢，水解程度也不高。所以，淀粉原料在进行液化、糖化之前通常要经过蒸煮，使淀粉从细胞中游离出来并转化为溶解状态（即糊化），以便淀粉酶系统进行液化、糖化作用，这就是原料蒸煮处理的主要目的。蒸煮处理同时可以达到部分杀菌的目的。

淀粉颗粒呈白色，不溶于冷水和有机溶剂，淀粉颗粒内呈复杂的结晶组织，不同原料的淀粉颗粒具有不同的形状和大小，大体上分为圆形、椭圆形和多角形（图 5 - 1）。淀粉颗粒具有抵抗外力作用较强的外膜，其化学组成与内层淀粉相同。但由于水分较少，密度较大，故强度较大。淀粉颗粒是由许多针状小晶体聚合而成的，而小晶体则是由淀粉分子链之间靠氢键的作用联结而成的。

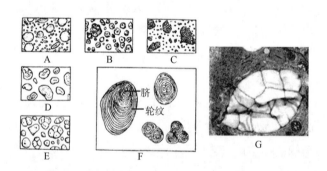

图 5 - 1　不同原料来源淀粉颗粒的形状 (A - F) 及扫描电镜下的淀粉颗粒 (G)

淀粉分子式由许多葡萄糖基团聚合而成。根据淀粉分子质量结构的不同，淀粉可分为直链淀粉和支链淀粉两类。直链淀粉溶解于 70 ~ 80℃温水中，它是由许多 D - 葡萄糖基团组成的无分枝的长链，葡萄糖基团之间通过 $\alpha - 1, 4 -$ 葡萄糖苷键连接。

支链淀粉具有分枝，不溶解于温水中，也是由葡萄糖基团组成。在直链部分是通过 $\alpha - 1, 4 -$ 葡萄糖苷键连接，在分枝点由 $\alpha - 1, 6 -$ 葡萄糖苷键连接。植物品种和生产条件的不同会影响淀粉中直链淀粉和支链淀粉的比例。在绝大多数植物种子中，直链淀粉含量为 20% ~ 25%，支链淀粉含量为 80% ~ 75%。

淀粉属亲水胶体，遇水后，水分子在渗透压作用下，渗入淀粉颗粒内部使淀粉分子的体积和质量增加，这种现象称为膨胀。淀粉在水中加热，即发生膨胀。这时淀粉颗粒好像是一个渗透系统，其中支链淀粉起着半渗透膜的作用，而渗透压的大小及膨胀程度则随温度升高而增加。从40℃开始，膨胀的速度明显加快。当温度升高到60~80℃时，淀粉颗粒的体积可膨胀到原体积的50~100倍，淀粉分子间的结合削弱，引起淀粉颗粒的部分解体，形成均一的黏稠液体，这种无限膨胀的现象称为淀粉的糊化，对应的温度称为糊化温度。

淀粉颗粒大小对其糊化的难易有明显影响。一般来说，颗粒较大的薯类淀粉较易糊化，颗粒较小的谷物淀粉较难糊化。

糊化温度主要与淀粉的本质、淀粉颗粒大小、水中盐分含量等有关。由于任何原料的淀粉颗粒大小都不均一，所以，不能指一个糊化温度，应该是糊化温度范围。如，小麦淀粉的糊化温度是54~62℃、黑麦淀粉是50~55℃、大麦淀粉是60~80℃、玉米淀粉是65~75℃，马铃薯淀粉是59~64℃。对于各种粉碎原料来说，其糊化温度较相应品种的淀粉高一些。因为，原料中存在的糖类、含氮物质、电解质等物质会降低水的渗透作用，使糊化作用速度变慢。

糊化现象发生后，如果温度继续上升，淀粉网状结构彻底破坏，淀粉溶液变成黏度较低的流动性醪液，这种现象称为淀粉的溶解（液化）。淀粉糊化和液化最明显的物理性状变化是醪液黏度的变化。

2. 淀粉质原料在糊化过程中的变化

（1）淀粉的变化　淀粉在蒸煮过程中，还会发生水解。有两个因素：其一，温度升到50~60℃时，原料含有的淀粉酶系统，活化并水解淀粉为糖和糊精，这种现象称为"自糖化"。另一因素是，当蒸煮在微酸状态下进行时，会发生淀粉局部酸水解的情况。温度在70℃以前，水解产物是糖；温度在75~80℃时，产品主要是糊精。

糖的生成是不希望的现象。因为在随后的高压蒸煮过程中，这些糖有可能进一步反应而损失掉。糊精的生成不会造成可发酵性物质的损失，它在蒸煮过程是比较稳定的。

（2）糖的变化　淀粉质原料中存在各种糖。蒸煮过程中，原料中的糖会发生许多变化，如己糖（葡萄糖、果糖）生成5-羟甲基糠醛，戊糖生成糠醛。

还原糖和氨基酸之间还会产生呈色反应，即氨基糖反应或者美拉德反应。氨基糖反应及其产物对啤酒、酱油或其他食品生产来说，起着呈色、呈味的作用。但对于酒精来说，氨基酸及其产物是十分有害的，不仅直接造成可发酵性物质的损失，而且对淀粉酶和酵母活力都有抑制作用。

3. 蒸煮过程中可发酵性物质的损失

原料的淀粉出酒率是酒精生产基本技术指标。它的高低表明所选择的生产工艺是否先进以及技术操作和管理的水平。蒸煮过程中可发酵性物质的损失对原料淀粉出酒率起着重要的作用。因此，应该选择既能保证淀粉糊化较为彻底，又可使发酵性物质尽可能少的蒸煮工艺流程和工艺条件。

4. 高压蒸煮

淀粉质原料酒精的生产，历经数次技术变革。其中，蒸煮工艺由早期的"高压蒸煮"变革为"低温蒸煮 – 液化"，节约了大量能源。"低温蒸煮 – 液化"早已成为主流，但鉴于"高压蒸煮"在部分非粮原料中仍有应用，故此章节仍予以介绍。

高压蒸煮经历了从间歇蒸煮工艺到连续蒸煮工艺的发展历程。尚有一部分小型液体白酒厂，还采用间歇蒸煮方法。此法虽有不少缺点，但是所用的设备比较简单，操作容易掌握，在一些小型工厂中容易推广，仍然发挥一定作用。

（1）间歇蒸煮　粉碎后的原料进入搅拌罐，加温水搅拌，搅匀后用泵打入蒸煮锅，直接通入蒸汽，将醪液加热到预定压力和温度，保持一定时间进行蒸煮。在此期间要放 $2 \sim 3$ 次泛气，以促使锅内醪液上下翻动，进而保证加热均匀。其工艺流程如下：

原料 → 除杂 → 粉碎 → 拌料（温水）→ 泵 → 蒸煮（蒸汽）→ 蒸煮醪

① 加水：在一个蒸煮锅内完成操作。在蒸煮整粒原料时，一般先加入温水，此温水系车间内用循环蒸汽加热的热水，或者是由蒸馏车间冷却后的废热水，水温一般要求在80℃左右。如果是采用粉状原料进行蒸煮，水温一般在50℃左右。先要在拌和桶内搅成粉浆后，再送入蒸煮锅内，这是因为原料与高温水接触时，如来不及混合均匀，粉状原料会部分糊化而结块，造成蒸煮不彻底，影响糊化效率，从而降低原料的出酒率。

② 投料：按照原料情况不同，投料方式也不同，整粒原料蒸煮时，当所投入的原料数量完毕后，即可关闭加料盖、进汽，或者可以在投料过程中同时通入少量蒸汽，使蒸汽冲击原料，便于上下翻动、起搅拌作用。若采用粉状原料，先在调浆桶内调匀，送入蒸煮锅，以防原料由于产生粉粒结块，引起蒸煮不彻底。投料时间根据锅的容量大小和投料方法而异，一般为 $15 \sim 20min$。此外工厂还常在投料过程中或者在投料结束以后，用压缩空气进行搅拌，以防原料结块生团，影响蒸煮质量。

③ 升温：加水投料后，立即把加料口盖关闭紧密，打开排汽阀门，同时通入蒸汽，把锅中的冷空气完全赶净，以防锅内有冷空气存在而产生冷压力，造成锅内温度低于与压力相应的数值的情况，而导致原料蒸煮不透。

当蒸气通入锅内，从排汽阀口有蒸汽排出时，即表示冷空气赶净，即可关闭排汽阀，使蒸汽压力慢慢升到规定压力。升温时间一般控制40min左右。有的酒精厂，为了能达到充分吸水的目的，在升温前将原料先浸泡半小时左右，使原料能大量均匀吸水。

④ 蒸煮：料温生到规定压力时，保持此压力并维持一定的时间，使原料达到彻底糊化蒸煮。原料不同，所用的压力和蒸煮时间也不同，在蒸煮过程中，为了使原料受热均匀和彻底糊化，采用循环的方法利用蒸汽来搅拌锅内的原料。如果蒸煮时不进行放泛

气循环搅拌，虽然在蒸煮初期通入大量蒸汽，但锅内原料并不翻动，或者翻动得不彻底，会导致锅上部的原料糊化不透。因此在蒸煮过程中，循环操作是提高蒸煮醪质量重要的措施之一。由于要进行循环排汽，蒸煮的装醪量为锅容量的75%~80%，在醪液面上要留有空间。

常用原料的间歇蒸煮工艺条件见表5-1。

表5-1　　　　　　　　　常用原料的间歇蒸煮工艺条件

原料	原料加水比	拌料水温/℃	蒸煮压力/ ×10⁵Pa	蒸煮时间/ min	循环放弃（放泛气）/ 次数
鲜甘薯	1:0.28~0.3	50~60	2.0~2.5	40~45	每隔15min一次
甘薯粉	1:3~4	55~65	2.0~2.5	60	2~3
木薯粉	1:3~4	55~65	2.0~2.5	60	2~3
玉米粉	1:3~3.5	60~65	3.5~4.0	60~75	2~3
碎米	1:3~3.5	60~65	3.5~4.0	60~75	2~3
高粱	1:3~4	60~65	3.5~4.0	60~75	2~3
小麦	1:3~3.5	60~65	3.5~4.0	60	2~3
橡子	1:3~3.5	60~65	3.5~4.0	60	2~3

我国采用的间歇蒸煮锅见图5-2。

蒸煮锅由圆柱体部分1和圆锥体部分2组成。预煮醪用泵经加料口3送入锅内，加热蒸汽从蒸汽进口管4送入。排气管5有两个用途：蒸煮操作开始时，锅内的冷空气由此排除；蒸煮过程中放泛汽也是通过排气管5，蒸煮锅的压力由压力表6指示。蒸煮锅是通过支撑耳7固定在支架或其他支撑物上的。

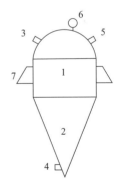

图5-2　间歇蒸煮锅示意图
1—蒸煮锅圆柱体部分
2—蒸煮锅圆锥体部分
3—加料口　4—蒸汽进口管
5—排气管　6—压力表
7—支撑耳

这种形式的蒸煮锅适于对整粒原料的蒸煮，例如甘薯干、甘薯丝、粉碎后的野生植物等。由于这种蒸煮设备是从锥形底部一点引入蒸汽，并可利用蒸汽循环搅拌原料，因此蒸煮醪液质量很均匀，同时由于下部是锥形，蒸煮醪液排除比较方便。

注意事项如下。

① 蒸煮前预先浸泡原料，要防止低温浸泡时间过长。因为原料在低温浸泡时除吸水速度慢外，还会因原料本身有淀粉酶而引起作用，生成还原糖，而这些糖在蒸煮过程受到破坏，从而增加了可发酵性物质的损失。有时，为了避免甘薯原料中淀粉酶的作用和增加原料吸水速度，往往会采用

提高浸泡水温的方法。根据实践经验，原料在 40℃ 浸泡 30 分钟，吸水率为 78%，在 70℃ 为 100%，在 90℃ 为 170%。按此情况在整粒原料使用前，采用 80~90℃ 的水温浸泡。

② 当原料投入蒸煮锅以后，应该加大蒸汽进行搅拌，避免原料下沉，并解决浸泡不完全的问题。但是升温速度不能太快，否则原料内部来不及充分吸水，而表面已经糊化，从而形成内部不透水的情况，导致原料糊化不透，产生不熟的蒸煮醪。

③ 间歇蒸煮中如果采用粉末原料，则必须考虑设置一个拌料罐，在粉料投入蒸煮锅前先调成粉浆，再用泵打入锅内。按经验，粉料的混合罐（内部装有搅拌器），所需的热水温度控制在 80~85℃（对甘薯干、玉米而言）；如果采用高粱原料的粉料，热水温度控制在 70~75℃，否则高粱粉浆温度超过 70℃，即成胶团。在采用粉浆时，为了避免结团现象的产生，加水要均匀，否则仍会引起吸水和糊化不良的现象。

④ 在蒸煮时必须充分排除锅内的空气，否则会造成假压力而蒸煮不彻底。

间歇蒸煮的主要优点在于设备简单，操作方便，投资也少。但相比连续蒸煮，间歇蒸煮工艺存在一系列严重的缺点：①高压蒸煮时间长，蒸汽与原料接触不均匀，糊化质量不够好；②蒸气消耗大，而且需要量不均衡；③辅助操作时间长，设备利用率低；④劳动强度大；⑤设备占地面积大。

（2）连续蒸煮工艺　为了提高蒸煮醪质量和减轻劳动强度，酒精厂广泛采用连续蒸煮的方法。衡量和评价连续蒸煮装置，主要指标是：蒸汽、电力和劳动力消耗量、可发酵性物质的损失量、结构的简便性、实用性操作的安全性以及最重要的淀粉糊化的彻底性。连续蒸煮装置应满足以下工艺要求。

① 原料的粉碎：原料进行粉碎和加水制成粉浆是实现连续蒸煮的前提，因为只有流体状态，才能用泵连续均匀地输送，才能保证蒸煮的质量。

一般来说，提高原料的粉碎细度，可以降低蒸煮的压力和温度；但是，粉碎所需的电耗将大幅增加。需要寻求二者的平衡。

② 粉浆的预煮：粉碎原料加水制成粉浆时，应注意防止粉料的结块。一旦形成粉团，蒸煮的质量就会受到影响，因为粉团内部的粉料没有吸水膨胀，也就不可能糊化，这将导致不溶解淀粉数量的增加，出酒率因此降低。

粉料结块的主要原因是搅拌不充分或者不均匀；拌料水温过高，达到或接近糊化温度。根据这种情况，制备粉浆时，应该选择的拌料器结构，保证必要的搅拌速度，严格控制拌料用水的温度，使它不超过原料的糊化温度，一般应控制在 50℃ 左右。粉浆应进一步用二次蒸汽加热预煮。加热预煮的目的，在于利用二次蒸汽，进而降低蒸汽消耗，以及使原料中的淀粉吸水膨胀或者部分糊化，以达到降低蒸煮压力和温度的目的。但是预煮的温度不能达到糊化温度，否则会因醪液黏度过大而影响泵的输送。

③ 预煮醪的蒸煮：预煮醪在加热器中与蒸汽充分混合，加热到一定的压力和温度，

并在连续流动的状态下，保持必要的时间，然后再按照预定的操作规程进行降压和汽液分离。

过程中，应选择合适的蒸煮条件，在蒸煮温度、时间和可发酵性物质损失之间寻求平衡。同时，连续蒸煮设备的结构要能防止滑流和滞留现象的发生，将蒸煮醪中颗粒通过设备时的不均匀性降至最低。

已投入使用的连续蒸煮工艺有很多，大致可分为罐式连续蒸煮、管式连续蒸煮、柱式连续蒸煮等方法，各有特点。

① 罐式连续蒸煮：罐式连续蒸煮的主要特点是利用原有间歇蒸煮所用的罐，将它们串联起来，并增加原料粉碎、拌料预煮、醪液输送往复泵和汽液分离器等设备即成。该流程可以充分利用原有的蒸煮锅，又具有提高生产效率、节约蒸汽等连续蒸煮的优点，适合老厂改造。罐式连续蒸煮的工艺流程图见图 5-3。

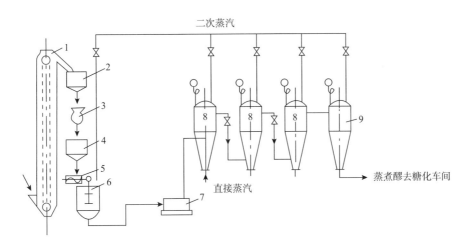

图 5-3　罐式连续蒸煮工艺流程

1—斗式提升机　2—贮斗　3—锤式粉碎机　4—粉料贮斗　5—螺旋输送器

6—拌料桶　7—往复泵　8—蒸煮罐　9—汽液分离器

原料经斗式提升机运至贮斗，通过锤式粉碎机进行两级粉碎。粉料经螺旋拌料器，加入 1:3.5~4.0 的水，水温 40℃ 左右，在混合桶内充分混合，预热至 70~80℃，然后送入 1 号蒸煮锅，打满醪液，通入蒸汽，根据原料不同升温至 130~140℃，持续10min，再开启流入 2 号蒸煮锅的阀门，装满醪液后，开启 3 号，将醪液送至 3 号蒸煮锅，待 3 号锅顶部出来的醪液从切线方向进后熟器分离汽液，回收二次蒸汽以供粉浆预热或其他加热用途。

罐式连续蒸煮的工艺条件随原料的种类、粉碎细度等因素的不同而有较大的差异。各种原料的罐式连续蒸煮工艺条件如表 5-2 所示。

表 5 – 2　　　　　　　　　　　各种原料锅式蒸煮工艺条件

原料种类	1 号锅		2 号锅		3 号锅	
	温度/℃	停留时间/min	温度/℃	停留时间/min	温度/℃	停留时间/min
甘薯干粉	130 ~ 135	30	125 ~ 128	30	120	30
玉米粉	140 ~ 144	30	135	30	120	30
小麦粉	140	30	135	30	120	30

　　控制上述蒸煮条件的方法：控制 1 号锅温度用进醪速度和蒸汽大小来调节，控制 2 号锅温度则以蒸汽大小来调节，3 号锅温度从排醪大小来控制。一般工厂锅式连续蒸煮都采用三至四个甚至六个罐串连起来进行连续蒸煮。

　　罐式连续蒸煮是应用温度渐减曲线来进行蒸煮，蒸煮质量好，糖分损失少。同时，整个操作过程是在体积比较大的连续罐内进行，对于带有皮壳的原料或纤维等固形物较多的醪液，甚至对黏度稍大些的醪液，也不易产生堵塞现象。此外，应用此流程可以不需考虑重砌锅炉房，因为它的后熟时间较长，在蒸煮时不要求过高的蒸汽压力，因而原有的锅炉房即可利用。但是，此流程也存在设备较大、相应的厂房增大以及蒸煮过程时间较长等缺点。

　　② 管式连续蒸煮：管式连续蒸煮是将淀粉质原料在高温高压下进行蒸煮，并在管道转弯处产生压力间歇上升和下降，醪液发生收缩和膨胀，使原料的植物组织和细胞壁、淀粉颗粒等彻底破裂，产生淀粉糊化和溶解状态，而利于酶的作用。

　　管式连续蒸煮工艺流程见图 5 – 4。

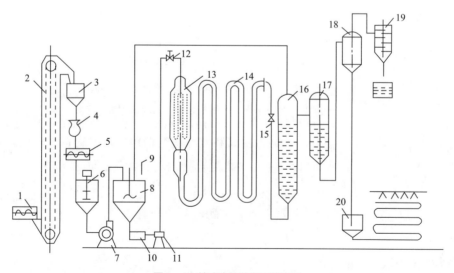

图 5 – 4　管式连续蒸煮工艺流程

1—螺旋输送器　2—斗式提升机　3—贮料斗　4—锤式粉碎机　5—螺旋输送器　6—粉浆罐　7—螺旋泵
8—预热锅　9—进料控制阀　10—过滤器　11—往复泵　12—单向阀　13—套管加热器　14—蒸煮管道
15—压力控制阀　16—后熟器　17—汽液分离器　18—真空冷凝器　19—蒸汽冷凝器　20—糖化锅

原料粉碎后，经螺旋拌料器（绞龙），加水（1：3.5~4.0），混合后流到粉浆罐，内有搅拌器进行搅拌，混合的浆料泵送至预热锅中，利用后熟器来的二次废蒸汽进行加热预煮，温度为75℃，预煮后的醪液经过滤器滤去较大的杂质后，再用泥浆泵送到加热器。进料控制阀主要控制进料速度，如进料速度过大，则可让其回流一部分醪液，以保证加热器的稳定操作。单向阀是为了保证加热器有足够的压力和正常的工作。加热器是三套管式加热器，为了使醪液在加热器内受热均匀，并保证蒸汽与送醪互不影响，要求加热器醪液呈膜状通过，所以内管与中管之间的环隙面积，应为送醪管的2~3倍。新鲜蒸汽分两路进入加热器中：一路进入加热器的套管内，套管壁上开有许多直径为3mm的小孔，新鲜蒸汽向外喷射，一路进入加热器的外夹套内，在器壁上也有许多直径为3mm的小孔，蒸汽由小孔向内喷射，蒸煮醪进入套管空间时，被两路来的蒸汽接触，然后送入蒸煮管道，蒸汽喷入管内速度为40m/s，管式蒸煮器管道直径为117mm，总长78m，竖立安装，在管的接头处放置35、40、50mm孔径的锐孔板，顺次排列，粉浆通过锐孔板前后，由于突然的收缩和膨胀，压力下降，而相应的醪液沸点也变更，结果产生了自蒸发现象，使醪液在沸腾的状态下更好地进行蒸煮，另外，醪液经过锐孔板时产生了机械碰撞和锐板边缘摩擦，有利于淀粉颗粒的破碎，因而增强了蒸煮醪与蒸汽的接触面积。这种醪液的收缩、膨胀、减压气化、冲击，使淀粉软化、破碎，进行着快速蒸煮，根据实际测定，醪液通过锐孔板前后温度差2~3℃，在管道蒸煮器内经过的时间是3~4min，蒸煮进口压力为（6.37~6.86）×10⁵Pa，出口压力在2.94×10⁵Pa左右。醪液通过整个蒸煮器的压力为3.92×10⁵Pa左右，蒸煮醪自管式蒸煮器出来以后，经过压力控制阀底部进入后熟器，醪液逐渐上升，停留50~60min，即完全煮熟。在后熟器内装有浮子式液面控制器和压力自动控制器，以保持液面压力，使温度稳定，通过顶部蒸汽空间的压力为（1.47~1.76）×10⁵Pa，醪液的温度为126~130℃，后熟器的醪液进入蒸汽分离器是沿切线方向进入。此时压力降至常压，因此排出大量二次蒸汽，醪液由下部排出，二次蒸汽送出作预热使用。蒸汽分离器的液面也是采用自动控制的，醪液停留时间为6~8min，温度90~100℃，自蒸汽分离出来的醪液流到真空冷却器，由于真空泵抽真空造成负压，蒸煮醪迅速被冷却到60~65℃。

不同原料的蒸煮温度和时间见表5-3。

表5-3　　　　　　　　　　　不同原料的蒸煮温度和时间

| 原料 | 温度/℃ | | 蒸煮时间/min | 原料 | 温度/℃ | | 蒸煮时间/min |
	加热器出口处	管道系统出口处			加热器出口处	管道系统出口处	
黑麦	165~170	145~155	2~3	玉米	178~180	165~167	2~3
小麦	165~170	145~155	2~3	马铃薯	165~166	145~152	2~3

管式连续蒸煮工艺中流速较快,醪液和蒸汽在管道连续蒸煮器内应该是相对均匀,因而蒸煮醪的质量也应该是较稳定的。同时,设备占地面积较少,设备费用和建筑费用都较节省。

③ 柱式连续蒸煮:柱式连续蒸煮是介于罐式连续蒸煮和管道连续蒸煮之间的工艺流程,具有较广泛的适应性和良好的生产参数指标。与管式连续蒸煮相比,柱式连续蒸煮的压力较低,流速较慢,蒸煮时间可以长些,操作较稳定,耗汽量减少,原料中糖分的损失也减少,淀粉利用率较高。不少厂都采用了柱式连续蒸煮。

柱式连续蒸煮工艺流程图见图 5-5。

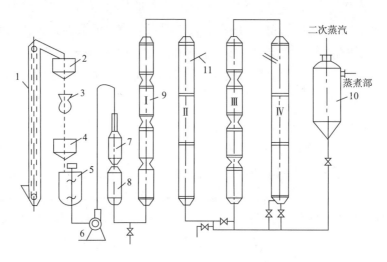

图 5-5 柱式连续蒸煮工艺流程图

1—斗式提升机 2—贮料机 3—锤式粉碎机 4—贮料斗 5—拌料桶 6—离心泵 7—加热器
8—缓冲器 9—蒸煮柱 10—汽液分离器 11—温度计

薯干原料经斗式提升机运送至料斗,经过粉碎机粉碎,细粉进入贮斗,再进入混合桶,加 1:4 热水搅拌制成粉浆,用二次蒸汽加热至 65℃,然后用泵送往加热器。醪液在加热器中直接用蒸汽加热到 130~140℃,通过缓冲器进入蒸煮柱。在蒸煮柱Ⅰ和Ⅲ内设有六个收缩口,粉浆经收缩区部位时,由于蒸汽的绝热膨胀,从而达到快速蒸煮的目的。在蒸煮柱Ⅱ和柱区内共有 12 块挡板,使粉浆与蒸汽接触更好,粉浆在蒸煮柱内停留的时间为 15min,粉浆在蒸煮器进口压力为 2.65×10^5 Pa(表压),出口压力为 $(1.57 \sim 1.76) \times 10^5$ Pa,蒸煮醪自蒸煮柱区出来后进入后熟器的底部,向上停留时间约为 60min,则完全蒸熟。后熟压力为 0.88×10^5 Pa(表压),醪液温度为 118℃,醪液自后熟器中部出来沿切线方向进入汽液分离器,排出大量二次蒸汽,压力降至常压。二次蒸汽温度高,潜热大,应充分利用二次蒸汽的余热。

将罐式连续蒸煮、管式连续蒸煮、柱式连续蒸煮三种连续蒸煮方法进行比较,各自优缺点为:

① 罐式连续蒸煮：优点是可利用原有设备，不需要较高压力的蒸汽，并节约蒸汽，煤耗可降低10%~15%；操作简单，整个生产过程基本上没有堵塞现象，淀粉利用率可提高1%~2%。缺点：设备占地面积较大，蒸煮时间较长，蒸汽与物料接触不够均匀。

② 管式连续蒸煮：优点是粉浆扩散面积大，使与蒸汽充分接触，蒸煮迅速均匀。另外，设备占地面积小，生产能力大，生产操作容易实现机械化、自动化，生产管理方便。缺点：需要较高压力的蒸汽（0.98×10⁵Pa）和高压泵，并要求原料处理较细，否则管道会出现阻塞现象。另外，生产不大容易控制，淀粉利用率提高不多。

③ 柱式连续蒸煮：优点是由于蒸煮柱直径较大，物料停留时间比管道连续蒸煮的时间长，因而掌握起来比较稳定，容易操作，不易堵塞。同时，由于蒸煮柱阻力较小，蒸煮所用压力较低，酒精工厂不需要压力较高的锅炉。缺点：操作技术要求较高，否则加热器容易发生堵塞现象。

我国酒精厂大多采用连续蒸煮来代替间歇蒸煮。通过生产实践，连续蒸煮较间歇蒸煮具有如下的优点。

① 淀粉利用率高：可以从蒸煮醪、糖化醪、发酵醪的指标来判断水平高低。

蒸煮醪分析比较见表5-4。

表5-4　　　　　　　　　　蒸煮醪分析比较

蒸煮方法	外观检查	还原糖/%	糊精/%	总糖/%
连续蒸煮	色淡略粗带甜	1.79	10.3	14.2
间歇蒸煮	色深尚细不甜	19.8	9.9	14.0

糖化醪分析比较见表5-5。

表5-5　　　　　　　　　　糖化醪分析比较

蒸煮方法	浓度/°Bx	酸度	还原糖/%	糊精/%	总糖/%
连续蒸煮	15.5	0.42	5.5	9.1	14.5
间歇蒸煮	15.5	0.42	5.05	8.8	14.1

发酵醪分析比较见表5-6。

表5-6　　　　　　　　　　发酵醪分析比较

蒸煮方法	浓度/°Bx	酸度	酒精/%	残糖/%	总糖/%
连续蒸煮	0.98	0.48	8.30	0.25	1.08
间歇蒸煮	1.1	0.48	8.15	0.34	1.18

从表5-4至表5-6分析比较可看出连续蒸煮的出酒率比间歇蒸煮高，如以95%酒

精计，每吨原料连续蒸煮可提高 15～20L 的酒精。影响出酒率的原因主要为：间歇蒸煮在高温下停留时间较长，引起糖分的分解，尤其在锅壁上不易与水接触的地方易形成焦糖或氨基糖。其次，间歇蒸煮设备容积大，加热不均匀，有时还会出现未蒸透的颗粒，从而降低淀粉利用率。

② 设备利用率高：连续蒸煮与间歇蒸煮相比，减少了加水加料、升温和吹醪等辅助时间，设备利用率可提高 50% 以上。但是连续蒸煮也要另外增加一些辅助设备，例如预煮锅、后熟器等。

③ 热能利用率高：间歇蒸煮每次都需要加热锅壁，并且无法利用二次蒸汽。相比之下，连续蒸煮每吨原料可节省蒸汽 25～30kg。此外，连续蒸煮用汽均匀，大大减少造成高峰用汽幅度，使供汽均衡。

④ 劳动生产率高：由于连续蒸煮是在较稳定条件下连续进行，所以劳动条件可以改善，并为连续生产自动化创造了条件。

虽然间歇蒸煮还存在一些缺点，但是由于设备简单，所以，还为小型生产的酒精厂和液体白酒厂广泛使用。

5. 影响糊化率的主要因素

整个蒸煮糊化过程，可分为两步：第一步是淀粉颗粒吸收水分而膨胀；第二步是当加热到一定温度时细胞破裂，内容物流出而糊化。糊化率是蒸煮过程中的一个指标，用以说明淀粉溶解的程度，其计算方法如下：

$$糊化率(\%) = 糊精 / 总糖 \times 100\%$$

影响糊化率的主要因素，有以下几点。

(1) 原料的粉碎粒度　原料进行蒸煮前，应预先粉碎，以增加原料与蒸汽的接触面，提高热处理的效率。对于一些带壳原料，则必须将原料的皮壳破碎除去。原料的粉碎粒度对糊化效果有很大关系。原则上是粉碎越细越好，但粉碎过细，消耗电力大。同时，淀粉的溶解还受蒸煮过程中的摩擦和放醪等条件影响。因此，粉碎度过细也无必要，酒精工厂一般采用通过 1.5～2.5mm 筛孔的粉料。

通常来说，良好的蒸煮醪液应该是淡黄色或浅褐色，较为透明，不易凝固。蒸煮过老的蒸煮醪，颜色焦黑带褐色，且有苦味和焦味；蒸煮醪太嫩，表现出颜色较淡，浑浊不清，容易凝固，味甜。蒸煮醪的颜色深浅往往与原料性质有关，并不是蒸煮醪的唯一标志。

除了检查蒸煮醪的颜色外，还要看醪液中有无未煮透的小粉料颗粒存在。用手指压摸，优良的蒸煮醪均匀细致，且有光泽。

此外，原料粉碎度随原料的种类和蒸煮方法的不同而有差异。采用较高的压力和较高的温度蒸煮时，无论是连续蒸煮还是间歇蒸煮，一般都采用较粗的粒度；相反，在略低的压力和温度下蒸煮时，物料的粒度应要求细些。原料经过粉碎以后，物料的粒度要求均匀，粒度大小无明显差异。否则，蒸煮条件各不相同；在同一蒸煮条件下，所形成物料的糊化程度就会不一致。

（2）加水比 为了进行蒸煮，原料粉碎后需要加入一定量的水。一般是加入由蒸馏车间送来的热水，或在本车间用循环蒸汽加热的温水。一般认为，甘薯原料∶水 = 1∶3.2 ~ 3.5，玉米原料为 1∶2.8 ~ 3.0。加水量要适当。加水多，粉浆稀薄，工厂生产能力降低、设备利用率减少、蒸气消耗大；反之，加水少，粉浆过浓，蒸煮醪黏度大，流动性差，容易导致局部受热，造成糖分损失，不利于管道输送，醪液浓度大也不利于酵母发酵。

（3）预热温度和时间 原料蒸煮前首先要经过预热，可根据原料品种来调节预热水温。预先对原料进行吸水浸泡，既缩短原料在高温高压下的蒸煮时间，又能合理利用热能。预热时水温一般要求在 80℃，尤其是对含有 β - 淀粉酶的甘薯干，不能用温度较低的水。否则在升温过程中，由于淀粉酶的活力，而产生大量的糖，造成在蒸煮过程中因高温而产生糖分损失。如用粉状原料进行蒸煮，水温则不能高，一般用 50℃ 左右的水，否则当原料与高温水接触时，来不及混合均匀，部分原料已糊化而结块，造成蒸煮不彻底。原料预热温度和时间一般采用表 5 – 7 所示。

表 5 – 7　　　　　　　　　原料的预热温度和时间

	预热温度/℃	时间/min
薯类原料	65 ~ 70	40
谷物原料	90	60

（4）蒸煮压力、温度与时间 蒸煮压力、温度、时间对糊化率的影响很大。蒸煮压力是确定温度的指标，淀粉的溶解与蒸煮压力、时间成正比。但是，蒸煮压力与时间的关系是相互影响的，蒸煮压力高，淀粉溶解快，蒸煮时间可以相应缩短。此外，蒸煮时间短，糖的损耗和生成的杂质会相应减少。例如管道连续蒸煮就是在高压下只处理 5 ~ 10min，效果较好。

（5）循环排汽时间与次数 间歇蒸煮过程中，为了使原料受热均匀和彻底糊化，采用循环排汽的方法，即利用蒸汽来搅拌锅内的物料。一般在正常情况下，先将蒸煮锅的生产压力降低（2.9 ~ 4.9）× 10⁵Pa。由于压力改变，锅顶空间蒸汽压力突然降低，产生了压力差，促使醪液向上翻动，达到搅拌的目的。

循环排汽时间一般每隔 15 ~ 20min 进行一次，直至蒸煮完毕。原料不同，蒸煮时间长短也不同，所采用的循环排汽时间也有差异。一般来说，薯类原料蒸煮时循环排汽次数是 3 次左右，谷类原料蒸煮时间比较长些，故循环排汽次数也适当要多。

（二）液化

随着喷射液化器和高温淀粉酶的出现，高压蒸煮逐渐被低温蒸煮 – 液化工艺所替代。蒸煮温度由 130~140℃下降到 100℃左右，能耗下降明显。

淀粉液化是为了降低淀粉糊化液黏度，制备供糖化酶作用的良好底物。液化是通过 α - 淀粉酶对淀粉分子的作用完成的。α - 淀粉酶可随机地与直链淀粉和支链淀粉分子中的 α - 1，4 糖苷键作用，并切断 α - 1，4 糖苷键，但不会切断 α - 1，6 糖苷键。由此产生的短直链（低聚糖）淀粉称为糊精，而短支链淀粉称为 α - 极限糊精。混合糊精的黏度很小。

1. 传统液化工艺

液化的传统做法是将糊化后的淀粉浆送入液化罐，在合适温度、pH 的条件下加入耐高温 α - 淀粉酶，使淀粉浆分解为糊精，为下一步糖化做好准备。

2. 喷射液化

从实际效果来看，传统间歇液化模式存在料液受热不均匀、用汽不均衡、蒸汽耗量大、液化不均匀、糖化终了仍有糊精存在的缺点。研究人员进行了大量改进，开发了喷射液化这种连续操作模式。喷射液化法是利用液化喷射器将蒸汽直接喷射入淀粉浆薄层，瞬间达到淀粉液化所要求的温度（完成淀粉的糊化、液化）。喷射液化工艺广泛应用于淀粉制糖行业，并衍生形成高压喷射液化、低压喷射液化两种工艺。低压喷射液化又可分为一次加酶、二次加酶工艺。

（1）高压喷射液化　高压喷射液化所用的设备是高压蒸汽喷射液化器。喷射器以高压蒸汽（0.4~0.6MPa）作为推动力，以蒸汽吸料的方式进行液化喷射。高压喷射液化需要较平稳的高压蒸汽，并且要求蒸汽的抽吸力较强，故对蒸汽的质量要求较高。

其工艺流程为：调浆→配料→高压喷射器→保温→冷却→二次液化。

（2）低压喷射液化　低压喷射液化采用以料带汽的方式进行，喷射液化推动力为料液，低压喷射采用的设备为 HYW 型喷射液化器，它适用于低压蒸汽，也适合过热蒸汽喷射液化，对蒸汽的要求较低，在 105℃下喷射液化蒸汽压力仅需要 0.2~0.4MPa 即可。

其工艺流程为：调浆→配料→低压喷射器→保温→冷却→液化。

（3）二次喷射液化　二次喷射液化的工艺流程为：调浆→配料→一次喷射液化→液化保温→二次喷射→高温维持→二次液化→冷却。

采用谷物（如大米、玉米）直接酶液化，由于原料中蛋白质含量相对高，且原料颗粒大，必须采用两次加酶法，液化才能彻底。

淀粉液化的目的是为糖化酶作用创造条件。糖化酶水解糊精及低聚糖时，需要先与底物分子结合生成络合结构，然后才发生水解作用，使葡萄糖单位逐个从糖苷键中裂解出来。这就要求被作用的底物分子具有一定的大小范围，才有利于糖化酶生成这种络合物。为了保证底物分子大小在一定范围内，客观上要求液化要均匀。传统的液化保温罐，先进入的液料不能保证先出去，造成先进料液液化过头，后进料液液化不完全，如此前后液化不均匀。生产中往往采用层压罐及层流罐的设备。料液从层压罐上部进入，下部排出；然后，从切线方向进入层流罐上部，从层流罐下部排出，这样可防止料液走短路，从而保证了料液先进先出，最后液化均匀。

3. 喷射液化设备

随着液化喷射器和高温 α - 淀粉酶的出现，酒精发酵生产工艺取得了长足进步。我国广泛使用低压喷射液化。

（1）液化喷射器结构　液化喷射器是喷射液化的关键设备，其结构主要由料液进口、蒸汽进口、扩散管、气液混合室和缓冲管构成。图 5-6 是液化喷射器发展不同阶段的结构示意图。喷射器在工作状态下，是由两股不同压力的蒸汽和料浆流体在喷射器内呈射流状相互混合，并进行快速能量交换，形成一股居中压力的混合液体。蒸汽喷射器的工作状态又可以分为三种，即沸腾态、稳定态和波动态。沸腾态是由于出口温度过高，混合室内完全汽化造成的；波动态是指喷射时，时而稳定、时而沸腾的状态。

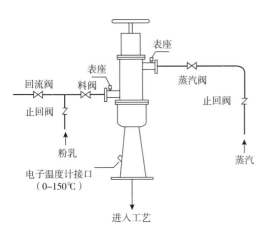

图 5-6　液化喷射器的结构示意图

这两者均会导致喷射器内压力的剧烈变动，产生噪声。显然应避免喷射器在这两种状态下工作，因为压力的波动影响到反应温度，造成酶的失活。稳定态是指喷射器平稳喷射的状态，压力、温度波动较小，无噪声。影响喷射器工作状态的因素有：蒸汽的压力和流速；淀粉浆的流量和温度；喷嘴的直径；传热系数以及蒸汽与淀粉浆的温度差异。由于稳定喷射状态是一种中间状态，只有上述因素在某一合适范围内协同作用时才能产生，因此很难就每个因素如何影响喷射状态做出判定。除喷嘴直径外，其余各因素均为工艺条件，可在实际生产中进行调试，力求使喷射器平稳工作。

新型液化喷射器的设计思路是，加强在喷射过程中的机械剪切作用，适当延长淀粉浆在液化喷射器中的停留时间，进一步提高淀粉浆的液化速度，使淀粉浆通过液化喷射器即完成液化过程。

（2）工作原理　蒸汽（工作介质流体）以很高的速度从喷射器喷嘴喷出，进入喷射器的接收室，并把喷射器前的压力介质流（称为引射流体）料浆吸走。通常在喷射器里最初发生的是工作流体的势能或热能转变为动能，一部分传给引射流体料浆；混合流体在沿喷射器流动的过程中速度渐渐均衡，于是混合流体的动能相反地转变成势能或热能。

工作介质流体和引射介质流体进入混合室中，除进行速度的均衡外，通常还伴有压力的升高。流体从混合室出来进入扩散器,压力将继续升高。在扩散器出口处,混合流体的压力高于进入接收室引射流体的压力。提高引射流体的压力,而不直接消耗机械能,这是喷射器最主要的根本性质。

(3)优点　供淀粉质粉状原料使用的液化喷射器是一种传热效率很高的直接接触式传热设备。在加热器中,蒸汽以高度紊流的方式直接同浆料混合,蒸汽的热量在瞬间传给料浆,本身立即冷凝并快速向液相分散,消除了一般蒸汽加热器较容易发生的"气锤"和"振动"现象。蒸汽的潜热和显热都得以利用,传热效率可达100%。因此,对于相同的加热要求,这种专用加热器的蒸汽用量较少,是一种高效节能的加热设备。同时它还具备结构轻巧、控制精度高、操作运行平稳等优点。

酒精生产几十年来,淀粉质原料液化、糖化工艺随着设备的逐步改进而不断进步。在世界各国充分实践的基础上,玉米粉浆加热升温这一简单的过程,经历了十几次工艺技术革新,才开发了比较理想的带缓冲管的小汽液混合室液化喷射器,该工艺的出现不仅促进了酒精大规模生产的进步,还使淀粉制糖工业同样实现了跨越式发展。

喷射液化工艺实例见图5-7。

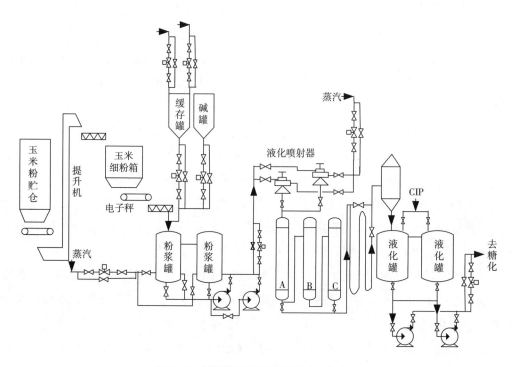

图5-7　某酒精有限公司喷射液化工艺流程

流程说明:玉米粉经电子秤称量后进入1#粉浆罐,同时工艺水和清液经缓冲罐、耐高温α-淀粉酶、碱液加入1#粉浆罐,作用一段时间后,混合液进入2#粉浆罐,2#粉浆罐用蒸汽加热至适宜温度,再经粉浆泵送至液化喷射器,在蒸汽的作用下喷射液化，进入层流罐，再流经1#液化罐、2#液化罐，最终经液化泵输送至糖化工段。

工艺指标如下。玉米粉投入量：视生产情况而定；热水罐液位：80%；热水罐温度：63~70℃；液化罐液位：80%~90%；淀粉酶加量：视酶的种类而定；加水比：1:(2.5~2.6)；粉浆pH：视酶的种类而定；清液回配百分比：50%；2#粉浆罐温度：(86±1)℃；1#液化罐温度：(95±1)℃；糊化率：90%。

在粉浆罐内，料水比1:(2.16~3.0)，用NaOH调pH5.16~6.12，进入2#粉浆罐。在此罐内加入耐高温α-淀粉酶，料液搅拌均匀后，用蒸汽将料液加热到(65±1)℃，然后用泵把粉浆打入喷射液化器，在喷射器中粉浆和蒸汽直接相遇，控制出料温度在102~105℃。从喷射器中出来的料液，进入层压罐及层流罐，保温35~40min，然后冷却，温度冷却至97~99℃进入液化罐内，加入耐高温α-淀粉酶，液化2~2.15h，液化结束。

液化条件（如温度、pH）与后续糖化工艺不同，液化残留的淀粉将无法被糖化酶降解，从而不能被酵母转化为酒精。因此，喷射液化的效果直接影响整个酒精生产的淀粉利用率。喷射液化工艺的影响因素如下。

① 淀粉浆的料水比：一般来说，淀粉浆料中的水含量越高，淀粉糊化越容易，液化越彻底。但是料水比直接影响发酵酒精的浓度，从而影响生产效率和能耗。随着技术不断提高，料水比也不断提高，一般酒精厂的料水比为1:2.5左右，采用浓醪工艺则为1:(1.8~2.0)。

② 拌料加酶量：拌料时加入α-淀粉酶，以便在糊化的同时进行淀粉快速降解。酶用量加大时，淀粉液化效果越好；但要考虑生产成本，并且淀粉酶达到一定量后也不会提升液化效果。

③ 喷射液化温度：淀粉浆在喷射瞬间达到糊化液化温度。喷射温度提高，能显著提高糊化效果，但温度要与所选择淀粉酶结合。

④ 喷射过程中的机械剪切作用：高压蒸汽释放带来强大的机械剪切力，在液化时使糊化的淀粉瞬间完成膨化和分子断裂，极大地帮助了液化效果的提高。

⑤ 淀粉浆在液化喷射器中的停留时间：即淀粉酶的作用时间，酶反应时间不足将影响液化效果，但停留时间过长也影响设备的工作效率，现大多采用后续管式维持罐以解决问题。

（三）糖化

薯类和谷类以及野生植物原料经过加压蒸煮，淀粉糊化成为溶解状态，但是还不能直接被酵母菌发酵生成酒精。因此，经过蒸煮以后的糊化醪，在发酵前必须加入一定量的糖化剂，使溶解状态的淀粉变为酵母能够发酵的糖类，这个由淀粉转变为糖的过程，称为糖化。历史上曾用过麦芽（主要是欧美、苏联）和曲（主要是中国）作为糖化剂。

淀粉水解生成葡萄糖的公式如下：

$$(C_6H_{10}O_5)_n + nH_2O = nC_6H_{10}O_6$$

$$162 \qquad 18 \qquad 180$$

由此，葡萄糖在淀粉水解时的理论得率是淀粉量的111.11%。

糖化酶已得到广泛使用。它先从链状糊精分子的非还原端开始，连续水解 $\alpha - 1$，4 糖苷键，从而释放单葡萄糖分子，链长越短，该过程进行得越快。糖化酶也水解 $\alpha - 1$，6 糖苷键，但速度比较慢。糖化酶发挥作用的程度和糊精的长度直接相关，链长越短，糖化酶就越容易发挥作用。

糖化工段的主要内容是：将蒸煮醪冷至糖化温度，冷却好的蒸煮醪与糖化剂混合，并进行蒸煮醪的糖化，然后将糖化醪冷却到发酵温度。根据操作模式，可分为间歇糖化工艺和连续糖化工艺。

1. 间歇糖化工艺

小型的酒精工厂内尚采用间歇糖化工艺，简略介绍如下。

（1）加水量   在间歇糖化生产中，一般在蒸煮醪放入糖化锅以前，先将糖化锅洗净，并加入适量的冷水。糖化锅中加入冷水的数量，应根据发酵醪中预先计划的酒精含量高低，通过计算来确定水量。

（2）糖化温度   糖化过程中，注意掌握温度。蒸煮醪放完后，立即开冷水进行降温冷却，并补足水量使醪液达到规定的标准，待醪液冷却到61~62℃时，加入糖化剂，然后保持糖化温度在58~60℃。

（3）糖化酶用量   用量视酶活性大小、物料性状而定，用量一般为100~300U/g 原料。

（4）糖化时间   加完酶后搅拌，使酶和醪液充分混合均匀，然后停止搅拌，静置30min 即可。

间歇糖化工艺包括前冷却、糖化和后冷却等操作，冬季需要3h 左右，夏季时间要稍长一些。同时，糖化锅中需要装置大量的冷却管。一般来说，15~20℃冷却水在1~1.5h 内冷却约10m³ 醪液，需要按每立方米醪液安装 2.5~3m² 冷却面积的紫铜管，冷却1m³ 醪液需要使用 3~4m³ 的冷却水。

间歇蒸煮的主要缺点：所有工序在一个设备中进行，设备利用率低，冷却水与动力消耗大。

2. 连续糖化工艺

连续糖化时，加水、调温、加酶、糖化等工序分别于相应的设备中进行，实现了生产的连续化。根据使用的生产设备的不同，连续糖化法又可分为混合前冷却和真空前冷却两种。

（1）混合前冷却连续糖化工艺   该工艺主要是利用原有糖化设备，将前冷却和糖化两个工序仍放在原有糖化锅内进行，而将后冷却的任务交给新增加的喷淋冷却或套管冷却设备去完成。具体操作为：利用原有的糖化锅，锅内盛有温度 60℃ 左右的糖化醪，约占糖化锅的 2/3 左右，然后从后熟器或蒸汽分离器中将蒸煮醪吹入，开动搅拌，充分混匀，加入定量的酶或酶液，按糖化温度进行糖化。达标后，糖化醪送往喷淋冷却器，冷却至 30℃ 后送往发酵车间，送往酒母车间的糖化醪不必经后冷却。

只要单位时间内由蒸煮醪带入的多余热量和冷却水单位时间带走的热量相同，糖化锅内的醪液温度可以维持在 60℃ 左右。

（2）真空前冷却的连续糖化法 该工艺的特点是，蒸煮醪在进入糖化锅前，在真空蒸发器内瞬时冷却至 60℃。真空蒸发冷却的原理是：醪液从气液分离器沿切线方向进入真空冷却器（图 5-8）后，受离心力作用被甩向四周，沿壁流下后就从底部的排醪管排出；由于器内是真空，醪液进入后，压力骤降，急速蒸发（此种蒸发称为闪急蒸发），所产生的二次蒸汽从顶部抽汽管排走，醪液自蒸发产生大量蒸汽。这样便消耗了醪液大量的热能，于是醪液温度在瞬息间降低到与器内真空度相对应的沸点温度为止。由于蒸煮醪的浓度相应增加，为了不使醪液的浓度增加，在糖化剂中多加一些水，以资弥补。100kg 蒸煮醪约可产生 7kg 蒸汽。当器内的真空度为 500mm 汞柱（1mmHg≈133.3Pa），沸点约 72.5℃，器内真空度为 610mm 汞柱，沸点约 60℃，器内真空度为 732mm 汞柱，沸点约 28℃。

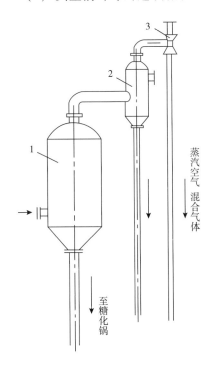

图 5-8 真空冷却器

1—真空冷却器 2—冷凝器 3—蒸汽喷射器

真空冷却器与真空泵和水力喷射泵直接相连。如果采用蒸汽喷射泵，必须把真空冷却器内的二次蒸汽及其他可凝性气体在冷凝器中凝结排除出去，以减少蒸汽喷射器的负荷，使蒸汽喷射器只抽吸空气及不凝结气体，可以降低蒸汽消耗。

冷却好的醪液从真空罐沿卸料管不断地进入糖化锅，糖化剂由贮槽供给器连续地进入糖化锅，糖化锅内装有搅拌器与冷却管。为保证糖化温度，糖化锅内维持 58~60℃，糖化时间为 30min 左右。糖化完的醪液由糖化锅底经泵送至喷淋冷却器，冷却至 28℃，送往发酵车间。

在酒精工业发展历程中，从间歇糖化改为连续糖化这个工艺革新很重要。随着酒精产量不断增长，间歇糖化已被连续糖化取代，并采用仪表集中控制。表 5-8 是间歇糖化（糖液锅内冷却）改为连续糖化（糖液锅外喷淋冷却）后的情况对比。

表 5-8 间歇糖化和连续糖化对比

间歇糖化（锅内冷却）	连续糖化（喷淋冷却）	情况对比
每 $10m^3$ 糖化醪从 60℃冷却至 30℃用时 60～90min，外加送料时间 20～30min	每 $10m^3$ 糖化醪从 60℃冷却至 30℃用时 45～60min（包括送料时间）	设备利用率提高 100%以上
20cm 冷水管 60～90min	5cm 冷水管 45～60min	节约冷水量 25%～36%
搅拌器 7kW 1.5～2h，水泵 7kW 0.5h	实时用电 14kW，45～60min	节约电力 25%

3. 糖化过程的控制

糖化过程主要是控制以下几个参数和操作过程。

（1）糖化温度 糖化酶最适温度超过 60℃。虽然糖化速度加快，但酶的失活率也较高。因此，生产中常控制在 58～60℃，既能有效控制杂菌，又能保持合适的糖化速率。

（2）糖化时间 一般来说，糖化 30min 时糖化率已经达到 50%左右，醪液中所含的糖已经够酵母初期繁殖和发酵需要。糖化时间再延长，不仅糖含量增加较慢，而且糖化酶失活量增加，这会造成发酵过程中边发酵边糖化（后糖化）作用的削弱，综合效果反而不好。同时，糖化时间过长也会降低糖化设备的利用率。

（3）糖化酶用量 糖化酶对酒精发酵有缩短发酵周期和提高出酒率的作用。一般来说，糖化酶用量是每克原料 100～150U。

（4）糖化醪质量检测 通过碘试、外观糖度、酸度、还原糖量、糖化醪的葡萄糖与麦芽糖量、糖化醪中酶的活性等指标，可以判断糖化醪质量。

① 碘液试验：如加入碘液后，没有蓝红等颜色产生，仍然是碘和糖化醪的原色时，则表示糖化优良，因为糖化过程是淀粉被酶水解的过程，糖化醪遇碘不起呈色反应时，就说明糖化醪中基本上没有淀粉与大分子糊精的存在，表示糖化进行得较好。

② 外观糖度：醪液纱布过滤后，用糖度计测定粗滤糖化醪中的浓度。所测得的数据，表示糖化醪中可溶性物质的总含量，而不是糖化醪的纯糖。该指标通常作为辅助手段。

③ 酸度：用 10mL 粗滤的糖化液，加水冲稀后，以 0.1mol/L NaOH 溶液滴定，以酚酞作指示剂；氢氧化钠每消耗 1 毫升，即为 1 度酸。酸度可反映杂菌感染情况。

④ 还原糖：用廉-爱浓（Lane-Eyron）法测定还原糖，所测得的糖，多以葡萄糖计算。用这种方法测得糖化醪中的糖量，与糖化醪中真正的含糖量，还存在着一定的距离。

⑤ 糖化醪的葡萄糖与麦芽糖量：测定糖化醪中的葡萄糖，然后从总糖量减去葡萄糖量，再乘以系数，即得麦芽糖量。

⑥ 糖化醪中酶的活性：糖化结束后，并不是糖化醪中所有的淀粉与大分子糊精都水解成糖，尚有一部分糊精要在发酵期间依靠后糖化作用而变成糖。糖化完毕的糖化醪中，酶的活性还必须很强，才能保证糖化作用的彻底。因此，有必要测定糖化醪中酶活性。测定后，用爱佛龙（Effront）法观察碘的呈色反应，如呈蓝色或紫红色，则表明酶活性不强；如呈碘黄色，则表示酶活性强，它能将可溶性淀粉基本上彻底糊精化和糖化。

（5）糖化设备的清洗和灭菌　糖化设备并不是在无菌条件下进行的。虽然糖化温度较高，可以杀死大部分菌体的营养细胞，但杀不死它们的孢子，特别是糖化以后的糖化醪中含有丰富的营养物质，温度又降低了，如果这种糖化醪停留或者滞留在管道、泵体和阀门等管件处，杂菌大量繁殖，成为污染发酵的主要污染源。因此，许多工厂每班都将糖化锅、冷却设备和管道彻底清洗和灭菌。

（四）酒精发酵

酿酒酵母进入糖化醪后，糖分被酵母细胞所吸附，并渗入细胞内，经过酵母细胞内酒化酶系统的作用，最终生成酒精、CO_2 和能量，一部分能量被酵母细胞用作新陈代谢的能源，余下的部分和酒精及 CO_2 一起，通过细胞膜排出体外。

酒化酶是参与酒精发酵的各种酶和辅酶的总称。它主要包括己糖磷酸化酶、氧化还原酶、烯醇化酶、脱羧酶及磷酸酶等。在这些酶的作用下，糖分被转化为酒精。这一类酶都是胞内酶。有了强壮的酵母，才能有大量的酒化酶，酒精发酵就可以顺利进行。

1. 酒精发酵机制

酒精发酵与糖代谢有关，葡萄糖经 EMP 途径生成丙酮酸，见图 5-9；无氧条件下，丙酮酸降解生成乙醇。EMP 途径是生物在无氧条件下，从糖的降解代谢中获得能量的途径，也是大多数生物进行葡萄糖有氧氧化的一个准备途径。在此过程中，六碳的葡萄糖分子经过十多步酶催化的反应，分裂为两分子三碳的丙酮酸，同时使两分子腺苷二磷酸（ADP）与无机磷酸（Pi）结合生成两分子腺苷三磷酸（ATP）。

丙酮酸的进一步代谢，因生物种属的不同以及供氧情况的差别而有不同的道路。例如在无氧情况下，强烈收缩的动物肌肉细胞中，丙酮酸还原为乳酸，在许多微生物中可分解为乙醇或乙酸等；在有氧情况下，则氧化成二氧化碳和水。

由葡萄糖发酵生成乙醇的总反应式为：

$$C_6H_{12}O_6 + 2ADP + 2H_3PO_4 \longrightarrow 2C_2H_5OH + 2CO_2 \uparrow + 2ATP$$

酒精发酵是在水溶液中进行的。发酵过程中产生的酒精可以通过酵母细胞渗出到体

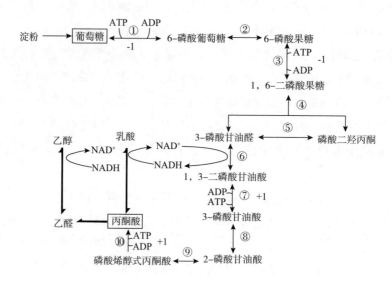

图 5-9　EMP 途径与酒精发酵

外，溶于周围的醪液中。发酵过程中产生的 CO_2 也会溶解在液体中，但很快达到饱和。此后产生的 CO_2 就吸附在细胞表面，直至超过细胞的吸附力。此时的 CO_2 转入气体状态，形成小气泡。当气泡增大，浮力克服细胞重力的时候，气泡就带着细胞上浮，直至气泡破裂，CO_2 释放入空气，细胞留在醪中慢慢下沉。在 CO_2 的上升作用下，醪液中酵母细胞上下游动，使酵母细胞能更充分地与醪液中的糖分接触，发酵作用更充分和彻底。

发酵后期，醪液糖分降低到一定水平之下，液体中 CO_2 已经饱和，CO_2 不再排出细胞，对发酵形成阻碍。CO_2 会沿罐壁逸出。

2. 酒精发酵动力学

根据耗糖情况，酒精发酵过程可以分为 3 个不同阶段（图 5-10）。

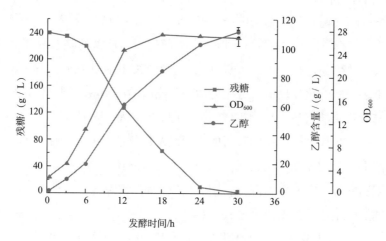

图 5-10　发酵动力学曲线

（1）前发酵期　酒母与糖化醪加入发酵罐后，醪液中的酵母细胞数还不多。醪液中含有少量的溶解氧和充足的营养物质，酵母菌能迅速繁殖，使发酵醪中酵母细胞繁殖到一定数量。在这一时期，醪液中的糊精继续被糖化酶作用，生成糖分。但由于温度较低，糖化作用较为缓慢。

从外观看，由于醪液中酵母数不多，发酵作用不强，酒精和CO_2产生很少，发酵醪表面比较平静，糖分消耗也比较慢。

前发酵阶段时间的长短，与酵母接种量有关。接种量大，则前发酵期短，反之则长。前发酵延续时间一般为10h左右。

在接种时醪液温度为26～28℃。前发酵期间酵母数量不多、发酵作用不强，醪液温度上升不快，一般不超过30℃。如果温度太高，会造成酵母早期衰老；如果温度过低，酵母生长缓慢。

前发酵期间应十分注意防止杂菌污染，因为此时期酵母数量少，易被杂菌抑制，故应加强卫生管理。

（2）主发酵期　主发酵阶段，酵母细胞已大量形成，醪液中酵母细胞数可达1亿/mL以上。由于发酵醪中的氧气也已消耗完毕，酵母菌基本上停止繁殖，主要进行酒精发酵作用。

应注意加强对发酵醪进行分析。通过检测可以发现，醪液中糖分迅速下降，酒精分逐渐增多。因为发酵作用增强，醪液中产生大量的CO_2。随着CO_2的逸出，可以产生很强的CO_2泡沫响声。发酵醪温度上升也很快。生产上应加强这一阶段的温度控制。根据酵母菌的性能，主发酵温度最好能控制在30～34℃，这是酒精酵母最适发酵温度。如果温度太高，酵母早期衰老，削弱酵母活力。另外，高温也易造成细菌污染，尤其发酵醪温度高于37℃时，更易造成染菌。

根据工厂实践经验，如果生产中冷却水量不足时，应在主发酵前提前通冷水。否则，待发酵醪液温度上来后，由于发酵旺盛，醪温很难下降，从而使生产受影响。

主发酵时间长短，取决于醪液中营养状况。如果发酵醪中糖分含量高，主发酵时间长，反之则短。主发酵时间一般为12h。

（3）后发酵期　后发酵阶段，醪液中的糖分大部分已被酵母菌消耗掉，醪液中尚残存部分糊精继续被水解生成葡萄糖。由于这一作用进行得极为缓馒，生成的糖分很少，发酵作用也十分缓慢。这一阶段的发酵醪中产生的酒精和CO_2也少。

因为发酵作用减弱，后发酵阶段所产生的热量也减少，发酵醪的温度逐渐下降。此时醪液温度应控制在30～32℃。醪液温度太低，糖化酶的作用减弱，糖化缓慢，发酵时间就会延长，影响淀粉出酒率。淀粉质原料生产酒精的后发酵阶段需40h左右才能完成。

上述三个阶段只是大体的划分，而不能将此三个阶段截然开。整个发酵过程的时间长短，除受糖化剂的种类、酵母菌的性能、酵母接种量等因素的影响外，还与接种、发酵方式和发酵温度的控制有关。一般来讲，接种和发酵温度高，发酵时间短，反之则长。

由于连续发酵一开始即处于主发酵状态，省去了前发酵期，所以较间歇发酵时间短。

3. 酒精发酵副产物的生成

在酒精发酵过程中，主要产物是酒精和 CO_2，但同时也伴随着产生 40 多种发酵副产物。按其化学性质分，主要是醇、醛、酸、酯四大类化学物质。在这些物质中，有些副产物的生成是由糖分转化而来，有些则是其他物质转化而来。

（1）甘油的生成　酵母菌在一定条件下培养，可以利用糖分生成甘油。正常的酒精发酵过程，发酵醪中只有少量的甘油生成，其量约为发酵成熟醪的 0.3% ~0.5%。

（2）杂醇油的生成　杂醇油是一类高沸点的混合物，主要是醇类。颜色呈黄色或棕色，具有特殊气味。在酒精发酵过程中，由于原料中蛋白质分解或酵母菌体蛋白质水解的结果生成了氨基酸，氨基酸进一步分解放出氨，脱羧基，生成醇。杂醇油的组成见表 5 – 9。

表 5 – 9   杂醇油的组成

成分	由谷物制得	由马铃薯制得
	1kg 杂醇油中所含质量/g	
正丙醇	36. 90	68. 54
异丙醇	157. 60	243. 50
戊醇	798. 5	687. 6
己醇	1. 33	—
游离的脂肪酸	1. 60	0. 11
酯类	3. 05	0. 20
糠醛	0. 21	0. 05
烯萜	0. 33	—
水化烯萜	0. 48	—

（3）琥珀酸　琥珀酸的生成与发酵醪中谷氨酸的存在有关。

（4）乳酸发酵　某些乳酸细菌以丙酮酸作为受氢体而生成乳酸。

（5）醋酸　发酵醪被醋酸菌污染，这时醪液中的酒精分会被醋酸菌氧化生成醋酸。

（6）丁酸　发酵中间产物——乙醛进一步合成，或由于细菌污染，引起丁酸的生成。

（7）甲醇　酒精中的甲醇主要来自于原料中果胶的分解。所以一般甘薯干原料的酒精发酵醪中甲醇较高。

4. 酒精发酵工艺

根据发酵醪注入发酵罐的方式不同，酒精发酵方式大致分为间歇式、半连续式和连续式三种。

（1）间歇式发酵法 全部发酵过程始终在一个发酵罐中进行。由于发酵罐容量和工艺操作不同，在间歇发酵工艺中，又可分为以下几种方法。

① 一次加满法：此法是将糖化醪冷却到 27～30℃后，接入糖化醪量 10% 的酒母，混合均匀，经 60～72h 发酵，即成熟。此法适用于糖化锅与发酵罐容积相等的小型酒精厂。其优点是操作简便，易于管理，缺点是酒母用量大。

② 分次添加法：此法适用于糖化锅容量小、发酵罐容量大的工厂。生产时，先打入发酵罐容积 1/3 左右的糖化醪，接入 10% 酒母进行发酵；隔 2～3h，加第二次糖化醪；隔 2～3h，加第三次糖化醪。如此反复，直至加到发酵罐容积的 90% 为止。

应注意的是，从第一次加糖化醪直至加满发酵罐为止，总时间不应超过 10h。添加糖化醪的时间拖得太长，后加入的糖化醪中所含的支链淀粉来不及被糖化酶彻底作用，就到预定发酵时间，导致成熟发酵醪的残糖高，出酒率降低。

③ 连续添加法：此法适用于采用连续蒸煮、连续糖化的酒精厂。生产时，先将一定量的酒母打入发酵罐，然后根据生产量，确定流加速度。糖化醪的流加速度与酒母接种量有密切关系。如果流加速度太快，发酵醪中酵母细胞数太少，不能形成酵母繁殖的优势，易被杂菌污染。如果流量太慢，会造成后加入的糖化醪中的支链淀粉不能被彻底利用。接种酵母后，应于 6～8h 将罐装满。

连续流加糖化醪的方式，可以在几个罐同时进行，但要注意各罐流量情况，使符合各罐发酵速度。

连续添加法的发酵总时间自加满罐时算起，需 60～72h 发酵即结束。

还有一种分割主发酵醪法。此法适用于卫生管理较好的酒精工厂，其无菌要求较高。方法是将处于旺盛主发酵阶段的发酵醪分出 1/3～1/2 至第二罐，然后两罐同时补加新鲜糖化醪至满，继续发酵。待第二罐发酵正常，又处于主发酵阶段时，同法又分出 1/3～1/2 发酵醪至第三罐，并加新鲜糖化醪至第二、三罐。如此连续分割第三、四……罐。前面的第一、二……罐发酵成熟的醪液送去蒸馏。此种发酵方式的优点是省去了酒母的制作。另外，由于接入的酵母种子量大，相应地减少了酵母生长的前发酵期。

（2）半连续发酵法 在主发酵阶段采用连续发酵，而后发酵则采用间歇发酵的方式。根据醪液的流加方式不同，又可分为两种。

① 将一组数个发酵罐连接起来，使前三个罐保持连续发酵状态。开始投产时，在第一只罐接入酒母后，使该罐始终处于主发酵状态的情况下，连续流加糖化醪。待第一

罐加满后，流入第二罐，此时可分别向第一、二两罐流加糖化醪，并保持两罐始终处于主发酵状态。待第二罐流加满后，自然流入第三罐。第三罐加满后，流入第四罐。第四罐施加满后，则由第三罐改流至第五罐，第五罐满后改流至第六罐，依次类推。第四、五罐发酵结束后，送去蒸馏。洗刷罐体后再重复以上操作。此法可使前三罐处于连续主发酵状态，后面罐体则处于后发酵状态。

② 由 7~8 个罐组成一组罐，各罐用管道从上部通入下一罐底部相串连。投产时，先制备 1/3 体积的酒母，加入第一只发酵罐；在保持主发酵状态下，流加糖化醪；满罐后，流入第二罐；待第二罐醪液加至 1/3 容积时，糖化醪转流加至第二罐；第二罐加满后，流入第三罐；然后重复第二罐操作，直至末罐。最后从首罐至末罐逐个将发酵成熟醪蒸馏。

半连续发酵方式的优点是省去了酒母制作，但无菌操作要求高。

（3）连续发酵法　随着喷射液化、高温淀粉酶、糖化酶的出现，淀粉质原料生产酒精采用连续发酵工艺具备了可操作性。根据具体操作方法的不同，连续发酵工艺可分为以下几种。

① 循环连续发酵法：此法是将 9~10 个罐组成一组连续发酵罐组，各罐连接方式是从前罐上部流入下一罐底部。投产时，先将酒母打入第一罐，同时加入糖化醪，在保持该罐处于主发酵状态下，流加糖化醪至满，然后自然流入第二罐，满后又依次流入第三罐，直至末罐。待醪液流至末罐并加满后，发酵醪就成熟。将末罐成熟的发酵醪送去蒸馏，洗刷末罐并杀菌，用末罐变首罐，重新接种发酵，然后以相反方向重复以上操作，这样首罐变末罐，进行循环连续发酵。

② 多级连续发酵法：多级连续发酵法也称为连续流动发酵法。与循环法类似，也是用 9~10 个发酵罐串连在一起，组成一组发酵系统。各罐连接也是由前一罐上部经连通管流至下一罐底部。投产时，先将酒母接入第一只罐，然后在保持主发酵状态下流加糖化醪；满罐后，流入第二只罐。在保持两罐均处于主发酵状态下，与第一只罐同时流加糖化醪。待第二只罐流加满后，又流入第三只发酵罐。在保持三只罐均处于主发酵状态下，向三只罐同时流加糖化醪。待第三只罐流加满后，自然流入第四只罐，一直流至末罐。这样，只在前三只发酵罐中流加糖化醪，并使处于主发酵状态，从而保证了酵母菌生长繁殖的绝对优势，抑制了杂菌的生长。从第四只发酵罐起，不再流加糖化醪，使之处于后发酵阶段。当醪液流至末罐时，发酵醪即成熟，即可送去蒸馏。发酵过程从前到后，各罐之间的醪液浓度、酒精含量等，均保持相对稳定的浓度梯度。从前面三只发酵罐连续流加糖化醪，到最后一罐连续流出成熟发酵醪，整个过程处于连续状态。

目前，我国淀粉质原料连续发酵制酒精基本上是利用上述方式进行。

③ 连续发酵微生物生长模式：酒精连续发酵是在培养液不断更新、成熟醪不断排除的前提下进行的。保持整个系统的稳定是正常进行酒精发酵的关键。Monod 提出过一

个微生物生长的数学模式，该模式将生长速率看作是限制性基质浓度的函数。通过这个模式，可以将 X，S 和稀释速度联系在一起。

$$\mu = \mu_{max}[S/(K_S + S)]$$

式中　μ——细胞的比生长速率

　　　S——发酵罐流出液体中限制性营养物质的浓度，g/L

　　　K_S——饱和常数，等于生长速率 $\mu = 0.5\mu_{max}$ 时的基质浓度

　　根据该公式，结合细胞物料平衡、物料消耗与细胞数量关系等条件，可得到细胞密度与稀释比之间的关系为：

$$X = Y[S_0 - DK_S/(D_C - D)]$$

式中　X——发酵流出液中微生物细胞密度，g/L

　　　Y——每消耗 1g 营养物质生成细胞数量的系数，g 细胞/g 营养物质

　　　S_0——流入发酵罐液体中限制性营养物质的浓度，g/L

　　　D——稀释比，即单位时间内醪液流加量和发酵罐中总醪液量的比值，h^{-1}

　　　D_C——极限稀释速度，即恒化器操作所允许的最大稀释速度，除少数例子外，D_C 与间歇发酵时的最大生长速度相适应

细胞密度、基质浓度和产品浓度与稀释比的关系见图 5-11。

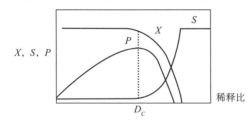

图 5-11　细胞密度、基质浓度和
产品浓度与稀释比的关系

根据该公式，在稀释比 $D < D_C$ 时，连续发酵系统可以自动变化，以适应 D 的变化，使系统达到重新平衡。但是，一旦 $D \geq D_C$，即稀释比大于极限值，则发酵罐中的微生物数就急剧下降，发生所谓"洗出"现象，整个系统的平衡全部被破坏，连续培养无法再继续下去。

④ 连续发酵的优点：与间歇发酵相比，连续发酵有着以下一系列优点。

a. 提高了设备利用率：连续发酵减少了洗刷、杀菌等非生产性时间，又消除了间歇发酵时不可避免的前发酵期。一般来说，设备利用率可提高 20% 以上。

b. 提高了淀粉利用率：连续发酵对杂菌污染的控制严格，酸度增加少；发酵醪处于流动状态，促进了酵母与醪液的均匀接触，并有利于 CO_2 排出、酵母发酵活力的提高。上述两个原因都会提高出酒率。

c. 省去了酒母工段：连续发酵可以十几天或更长时间才需要更换一次酒母。而间歇发酵时一天内要培养几批酒母。

5. 发酵设备

乙醇发酵罐一般采用密闭型式，主要是基于回收 CO_2 所带走的部分乙醇及回收 CO_2。乙醇发酵罐的结构首先需具有能够满足酵母生长和代谢的工艺条件，同时能够及

时排走酵母发酵过程中产生的热量；此外还应有利于发酵液的排出，设备的清洗、维修以及设备制造安装方便等要求，发酵罐的结构见图 5 – 12。

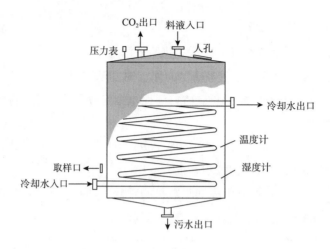

图 5 – 12　发酵罐结构图

目前，普通乙醇生产企业使用的发酵罐有锥底形发酵罐和斜底形发酵罐；大型乙醇生产企业均采用斜底形发酵罐，罐底倾斜度为 15°，罐内没有安装冷却蛇管。

斜底形发酵罐底部设有罐侧搅拌器，有的在罐体中央安装立式搅拌器，以避免发酵过程的滞流和滑流现象。因为罐体太大，因此醪液采用罐外强制循环冷却的办法解决发酵升温问题。同时因为罐体太大，采用蒸汽杀菌浪费大，因而采用药物杀菌的方式比较多。罐顶设有 CO_2 排出管、醪液输入管、CIP 自动清洗系统。发酵罐的顶端及底侧面还需设置人孔，以便于清洗。

为能够及时冷却发酵醪液降低温度，大型发酵罐内部安装有冷却蛇管，有的除了安装有内部冷却的冷却蛇管外，在罐外还安装有喷淋冷却装置；中小型发酵罐则多采用罐顶安装喷淋装置，喷水于罐顶让冷却水沿发酵罐外壁下落形成水膜进行冷却。采用罐体外冷却需在罐底部沿罐体四周安装冷却水集水槽，冷却水集中集水槽后统一由集水槽出口排入冷却收集水池或下水道。

6. 连续发酵主要控制因素

（1）稀释速度　在间歇发酵中，糖化醪要求自接种后 8 ~ 10h 内加完，可以有较长的后发酵时间，将糊精彻底水解发酵。在连续发酵过程中，各罐基本上处于相对稳定的发酵状态。为了保持这一状态，要求进入各罐的发酵醪糖分基本上等于被酵母消耗的糖分加上流出的糖分。

（2）发酵醪 pH　发酵醪中，因为乳酸菌大量繁殖造成的污染是阻碍连续发酵广泛应用的主要原因。降低发酵醪中的 pH，是防止杂菌污染的有效措施之一。pH 4.0 ~ 4.5 为宜。

（3）发酵温度控制 温度对微生物生命活动影响很大，发酵成绩的好坏与温度控制关系极为密切。酒精酵母繁殖温度为 27~30℃，发酵温度 30~33℃。如果温度高于40℃，则酒精发酵很难进行。

（4）发酵醪的滞流和滑流问题 滞流是指先进去的醪液后流出去。滑流是指后进的醪液先流出去。间歇发酵中不存在醪液的滞流和滑流问题。在连续发酵工艺中，滞流和滑流就十分重要了。

滞留现象是造成连续发酵污染的主要原因之一。为防止滞流现象，要求设备结构不能有四角，发酵罐的直径不能太大，一定要有锥形底等。这是减少滞流的良好措施。滑流现象会造成醪液发酵不完全。为了防止滑流造成的不良后果，要求发酵罐组的罐数不少于6只，罐越多，滑流的概率越小。

（5）多级连续发酵中发酵罐数量问题 多级连续发酵是将很多个罐进行串联，组成一个发酵罐组。除了前面几个流加罐外，后面还要配合适量的罐作为后发酵用，并使前后罐之间醪液保持一定的浓度梯度。每一罐组数量，主要取决于发酵醪自进入第一只发酵罐起，到最后一只发酵罐醪液成熟，醪液在罐内的发酵时间。

（6）发酵醪浓度问题 酒精发酵要求在一定浓度的糖化醪中进行，醪液浓度高低，直接影响到生产成绩。糖化醪浓度稀，虽然有利于酵母的代谢活动、提高出酒率，但是浓醪发酵却有提高设备利用率，节省水、电、汽，降低生产成本，增加产量的优点。因此，生产上希望尽量采用浓醪发酵。

7. 发酵成熟醪指标

发酵成熟醪是酒精生产的一个重要中间体。它与从原料预处理到发酵的生产过程的工艺条件、生产流程和方式、菌种以及工厂的管理水平都是密切相关的。它的质量，是上述许多因素的综合反映，通过对成熟发酵醪各项指标的分析，可以发现生产中哪些工序出了问题，从而可采取相应的解决措施。一般工厂都采用表 5-10 中各项指标来对成熟发酵醪的质量进行控制。

表 5-10　　　　　　　　　　发酵成熟醪的主要指标

项目	间歇发酵	连续发酵
镜检	酵母形态正常无杂菌	酵母形态正常无杂菌
外观糖/°Bx	0~0.5 以下	-1.0 以下
还原糖/%	0.25~0.3 以下	0.2 以下
残总糖/%	1	0.3~0.6
酒精含量/%（体积分数）	8~10	9~11
总酸度	增酸不超过 2.0	小于 0.5
挥发酸度	0.1~0.25	0.15 以下

（1）外观糖　纱布过滤后的成熟醪，直接用糖度计测量所得的数值称为外观糖。外观糖表示了用糖度计测得的发酵醪的密度。数值与发酵醪中可溶性干物质浓度、酒精含量都有关系。干物质浓度越低，酒精含量越高，糖度计数值越小。在干物质浓度低、酒精含量高的情况下，外观糖可能会出现负值。这是因为酒精的相对密度小于1，当因酒精含量对糖度计造成的影响大于干物质含量的影响时，外观糖就出现了负值。

当成熟醪中的酒精蒸馏除去，再恢复成熟醪的原体积，并用糖度计测定，所得到的数值称为真外观糖，它的数值基本与干物质浓度相适应。外观糖的数值与原料质量、液化、糖化及其他一些因素有关。

（2）还原糖　该指标是指过滤后的发酵醪滤液，加热蒸去酒精，并加水恢复到原体积后，以测定还原糖方法测定的数值。发酵醪中残余还原糖量越低越好。

（3）残总糖　是发酵醪不经过滤，用2% HCl溶液水解转化后测得的糖量。它包括了发酵醪中具有还原性的糖（己糖和戊糖），未被转化发酵的淀粉和糊精。总糖超标有两种可能：如总糖高，还原糖也高，则可能是糖化过程有问题，也可能是酵母有问题，或者兼而有之；如果总糖高，但还原糖不高，一般是糖化过程有问题。同时，发酵醪杂菌污染也会引起后糖化不良，造成总糖偏高。

（4）酸度　采用滴定法测定。它是判断发酵醪是否感染杂菌的可靠指标。酵母发酵基本不产酸，只有杂菌才会产酸。糖化醪的酸度，与原料品种和质量有关，与所用糖化酶的品种和质量也有关系。所以，糖化醪的原始酸度范围很大，关键是要控制增酸量不能超标。每增加1个酸度，相当于消耗了总糖量的0.6%，每1t淀粉少出酒精9L。

（5）挥发酸　测定方法是取发酵醪若干加入适量水后，以蒸馏方法蒸出相当于原发酵醪体积的馏出液，按测定酸度的方法测定。挥发酸是由杂菌产生的，最典型的挥发酸是醋酸。挥发酸高就意味着杂菌感染。

（6）酒精含量　用蒸馏法测定。发酵用原料、浓度一定的情况下，发酵醪中酒精含量越高，发酵越彻底，酒精生产全过程的质量越好。

8. 酒精发酵中常见的杂菌污染及其防治

发酵醪污染杂菌后，可使醪液酸度增高，每当醪液酸度升高1度则相当于可发酵性糖损失0.6%。杂菌主要是乳酸菌，其次是醋酸菌。这些细菌污染发酵醪后，不但能造成糖分损失，而且还可以降低酒精浓度，使其转变为醋酸，直接造成酒精损失。

由于酒精发酵在无菌程度上相对于其他发酵来说是比较粗放的，杂菌污染主要是因为管道或发酵罐杀菌不彻底，或者糖化醪与酒母被杂菌污染；另外如果发酵时温度偏高也易造成杂菌污染。

发酵醪污染严重时，如果发酵已处于后发酵期，则可将发酵醪送去蒸馏。若污染不严重，则可加入大量酵母，增强其发酵作用，从而抑制杂菌。如果处于前发酵期被杂菌污染，发酵醪中糖分含量也很高，则可将发酵醪杀菌，重新接种，发酵或接入分割的主发酵醪进行强烈发酵，总之，要针对不同情况，及时采取有效措施进行挽救。

枯草杆菌、醋酸菌等好气性菌易在发酵醪中存在大量氧气时污染发酵醪。对无芽孢杆菌杀灭时，常压杀菌即可，但有芽孢细菌需在100℃以上才能杀灭。

应当说明，杂菌污染的根本问题在于卫生管理或操作不严。因而必须规范平时的生产操作，防患于未然。

9. 酒精发酵过程的异常现象及处理方法

酒精发酵过程异常现象及处理方法见表5-11。

表5-11　　　　　　　酒精发酵过程异常现象及处理方法

异常现象	产生原因	处理方法
酵母菌耗糖快	接种量大 糖化醪太稀 培养温度高	减少接种量 提高糖化醪的含量 控制好培养温度
酵母菌耗糖慢	接种量少 糖化醪太浓 培养温度低	增加接种量 降低糖化醪的含量 控制好培养温度
酵母菌空胞大	糖化醪营养差 菌种培养时间长	选择优质原料 缩短菌种培养时间 补加营养物质
酵母菌死亡率高	pH过低或过高 培养温度过高 糖化醪含有毒物质 蒸汽管道漏汽	检查糖化醪的pH并调整 加强冷却 增加营养物质 检查并维修蒸汽管道
发酵醪中杂菌多、pH高、有异味	菌种带杂菌 管道、设备灭菌不彻底 培养基灭菌不彻底	加强菌种无菌培养 加强管道、设备灭菌操作 加强培养基灭菌操作 发酵前染杂菌，增加1/3营养，重新灭菌重新接入无杂菌酵母种 发酵中后期染杂菌，如果不严重继续发酵至结束，如果严重提前放罐 后发酵期，污染严重，尽快送去蒸馏
杂菌感染，发酵醪挥发酸、pH明显升高。糖分损失，乙醇损失	杀菌不彻底，糖化醪、酒母被感染 发酵温度偏高	污染不严重，可加入大量酵母或加入抗生素、降低pH、适当降低发酵温度 前发酵期染菌很严重，重新蒸汽灭菌

续表

异常现象	产生原因	处理方法
发酵缓慢，酵母数增殖缓慢、降糖也慢、酒精含量上升也慢	温度过高或过低 酵母、醪液质量不好 pH过低、醪液太浓	调整好发酵温度 选用质量好的酵母，调整好醪液pH 对太浓的发酵醪适当稀释
发酵残总糖高	感染杂菌或发酵温度过高，菌种质量不好 蒸煮醪蒸煮质量不好，有夹生现象 发酵时间不够，发酵醪中的糖分还没来得及充分利用	调整发酵温度、pH，或换种 加强蒸煮质量 延长发酵时间
成熟醪残还原糖高，残总糖不高	发酵不好，菌种质量不好感染杂菌或发酵温度过高	调整发酵温度、pH或换种
成熟醪残总糖高而残还原糖不高	蒸煮醪蒸煮质量不好，有夹生现象	加强蒸煮醪蒸煮质量，提高液化率
发酵罐内泡沫多	蒸煮醪蒸煮质量不好，有夹生现象	应增加蒸煮温度或延长蒸煮时间临时解决可往发酵罐加入消泡剂
酒母醪中酒母数不足	流量过大 温度过低，pH高 营养不足 风量太小 糖液浓度高	减慢流量 用热水过冷却管升温，降低稀糖液pH 增加养料用量 增大风量 降低酵母稀糖液浓度
成熟酒母醪酒分高	风量过小 温度较高 稀糖液糖分过高	适当开大风量 降低温度
发酵速度慢	发酵温度过低 糖蜜原料质量变化 酵母数量不足	适当提高发酵温度 适当改变工艺操作条件 按相关项处理
成熟醪残糖高	酵母数量不足 浓度过高，流量过大 非发酵性糖分高 酵母衰老或死亡，发酵力减弱 高低糖液比不合理	按相关项处理 降低浓度，减少流量 检验糖蜜中的含量并处理 适当增加营养料 按配比控制
酵母死亡	有铜锈等毒物	检查清除

续表

异常现象	产生原因	处理方法
酒母罐浓度低	糖蜜质量变化 流量过小 风量过大 酒母稀糖液浓度低	改变工艺操作条件 加大流量 减少风量 提高稀糖液浓度
酒母罐液位降低	风量过大 二氧化碳排除阀开得过小 泡沫捕集器液位过高 酒母罐浓度过高	适当减少风量 开大二氧化碳排除阀 泡沫液泵至后一发酵罐 降低酒母稀糖液浓度
杂菌感染严重	糖蜜遭受污染 糖液 pH 过高 空气过滤不良 酵母培养时感染杂菌 发酵罐、管道、阀门杀菌不彻底	进行严格的药物或蒸汽灭菌 添加硫酸，适当提高 pH 清洁杀菌过滤装置 加强酵母管理 严格进行杀菌操作
酵母变形，聚结沉降	养料过多或过少 温度与 pH 波动 酵母菌龄太长 酵母中毒	调节用量 及时检查调节 换种 检查清除

（五）生料发酵

酒精的未来在于燃料工业。其中的关键在于降低生产成本。要实现酒精在能源领域的应用，一方面是依托国家政策优惠，另一方面是降低酒精生产过程中的能耗。以玉米原料发酵制乙醇为例，生产 1L 酒精，耗能 14235 ~ 18840kJ；1L 酒精燃烧热值约为 23446kJ，能量平衡性较低。如果不能大幅度降低能耗，酒精将在很大程度上失去作为能源的价值。

淀粉质原料的酒精生产过程中，能量消耗最大的两个工序是蒸煮工序和蒸馏工序，所以酒精生产节约能耗的目标就集中在原料蒸煮和发酵醪的蒸馏上。根据国内的生产情况，蒸煮工段消耗的蒸汽占整个生产过程总能耗的 30% ~ 40%。如果采用新的生产工艺把这部分能量节省下来，对减少酒精生产过程的能量投入将起到重要的作用，生料发酵酒精的意义就在于此。

现行双酶发酵工艺，是将原料粉碎后加水调成浓度合适的粉浆，粉浆预热后加入高温 α – 淀粉酶，再经过喷射液化，料浆温度达到 95℃ 左右，随后进入蒸煮罐，于 95 ~ 105℃ 下保温 2h，之后降温至 60℃，加入糖化酶进入糖化罐，保温 30min 进入发酵罐进行发酵。所谓生料发酵酒精，是指原料不经蒸煮，直接加水、生淀粉酶并接入酒精菌种进行发酵。

生料发酵工艺流程见图5-13。

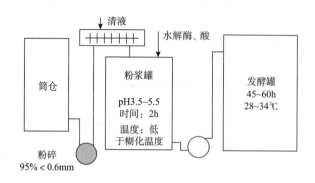

图5-13   生料发酵工艺流程

与蒸煮工艺相比，生料工艺中料液由配料罐直接进入发酵罐，省去喷射器、蒸煮罐及糖化罐。生料工艺不经蒸煮和糖化，直接在28～34℃发酵，节约了蒸汽，也节约了冷却用水。由于不经蒸煮，减少了因蒸煮造成的可发酵性糖的损失，减小了醪液的黏度，理论上酒精产率应比传统生产工艺酒精产率高。同时省去了糖化过程，使发酵醪中单糖含量始终保持在较低水平，能防止淀粉降解后产生的糖对酶反应的抑制作用，所以生料可以采取高浓度发酵，大大提高生产能力，提高设备利用率。同时发酵过程比较和缓平稳，发酵过程中温度上升不快，较易控制，并且节约冷却用水。由于不经蒸煮和糖化，pH也不需调整，糖化醪中无机盐类含量低。糟液处理较容易或者可以进行回配。此外，由于省去蒸煮和糖化两个工序，新厂建设不需要蒸煮设备、糖化设备和相关的附属配套设备，大大节约了基建和设备投资。尤其整个生产过程省去了蒸煮和糖化，节约了动力、人力、水和维修等方面的消耗，显然可极大降低生产成本。

这一工艺还具有其它显著优势：不需要蒸煮和液化环节，发酵罐中渗透压较低；水解生成的还原性糖直接被酵母吸收，显著降低了美拉德反应的影响；更加简易的工艺过程对泵、操作系统及其他资源如冷却水的需求减少；会有更多种类的、更多营养的蛋白质留在DDGS饲料中等。

生料发酵酒精工艺若能在行业推广应用，将是酒精工业的一次革命，成为酒精工业发展史上的一个里程碑，它将极大促进酒精在我国能源结构中的比重。生料发酵酒精在节能方面是诱人的，但是由于如下问题的存在，使其迟迟不能工业化生产。

1. 生淀粉酶能力弱

"生淀粉酶"并不是一种什么新型的淀粉酶，而是指那些对不经蒸煮糊化的生淀粉颗粒能够表现出极强水解特性的淀粉酶。淀粉经糊化后，与水有亲和性，三维网组织张开，淀粉酶从中乘隙而入，对淀粉迅速地进行水解作用。无蒸煮生淀粉的三维网封闭，酶进入内部困难，因而糖化缓慢。这就是生料与熟料在糖化上难易不同的原因。

生淀粉糖化是一个复合酶系协同作用的结果，这个复合酶系一般由 α – 淀粉酶、糖化酶、酸性蛋白酶、纤维素酶等组成，而且要求它们有相对合适的比例。通常认为，只有当生淀粉酶能够吸附到生淀粉上时，才对其有降解作用。一般用吸附率和生淀粉降解率两个参数来对生淀粉酶的性质进行描述。

生淀粉酶在生淀粉上吸附率 AR（Absorption Rate）的测定：

$$AR = (B - A)/B \times 100\%$$

式中 B——吸附前生淀粉酶的活力

A——吸附后生淀粉酶的活力

生淀粉酶降解能力 RDA（Raw Starch Digesting Ability）计算：

$$RDA = B/A \times 100\%$$

式中 B——降解生淀粉的活力

A——降解凝胶化淀粉的活力

关于生淀粉糖化的原理，尚没有统一的认识，一般认为与下列因素有关。

（1）淀粉酶的种类及其活性 淀粉酶种类不同及其活性的大小对生淀粉的水解能力也有所不同。

（2）淀粉酶的解支作用 糖化酶水解生淀粉的能力不仅取决于淀粉酶的作用，也取决于酶的解支作用。

（3）协同作用 某些淀粉分解菌在水解生淀粉时起协同作用。如当糖化酶和液化酶混用时，其水解能力提高近 3 倍。

（4）吸附作用 淀粉本身具有一定的吸附作用，能吸附一些有机化合物。由于淀粉的吸附作用，酶作为一种催化剂，能够更接近淀粉粒，其催化作用比完全没有吸附作用时强。

（5）原料淀粉的性质 糖化淀粉酶对生淀粉的分解作用，因淀粉种类和性质不同而有异。淀粉中有 20%～30% 是直链淀粉，呈水溶性。淀粉中还有 70%～80% 是水不溶性的。在热水里膨胀成糊状的支链淀粉被 α – 淀粉酶水解的水解率一般只有 93%～94%。

（6）温度、pH 温度和 pH 对糖化淀粉酶的水解能力有很大的影响。一般条件为温度 20～40℃，pH 2.8～4.8。具体条件因酶制剂不同而不同。

（7）醪液浓度 葡萄糖浓度与糖化酶对生淀粉的糖化作用成反比关系。有研究发现，当葡萄糖浓度超过 2% 时，其活性显著降低。

（8）因基质不同而有异。

2. 杂菌污染的危险性较大

生料发酵是在常温下进行的，在淀粉乳配制流程中没有杀菌过程，更没有像高温蒸煮（或中温蒸煮）对原料有一次相对彻底的杀菌过程，不能杀灭原料中所带杂菌。其次，因淀粉密度较大、颗粒细密、温度低，淀粉乳在发酵初期易沉积而产生沉淀层。在酵母未形成强大的种群数量前，杂菌会大量繁殖。

3. 发酵不彻底

生料发酵存在的发酵不彻底问题也是无蒸煮工艺受限制的因素之一。造成发酵不彻底的原因：一是淀粉沉积造成的罐内死层，这部分淀粉不易被酵母及水解酶所利用；二是工业化生产发酵罐必须大型化，这给物料的均匀搅拌带来了困难，物料沉积会影响发酵的效率；三是杂菌污染的影响，细菌的存在及其代谢产物使酵母菌的活力受到限制。

目前，生料发酵更多处于实验室水平和试验性生产阶段。

（六）浓醪发酵

浓醪发酵，是指在发酵罐体积不变的情况下，通过提高酒精浓度来提高酒精的产量。浓醪发酵可使发酵液中酒精含量达到18%（体积分数）以上，而普通发酵只能产生9%～11%（体积分数）乙醇。浓醪发酵具有高细胞密度、高产物浓度和高生产速率等特点，可有效降低酒精生产成本，是酒精发酵行业的发展目标和方向。

1. 浓醪发酵的优势

对于酒精生产企业来说，糖化醪液中含20%～24%的可溶固形物，被认为是正常浓度发酵；当糖化醪中含30%或更高的可溶性固形物，则可称为浓醪发酵。随着发酵技术不断进步，浓醪发酵标准有逐渐提高的趋势。浓醪发酵，单位时间内可获得更多的酒精产物，因而与普通发酵工艺相比，浓醪发酵具有更加明显的优势。

（1）节约用水   一般酒精生产企业发酵所采用的料水比为 1∶2.5 左右。采用浓醪发酵料水比可减为 1∶（1.8～2.0），每生产1t酒精可节约工艺用水 2t 以上，同时也减少了废水的排放。

（2）降低酒糟（DDGS）的生产成本   酒糟是酒精生产的副产物，是构成企业经济效益的重要产品。企业每生产1t酒精可得到 900kg 左右的酒糟饲料。发酵醪浓度高，固形物含量也高，酒糟分离、干燥费用也低，DDGS 生产成本也会相应降低。

（3）降低能耗   能耗是酒精工厂主要的支出之一，具体表现在煤和电的消耗上。酒精生产过程中蒸煮、发酵、蒸馏和酒糟浓缩干燥等工段常常消耗大量的能源。采用浓醪发酵技术可明显减少蒸汽用量。假如发酵液中酒精浓度仅增加1%，仅蒸馏工段就可以节约蒸汽约 150kg。

（4）提高设备利用率   在基本相同或接近的发酵时间情况下，浓醪发酵工艺的设备利用率可提高 20% 左右。

2. 影响浓醪发酵的因素

（1）葡萄糖代谢的影响   葡萄糖是酵母菌进行酒精发酵的碳源。高浓度葡萄糖对酶的生物合成以及糖酵解过程酶活力都有不利影响，即葡萄糖阻遏作用。发酵初期，糖对细胞的抑制作用大于乙醇的作用。解决高浓度葡萄糖的抑制作用是实现浓醪发酵的关键。

（2）乙醇的抑制作用　乙醇会对酵母菌产生毒害作用，浓度越大，毒性越强。高浓度乙醇对细胞的毒害作用主要表现在对细胞形态和细胞生理活动影响两个方面，主要表现为细胞骨架疏散、生物大分子物质的合成与代谢受阻以及糖酵解相关酶酶活性变化等。对于一般酵母菌株来讲，当醪液中酒精含量超过23%时，酵母菌细胞就会死亡。

（3）发酵工艺条件的影响　高温有利于酒精发酵，但高温对浓醪发酵的影响远大于一般的酒精发酵。由于浓醪发酵溶液的高渗作用，容易导致细胞膜破裂，而温度升高则会影响膜内脂的流动性，加速细胞膜的破裂。因此，温度的调控值得关注。

3. 实现浓醪发酵的途径

（1）降低发酵醪液的黏度　浓醪发酵过程中，投料比例加大，势必会造成发酵醪液黏度增加。目前我国酒精生产企业发酵成熟醪酒精体积分数约为11%，而美国有的酒精企业发酵醪酒精体积分数已达18%，并正向23%努力。当酒精体积分数达到23%时，水与玉米粉的比例接近1：1。因此要想达到预期的酒精浓度，必须达到最基本的水与玉米粉混合理论比例。但如果用细玉米粉调浆，这样的比例很容易出现醪液黏度大造成物料输送不畅。

目前大多数酒精生产企业采用的玉米粉碎粒度在1.6~1.8mm，粒度过大会导致液化、糖化不彻底，造成原料浪费；而粒度过小、粉碎过细会增加预处理的能耗。所以有的酒精浓醪发酵企业，采用粗、细玉米粉相结合以降低玉米料液黏度，这样醪液中有"浓"有"稀"，效果比细粉好。

高温α-淀粉酶和喷射液化技术应用越来越广泛，它们有明显降低醪液黏度的效果。浓醪发酵时所用处理工艺仍有待深入开发。

（2）筛选高耐受性酿酒酵母　酵母是酒精发酵的动力。随着发酵液中的乙醇浓度增加，乙醇对酵母毒性增大。研究表明，采用诱变、基因改造等手段可提高酵母对乙醇的耐受性，实现浓醪发酵。

（3）改变发酵工艺模式　酒精浓醪发酵，由于物料浓度高，物料的糊化、液化会变得非常困难。采用生料发酵，即原料不需蒸煮和预先糖化，直接进行发酵，可使发酵醪黏度降低，单糖的含量始终保持在较低的水平。

酒精浓醪发酵仍然存在一些问题，如高浓度糖化液的制备、浓醪物料的输送、高浓度葡萄糖以及高浓度乙醇对酵母的抑制作用等，需要不断进行研究。但综合来看，浓醪发酵是一项极具前景的技术，不必对工厂现有设备进行大规模改造，却能降低生产成本，显著提高酒精厂综合效益。

第二节　工艺说明和操作

一、酒精发酵操作规程

1. 发酵设备

（1）进料前的准备工作

① 母液罐的清洗、发酵罐的清洗。

② 酵母的准备。

③ 各相关设备、管线、阀门的检查。

④ 公用系统情况的检查。

（2）酒母罐准备进料

① 关闭糖化罐去发酵罐管线上各手动阀门，开启去酒母罐进料管线阀门。

② 当酒母罐进料后，液位显示值为 10% 时：

a. 启动循环泵，开启换热器进出口阀门。

b. 开启换热器上循环水阀门，调节酒母罐内物料温度恒定于工艺要求范围内。

③ 将准备好的活性干酵母从营养盐罐加工艺水搅拌均匀后打入酒母罐中，添加量按工艺要求。

④ 通入工艺风，调整工艺风量在工艺要求范围内。

⑤ 启动营养盐泵，向酒母罐加入营养盐，添加量按工艺要求。

⑥ 保持向酒母罐内均匀流加糖化醪，流加量按工艺要求。

⑦ 当酒母罐内液位达到 80% 时：

a. 检查酒母罐内物料中的酵母细胞数应在 1.5 亿个/mL 以上。

b. 如达不到此值，应再等一段时间，才能连续操作。

⑧ 当酒母罐内物料中酵母数符合要求时，开启向发酵首罐的进料阀门向发酵罐内进料。此时：

a. 发酵首罐及相应管线、设备应准备就绪。

b. 加大液化、糖化工段投料量。

（3）发酵首罐进料准备

① 发酵首罐及相应管线清洗完毕。

② 打开控制阀前后手动阀，在 DCS 面板上缓缓开启自控阀向发酵首罐内进料。

③ 当发酵首罐内物料液位达到 10% 时，开启罐上搅拌器；同时启动循环泵，打开

相应管线，进行循环。调节换热器上循环水阀，使罐内物料温度在 28～33℃。

④ 向发酵首罐内投入酒母。投用量按工艺要求添加，打开连接发酵首罐工艺风管线阀门，向其内通入工艺空气。

⑤ 当发酵首罐内液位达到 85% 时，其内酵母数也应达到 1.5 亿个/mL 以上。此时（下一发酵罐应已清洗完毕，处于待用状态）可进行连续操作。缓慢打开发酵首罐与下一发酵罐溢流阀，使物料进入下一发酵罐，调节阀门开度使发酵首罐液位恒定。

⑥ 第二发酵罐进料：当第二发酵罐内液位达到 10% 时，启动搅拌器，检查循环回路，使各阀门、设备处于正常状态。

⑦ 启动循环泵，使罐内物料经换热器处于循环状态；同时，调整换热器循环水量，使罐内物料温度恒定于工艺要求范围内。

⑧ 当发酵罐内液位达到 85% 时，缓慢打开至下一发酵罐的溢流阀，使发酵醪进入下一发酵罐内，同时调节阀门开度，使第二发酵罐液位恒定。

⑨ 第二发酵罐满后串入第三发酵罐，第三发酵罐满后串入第四发酵罐，依次类推。

⑩ 当物料进入尾罐时，当尾罐内液位达到 10% 时，在 DCS 启动搅拌器，并检查循环管线阀门、设备是否处于正常状态，确认无误后，开启尾罐泵进行循环，并通知分析室监测尾罐内还原糖是否符合标准，如符合质量标准，蒸馏工段启动，准备向蒸馏工段进料。

2. 系统清洗

（1）酒母罐　根据实验室化验的结果来决定是否清洗：酒母罐细菌 > 10^6 个/mL，进行清洗。具体要求如下。

① 首先停止酒母罐的进料并排空酒母罐，在正常情况下，3 天清洗一个酒母罐。

② 在排空之前必须打开罐顶人孔，关闭 CO_2 排出口、工艺空气源。

③ 用来自 CIP 工作站的热水或工艺水冲洗罐体。

④ 用工艺水冲洗酒母罐。

⑤ 然后用 CIP 冲洗酒母罐罐体、酒母罐换热器及相应管线。

注意事项：酒母罐的 CIP 喷嘴各有 3 个，在清洗时必须单独打开一条管线，另两条管线必须关闭。在一条管线冲洗 10min 后，将其关闭。之后开启另一条管线的阀门，冲洗 10min，关闭。依次类推启用另一条管线进行清洗。

⑥ 启动循环泵酒母罐冲洗循环管线。

（2）发酵罐的清洗　具体要求如下。

① 首先停止醪液及酒母醪的进料，关闭 CO_2 的排出口。关闭工艺空气源，人孔（罐顶）打开，通过管线把罐内物料排空至下一个发酵罐。

② 用来自 CIP 工作站的热水冲洗单元通过管线来的洗液及喷嘴冲洗罐内部。冲洗循环回路及相应管线。热交换器逆流冲洗。

③ 冲洗醪液和酵母进料管线。

④ 用 CIP 工作站的 NaOH 溶液按以上程序进行清洗。

（3）临时停机的操作

① 事故停机：当遇到故障需要临时停机时，要根据具体情况采取相应的保种措施，以避免恢复生产后需要再培菌而延误时间。

② 无仪表风停机：当遇到无仪表风或自控系统失灵停机时，应将自动转为手动，料、水管路走旁通，并及时通知值班班长解决。

③ 停电停机：意外停电停机，恢复生产时，要对各罐的醪液采样化验分析，如醪液已经成熟，则按倒罐顺序将醪液抽完重新培菌，如发酵罐内指标与正常生产变化不大，则按正常生产进行操作。

（4）正常停机

① 蒸煮糖化工段停止供料后，将种子罐的醪液抽到 1# 发酵罐。

② 将 1# 发酵罐抽往 2# 发酵罐，依此类推，直至 6# 罐，抽罐时 1# 和 2# 发酵罐不再通入无菌空气。

③ 每个罐的罐侧搅拌器叶轮中心线以上的液体深度不小于 3m 时，停止罐侧搅拌器及冷却水。

④ 每罐的醪液低于循环泵进口时，停止循环泵，发酵醪抽完后，打开罐底阀，按清洗程序清洗各罐。

二、 酒精发酵应急事故及处理

1. 发生人身伤害事故

发生人身伤害后，马上现场采取有效急救措施。

（1）尽最大可能将伤者转移到安全地带，并进行看护。

（2）立即拨打 120 救助、并向上级汇报，引导急救车顺利到达现场。

（3）应急小组以最快速度赶至现场，开展急救工作。

（4）事后由当班值班长和当班主操如实、详尽写出事故报告。

2. 发生设备损坏事故

发生严重设备损坏事故后，应迅速采取必要措施，防止损坏过大等。

（1）迅速切断电源（汽源、水源），停止动力来源以防造成更大损失或人身事故。

（2）由该设备负责人看管好现场，以防意外，如有可能则启动备用设备，继续生产。

（3）如不能继续生产，则由当班主操负责通知上、下工段，说明情况，及时向值班长汇报。

（4）由设备管理员做好事故记录，查看有无备品备件。

（5）材料保管员做好维修前的准备工作。

（6）事后由值班长和主操如实、详尽地写出事故报告。

3. 发生重大设备、人身事故

发生重大设备、人身事故时，要以人身安全为重，全体人员都加入救援工作中来。

（1）通知值班长和生产主管，由在场的上级负责人统一指挥协调，全体人员必须服从指挥。

（2）全体人员按以上两方面分工分头行动，以救人为主，设备、人员兼顾。

（3）事后由值班长和主操如实、详尽地写出事故报告。

4. 循环泵、电机不能正常使用或换热器堵塞

当循环泵、电机不能正常使用，换热器堵塞时，停循环泵，关闭循环管路上各阀门，用高压水反向冲洗换热器，如不奏效则拆解换热器并清理干净，及时向值班长和生产主管报告。

5. 计算机控制系统不能正常使用

发现计算机控制系统不能正常使用后，应根据现场仪表和经验现场操作，及时向值班长汇报，请维修人员尽快修复。

6. 醪液随二氧化碳排出管进入洗涤系统

发现该情况后，打开洗涤塔放净阀，排污至清水后关闭，并检查发酵罐液位是否正常，及时做出处理。

7. 调节阀不能正常使用

当进水管路上的调节阀不能正常使用时，应关闭调节阀前后阀门，维修调节阀，并开启旁通管路，如发酵液管路上的调节阀不能正常使用时，应根据经验手动调节，及时向值班长汇报。

8. 搅拌器不能正常工作

立即向上级汇报情况，让其派人维修。

第三节　发酵工艺实例

以玉米为原料的浓醪发酵工艺介绍如下，该工艺采用间歇操作。

一、 粉碎

采用全干法粉碎工艺。经清理后的干净玉米进入粉碎车间先经过散料秤进行计量，再由斗提机提升至高处，最后由分料输送机输送进入玉米缓冲罐待粉碎。玉米缓冲罐里

的玉米由变频喂料器均匀地送入粉碎机进行粉碎，得到的玉米粉则由气力输送至旋风卸料器，由卸料器底部的关风机排出，再进入集料输送机送至皮带秤进行称量，最后送去拌料，而除尘尾气则进入脉冲除尘器进行除尘，干净的尾气再由风机排出室外。粉碎工艺流程如图 5 – 14 所示。

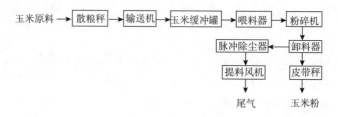

图 5 – 14 粉碎工艺流程图

二、 液化

在粉浆绞龙内按一定比例添加玉米粉、清液和拌料水，经充分混合，将玉米粉浆调整到所需浓度和温度，加入适量碱液，调节好 pH，并加入适量淀粉酶。

将粉浆温度控制在 85℃ 左右，混配后的粉浆进入粉浆罐，经进一步搅拌至混合均匀，加入适量淀粉酶，并加入氯化钙。调好的粉浆经过粉浆分级过滤器过滤之后进入液化罐进行液化。将液化醪温度控制在 85℃ 左右。

向液化后的液化醪中加入适量硫酸，用硫酸将液化醪的 pH 调节好。液化醪经过 1#冷却器和 2#冷却器冷却至 28 ~ 30℃ 之后，加入适量糖化酶、蛋白酶、尿素，然后去发酵。

采用高浓度粉浆经高温拌料液化工艺，精简装置。采用同步糖化技术简化工艺，减少染菌的风险，有利于促进酵母的发酵动力，实现浓醪发酵，提高成熟醪酒分，尽可能达到节能节水的目的。采用精塔废水及清液回用配料，节约水消耗。既保证液糖化效果，又达到节能的目的。

液化工艺流程简图见图 5 – 15。

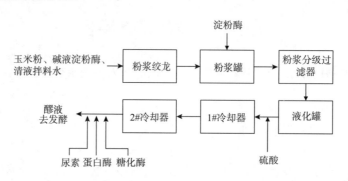

图 5 – 15 液化工艺流程简图

三、发酵

自液化醪送来的液化醪一部分进入酒母罐，同时向酒母罐中加入营养盐，同时通入无菌空气，在有氧条件下，酒母迅速大量繁殖，控制合适的流加比例、通入空气量、温度，以利于酒母的生长繁殖，在繁殖过程中产生的热量通过母液循环外部冷却带走。含有大量酒母的酒母醪用泵送去发酵罐，控制酒母罐的液位保持稳定。在酒母繁殖过程中有一定的酒精产生。酒母罐内的温度保持在 30～32℃。

另一部分液化醪直接进入发酵罐，在罐内，通过酒母的代谢活动，大量的酒精生成，为了保持单位体积醪液中酒母的数量，视生产情况通入一定的无菌空气。

酒母繁殖和发酵过程中产生的二氧化碳通过洗涤回收带出的酒精后，或回收或放空。二氧化碳洗涤塔以回流液及补充工艺水作为洗涤水，一定量的洗涤淡酒经泵及调节系统送到成熟醪罐中。在发酵过程中会有大量的热量放出，通过罐外冷却保证发酵温度的稳定。发酵温度在 31～35℃。发酵罐采用立式搅拌器，可大大提高发酵醪的酒精浓度。设有 CIP 清洗系统，能够对系统内所有设备和管道进行清洗。

本工段采用活性干酵母培养、立式搅拌发酵罐、罐外循环冷却、全间歇浓醪发酵。上述生产方法具有如下特点。

（1）采用活性干酵母省去了繁杂的酒母繁殖系统，节约生产成本。

（2）采用全间歇浓醪发酵工艺，可大大提高发酵成熟醪的酒精浓度，减少能源消耗，抑制杂菌繁殖，提高淀粉利用率。

（3）采用罐外冷却循环，可加快换热速度，方便控制醪液的发酵温度。

（4）进出料、排 CO_2、CIP 清洗等采用自动控制系统，极大地降低了劳动强度，在实现大罐浓醪发酵的同时，也能保证低劳动成本。

（5）采用系统 CIP 清洗技术，维修清洗更加方便。

发酵工艺流程简图如图 5-16 所示。

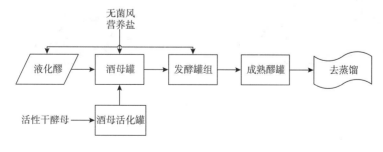

图 5-16　发酵工艺流程简图

第六章

酒精蒸馏与脱水

第一节 蒸馏的工艺原理

酒精精馏是利用醪液混合物各组分挥发性能的差异，即混合物在气液两相中各组分浓度不同，通过提供热量使乙醇、水、杂醇、醛、酸和酯等混合物在精馏塔内多次部分气化和部分冷凝，从而实现各组分彼此分离的方法。现代酒精企业普遍采用多塔多效蒸馏系统和计算机控制系统，生产酒精的能耗大幅度降低，酒精的质量也明显提高。

图6-1为精馏塔示意图，原料从塔中部适当位置进入，进料层上段为精馏段、下段为提馏段。从精馏塔塔顶蒸出的气体在冷凝器中冷凝，冷凝液进入塔顶提供回流，从精馏塔底部通入直接蒸汽，或通过再沸器通往间接蒸汽，从而为精馏塔提供热量。在精馏段，气相上升的过程中，轻组分得到精制。在气相不断地增浓，在塔顶获得轻组分产品。在提馏段，液相在下降过程中，轻组分不断地被提馏出来，使重组分在液相中不断地浓缩，在塔底获得重组分产品。精馏塔有板式塔和填料塔两种形式，酒精精馏绝大多数使用的是板式塔。

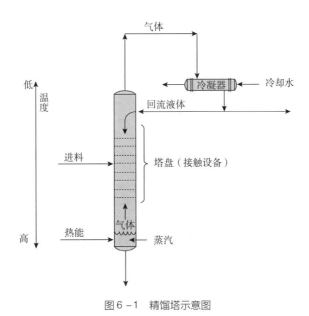

图6-1 精馏塔示意图

一、挥发系数与精馏系数

在混合溶液中，沸点低的组分，在气相中的浓度总是比液相中的浓度高；反之，沸点高的组分，在液相中的浓度，总是比在气相中高。用 A 和 a 分别表示气相和液相中乙醇的浓度，二者之比称为酒精的挥发系数，用 K 来表示，如式（6-1）所示。

$$K = \frac{A}{a} \qquad\qquad (6-1)$$

在乙醇-水体系中，酒精挥发系数是随体系组成而变化的。

从图6-2中可以看出，在乙醇浓度达到89.4%（摩尔分数）时，即体积分数97.6%或质量分数95.57%时，挥发系数 K 值等于1，此时，气相和液相中的乙醇浓度相等，采用常规的精馏已经无法提高乙醇的浓度，即在常压下用普通精馏是不能得到无水乙醇的。此时，溶液沸点为78.15℃，即称为乙醇-水溶液常压下的最低恒沸点，又称共沸点。

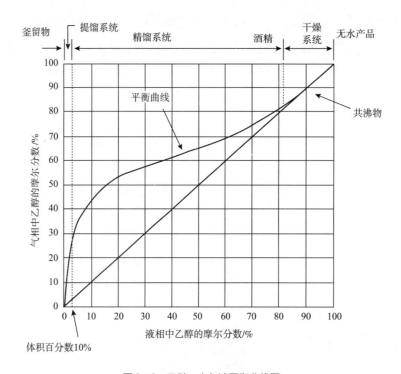

图6-2　乙醇-水气液平衡曲线图

酒精溶液中杂质的挥发系数与酒精的挥发系数之比称为精馏系数，用 α 来表示，如式（6-2）所示。

$$\alpha = \frac{K_{杂质}}{K_{酒精}} \qquad\qquad (6-2)$$

由于醪液中含有的挥发性组分除酒精外还有多种挥发性杂质，只有清楚杂质的挥发性与醪液组成的关系，以及杂质的挥发性与酒精挥发性能的差别，才能合理设计酒精精馏的流程并控制其运行。

二、　酒精蒸馏的发展概述

（1）单塔蒸馏　用一个塔从发酵成熟醪中分离获得酒精成品，称为单塔蒸馏。酒精成品杂质含量较高，它适用于对成品质量与浓度要求不高的工厂。我国酒精工业发展较晚，所以工厂引进的技术全部是连续蒸馏精馏工艺，对于单塔流程一般不予采用。

（2）两塔蒸馏　若利用单塔蒸馏制造浓度很高的酒精，则塔需要很多层塔板，于是塔身很高，相应的厂房建筑也要很高。另外这样的单塔蒸馏酒糟很稀，用作饲料有诸多不便。为了降低塔身高度和提高成品浓度，把单塔分成两个塔，分别安装，这就是两塔流程。两塔蒸馏就是将单塔蒸馏的蒸馏段和精馏段工艺分别在两个塔即粗馏塔和精馏塔内分别进行，物料在粗馏塔过塔时多一次排除头级杂质的机会，但相应的能耗也增加了，质量比单塔流程没有改善太多。石建国等曾采用平位安装，把精馏段向下移动，和提馏段在同一水平安装，即改造成两塔三段式蒸馏工艺，但不同于三塔流程，较三塔流程少了一套冷却装置，但同时也出现要采取强制回流的措施，增加了动力消耗，酒精质量也较三塔流程低。

（3）三塔蒸馏　酒精蒸馏工艺和原料的选择有很大关系，糖蜜原料在发酵过程中由于受到通风条件的影响会产生较多的醛类，所以蒸馏过程应以排醛为主。醛酯类杂质的挥发系数总是比乙醇大，称为头级杂质，头级杂质在乙醇浓度低的时候比较容易排除，所以传统的三塔工艺流程为粗馏塔—排醛塔—精馏塔。根据排醛塔底部的脱醛酒进入精馏塔的形式不同又可分为三类：

① 直接式：指粗酒精由粗馏塔进入排醛塔以及脱醛酒进入精馏塔都是气体状态。

② 半直接式：粗酒精由粗馏塔进入排醛塔是气体，而脱醛酒进入精馏塔是液体状态。

③ 间接式：粗酒精进入排醛塔以及脱醛酒进入精馏塔都是液体。半直接式三塔流程虽然热能消耗比直接式大些，但可以得到质量比较优良的成品，因此在我国酒精工业上得到广泛的应用。

20 世纪 80 年代杨惠英等就已经开始在甘蔗糖蜜酒精厂用三塔蒸馏得到当时符合国家优级酒精标准的酒精。张毅等在三塔过程中通过采用低温蒸煮减轻蒸馏负荷，减少发酵过程中杂醇油的产生，通过加大回流比保证除杂彻底。寄宝康通过在精馏塔的顶部增加一段填料段，使取酒口位置适当远离甲醇等头级杂质聚集区和杂醇油的聚集区，强化了精馏效果。张远平等针对原系统的排醛能力不高，特别是醛塔的排醛能力偏低的情况，并采用现代化的计算手段进行工艺计算，设计出新的三塔蒸馏系统，无论蒸汽消耗还是排醛能力都有很大提升。

（4）多塔蒸馏　在三塔或两塔的基础上，根据特殊需要或分离的要求，可以添加具有专门功能的附加塔，从而构成四塔乃至五塔流程。酒精蒸馏工艺流程中通常有三种附加塔：浓缩塔、甲醇塔和杂醇油塔。浓缩塔可以将排醛塔排出的醛酯馏分进一步浓缩，进一步提高精馏酒精的产量；甲醇塔可以将精馏酒精中的甲醇进一步分离，同时除去一部分其他头级杂质，使成品酒精质量进一步提高。杂醇油塔可以将精馏塔取出的杂醇油或杂醇酒进一步浓缩，提高酒精产品的质量。而究竟采用几塔流程，需要增加什么功能的附加塔，这需要视生产酒精原料的种类以及酒精的质量要求而定。

三、 精馏节能技术概述

精馏是化工行业里能耗巨大的操作单元，化工过程中 40% ~ 70% 的能耗用于分离，而精馏的能耗又占其中的 95%。众所周知，能源问题已成为全球性的重要问题，各国均致力于新能源及节能技术的研究。目前精馏过程的节能方法主要包括操作条件优化节能、增设中间再沸器和中间冷凝器、开发高效节能的特殊工艺流程如多效精馏、热泵精馏、热偶精馏等。

（1）操作参数的优化　精馏塔的操作参数主要包括操作压力、操作温度、进料位置及温度、塔板压降、理论板数、回流比、塔顶和塔底的热负荷等，这些变量在不同程度上都会影响精馏过程中所需的能耗，利用化工流程模拟软件中的灵敏度分析、设计规定等功能对精馏的操作条件进行优化，来确定满足分离任务的操作条件的最佳值，以获得最小的冷凝负荷和再沸器热负荷，从而使精馏塔能耗最少。比如若能采用最佳回流比，在达到同样分离效果的前提下，可节省 20% 的能耗。

（2）中间换热器　对于塔顶塔底温度差别比较大的精馏塔，可以通过增加中间换热器的方式来节省或回收热量（冷量）。中间换热的方式有两种：中间冷凝器和中间再沸器。对于塔顶冷凝器来说（以塔顶冷凝器为基准），中间冷凝器是节省冷量，中间再沸器是回收冷量；而对塔底再沸器来说（以塔底再沸器为基准），中间冷凝器是回收热量，中间再沸器是节省热量。在实际工业中，中间再沸器的使用远比中间冷凝器多。在分离任务一定的情况下，常规精馏塔再沸器的供热量和设有中间再沸器的精馏塔再沸器与中间再沸器供热量之和是相等的，所以中间再沸器的使用前后并不能改变总的再沸器加热负荷，只是在设置中间再沸器后，部分热量可以采用低于塔底再沸器的廉价的废热蒸汽提供，通过合理设置和使用中间再沸器，可以提供最大的热效率、达到最大的节能效果。中国石化股份公司荆门分公司投资 70 万元，对 80 万 t/年催化裂化装置吸收 - 稳定系统解吸塔进行中间再沸器节能技术改造。改造后节约 1.0MPa 蒸汽 2 ~ 3t/h，冷却所用循环水流量减少 9170t/h。

（3）热泵精馏　一种靠补偿或消耗机械功，把精馏塔塔顶低温处的热量传递到塔釜高温处，使塔顶低温蒸汽用作塔底再沸器的热源的节能技术。热泵精馏充分利用了精馏塔塔顶蒸汽低温位的热量，节能效果与经济效益非常显著。

根据热泵所消耗的外界能量不同，热泵精馏可分为蒸汽压缩机方式和蒸汽喷射式两种类型。热泵精馏使用较广泛的是蒸汽压缩机方式，适用于下述系统：

① 塔顶和塔底温差较小的场合。塔顶和塔底温差小于 36℃，就可以取得良好的经济效果。

② 被分离物质的沸点接近，分离困难，需要大量蒸汽的场合。

③ 在低压运行时必须采用冷冻剂进行冷凝。蒸汽压缩机方式可分为塔顶气体直接压缩式、间接式、闪蒸再沸式。塔顶气体直接压缩式热泵精馏是以塔顶气体作为工质的热泵，塔顶气体经压缩机压缩升温后进入塔底再沸器，冷凝放热使釜液再沸，冷凝液经节流阀减压降温后，一部分作为产品出料，另一部分作为精馏塔顶的回流。

塔顶气体直接压缩式热泵精馏具有以下特点：

① 系统简单、稳定可靠。

② 需要的再热载热介质是现成的。

③ 压缩机的压缩比通常比单独工质循环式的低，当塔顶具有腐蚀性的气体或塔顶产品具有热敏性时，这种情况不宜进行直接压缩，可使用间接式热泵精馏。这个流程利用单独封闭循环工质来完成，在闭循环中，循环工质在冷凝器中吸收塔顶产品的冷凝热而自身气化，经过压缩机压缩后，把它升高到一个较高的压力和温位，之后在塔底蒸发器中该工质再次冷凝，把它的热量传递给蒸发的塔底产品。至此工质经过膨胀阀进入冷凝器完成了一个循环。

间接式热泵精馏的特点是：

① 易于设计和控制。

② 需要分离的产品与冷剂完全隔离。

③ 载热介质的选择受到限制。

④ 压缩机需要克服较高的温度差和压力差，效率较低。闪蒸再沸式流程与塔顶气体直接压缩式类似，它直接以塔釜出料为冷剂，经节流后送至塔顶换热，吸收热量蒸发为气体，再经压缩升压升温后，返回塔釜，比间接式少一个换热器，适用场合和直接压缩式基本相同。不过，闪蒸再沸流程在塔压高时有利，而直接压缩式在塔压低时有利。

热泵精馏的另一种方式——蒸汽喷射式热泵原理是借助高压蒸汽喷射产生的高速气流，将低压蒸汽的压力和温度提高，而高压蒸汽的压力和温度降低。低压蒸汽的压力和温度提高到工艺能使用的指标，从而达到节能的目的。这种方式的热泵精馏适合应用于以下情况：

① 减压精馏的真空度比较低。

② 精馏塔塔顶和塔底的压差不大。

热泵技术应用于精馏中最早是在 20 世纪 50 年代由 Robinson 和 Gilliland 提出，在此后的半个世纪里发展得很快。Oliveira 进行了具有蒸汽再压缩式精馏塔技术的研究，James. G. Gebbie 研究了具有不同配比工质的热泵精馏塔的工作性能，并且考察了热量传递速率，压缩工质速率和热量积累对热泵精馏塔性能的影响。国内对热泵精馏技术研究的历史也非常久，早在 20 世纪 50 年代天津大学就开始了对热泵精馏的研究。邓仁杰等针对常规醋酸丁酯生产工艺能耗高的特点，提出将热泵精馏应用于醋酸丁酯生产，开发出醋酸丁酯热泵精馏新工艺，并分析了新工艺的特点和热泵的介质特性以及操作参数，进行了能耗的比较。结果表明与原工艺相比，新流程能降低能耗 56.9%。叶鑫等分析了甲醇三塔精馏工艺的弊端，采用分割式热泵精馏的方法开发了一种节能效果显著的甲醇热泵精馏新工艺，并对这两种流程的综合能耗进行了对比分析，其综合能耗比三塔精馏工艺降低了 50% 以上。而在实际生产中，从 20 世纪 80 年代末期以来，国内外热泵精馏都取得了很好的效果。国外企业比如瑞士 Sulzer 公司在乙苯 – 苯乙烯精馏装置上使用了热泵，与苯乙烯常规塔比较，能耗有了很大程度的降低；国内的锦州炼油厂和九江炼油厂采用了热泵精馏技术，取得了良好的节能降耗效果。

热泵技术具有清洁生产、节能降耗的特点，应用非常广泛，但并非任何条件下都适宜采用，应从以下几个方面进行判定：

① 是否有合适的用热需求。应根据所采用的热泵类型，确定合适的供热温度，使热泵系统有较好的经济性。

② 是否有优质的热源。热源应量大且稳定，温度较高，与热泵设置点距离较近，且不具有腐蚀性，不易结垢，对设备磨损较小。

③ 运行成本是否低。由于供热方式的改变，相应增加了其他消耗，应探讨是否具有经济效益，一般热泵节能率达 30% 以上时，才能比锅炉供热成本低。

④ 还应当注意采用热泵技术后，是否对原系统产生其他影响。

（4）多效精馏　以多塔代替单塔，利用各塔的能量品位级别不同，品位较高的塔的塔顶蒸汽向能位较低塔的再沸器供热，所以在多效精馏中，只是第一个塔的塔釜需要加入热量，最后一个塔的塔顶蒸汽用外源冷凝水进行冷凝，其余的各塔不需要外界提供能量，以达到节能的目的。

一般来说，多效精馏的节能效果是以其效数来决定的。从理论上讲，与单塔相比，由双塔组成的双效精馏的节能效果为 50%，而三效精馏的节能效果为 67%，对于 N 效精馏，其节能效果可用式（6 – 3）来表示：

$$\eta = \frac{N-1}{N} \times 100\% \tag{6 – 3}$$

式中 η——节能效果

     N——多效精馏的效数

所以在实际化工生产过程中采用多效蒸馏节能时,要考虑到节省的能量与增加的设备投资间的关系,同时受到系统临界压力和温度的限制,在效数达到一定程度后,再增加效数时节能效果已不太明显,一般多效精馏的效数为二。双效精馏根据进料方式的不同,可以分为并流型、平流型、逆流型这三种不同的流程。

①并流型:从高压塔进料,所有原料都送至高压塔,低压塔的进料为高压塔的塔底采出(HGL 型)或者塔顶采出(LGH 型)。

②平流型:两塔都有进料,原料送至高、低压两塔中,进料分配可以自由选择,高压塔塔顶蒸汽向低压塔塔釜提供热量,两塔塔顶和塔釜均采出产品。

③逆流型:从低压塔进料,塔底采出作为原料送入高压塔,两塔塔顶均有产品采出,而塔底只有高压塔有产品采出。

双效精馏以其良好的节能效果在工业上得到了广泛的应用。刘保柱针对四氢呋喃的回收提出了双效精馏流程并采用 PRO/Ⅱ 对工艺过程进行模拟,模拟结果表明双效精馏可节约水蒸气 42.3%。石海涛等对 8 万 t/年的甲醇生产过程用三种双效精馏过程分别进行计算,得出在相同生产能力下,逆流型流程得到了较好的节能效果,比单塔流程节约蒸汽加热费用约 30.3%。

(5)热耦精馏 指在设计多个塔时,从某个塔内引出一股液相物流或者气相物流直接作为另一个塔的回流,则某些塔中可以避免使用冷凝器或者再沸器,从而直接实现热量的耦合,也就是一种气液互逆接触来进行物料输送和能量传递的流程。热耦精馏流程主要用于三组分混合物或三组分以上混合物的分离。Petlyuk 首先提出了热耦精馏塔的概念,主要分为完全热耦精馏塔、侧线蒸馏塔和侧线提馏塔这三种类型。完全热耦精馏比传统的两塔流程减少一个再沸器、一个冷凝器。热耦精馏在热力学上是最理想的系统结构,既可节省能耗,又可节省设备投资。计算表明,热耦精馏比两个常规塔精馏可节省能耗 20%~40%。

杨德明针对烷烃分离工艺提出热耦精馏系统,并用大型通用流程模拟系统(Aspen Plus)分别对常规精馏和热耦精馏流程进行了模拟,结果表明热耦精馏可以节约供热量 31.5%,热力学效率也有较大的提高。武昊宇等分析了分离多组分混合物的热耦精馏流程的可行性结构,提出了可以设计任何热力学等效结构的通用简捷设计方法,以五组分醇类混合物的分离为例进行了模拟计算,结果表明用通用简捷设计方法得出的大部分热耦流程比简单塔流程能耗低,更有经济上的优势。

四、夹点技术理论

节能的发展经历了这样几个阶段:第一阶段,主要表现在回收余热,但在此阶段所着眼的不是整个的热回收系统；第二阶段，考虑单个设备的节能，例如多效蒸发，加入热泵装置、减少精馏塔的回流比等；第三阶段，也就是现在所处的阶段，考虑过程系统的节能。要把一个过程工业的工厂设计得能耗最小、费用最小和环境污染最少，就必须把整个系统集成起来作为一个整体来看待，达到整体设计最优化。所以现在已进入过程系统节能的时代，目前过程集成方法中最实用的是夹点技术，夹点技术已成功在世界范围内取得了显著的节能效果。1978 年，英国曼彻斯特科技大学的 B. Linnhoff 在他的博士论文中提出了一种过程系统节能的整体优化设计方法——夹点技术。由于夹点技术能取得明显的节能和降低成本的效果，在世界各国得到普遍重视。20 世纪 80 年代，夹点技术在欧美等工业国家迅速得到推广应用，并取得了显著的经济效益和社会效益。目前欧美等国家已有大型工程的新设计和改造采用了该方法都取得了巨大的经济效益，比如国际知名的如联碳公司（UCC）、帝国化学工业公司（ICI）、壳牌公司（Shell）和通用电器公司（General Electric Company）等均普遍采用夹点技术。近年来我国的一些企业也比较重视夹点技术的应用。清华大学、中国石油大学等单位曾在炼油厂糠醛精制等装置的技术改造中应用夹点技术，并获得明显效益。

1. 夹点技术的特点

夹点技术是以热力学为基础，分析过程系统中能量沿温度的分布，从而发现系统用能的"瓶颈"（Bottleneck）所在，并给以"解瓶颈"（Debottleneck）。夹点技术与其他过程节能方法相比具有简单、直观、实用、灵活等特点。

（1）简单 只需要物料衡算和能量衡算的数据，而不需要其他热力学数据；着重于物理现象的理解，并在此基础上形成各种过程符合夹点技术的设计准则。

（2）直观 由于利用热流级联模型和组合曲线等图形方法表示过程能量降价的特点，使得现有过程评价和新过程的综合都十分直观明了。所取得的效益也直观地反映在公用工程的用量上，使工程技术人员易于理解和利用。

（3）实用 夹点技术可以直接用于新过程的设计和改造技术，还可以与系统优化技术相结合，形成系统的过程设计方法，用于解决相当复杂的过程综合等问题，具有设计结果与实际较为接近等特点。

（4）灵活 根据夹点技术编制的程序能指出能量瓶颈的部分，并针对瓶颈部分提出具体设计，其余部分可由设计者充分发挥。

夹点技术因为具有这些特点被广泛应用于新过程的设计和旧系统的改造，改造后老厂运行能耗平均降低 20% 以上，投资回收期平均少于 2 年。朱建宁针对目前合成甲醇系统的换热网络设计热回收不充分、循环水消耗量大的问题，采用夹点技术结合软件模拟对某煤化工企业现有甲醇合成气生产系统的换热网络进行分析并提出优化建议，蒸汽产出量累计减少约 10.4t/h，可节约循环水约 500m³/h，取得显著节能效果。高峰等利用夹点技术对苯乙烯装置进行分析，对整个苯乙烯装置的 34 种物流划分了 45 个温区，得出苯乙烯装置理论上可以节约热用量 52.9%，冷用量 66.9%。在实际改造中可使苯乙烯装置的总能耗下降 12%。

夹点技术不仅局限于热力学问题，而且广泛地延伸到水系统设计中。水夹点技术的应用对于节约过程工业的新鲜水、大幅减少废水排放量方面优势显著。中油公司大庆石化分公司炼油厂应用水夹点技术确定了全系统最小的新鲜水用量，该项目实施可使该厂用水量节约 59.5%，在获得巨大的经济效益的同时，对解决目前面临的水资源危机意义重大。

2. 夹点技术的基本原理

夹点技术分析是从研究物流的热特性开始的，工艺物流的特性曲线可以用温–焓图（T–H 图）来表示，温–焓图的纵轴为温度（T），横轴为具有热流率单位的焓，在温–焓图上用一线段来表示某物流在某温度区间内相应的焓变化，热物流的走向从高温到低温，冷物流则是从低温到高温。温–焓图中物流线的斜率为物流热容流率（物流的质量流量乘以热容）的倒数。在一个过程生产系统中，通常包含多股热物流和冷物流，在温–焓图上研究一个物流，是研究工作的基础，更重要的是应当把它们有机地组合在一起，对于多股热物流和冷物流可以在温–焓图上将它们合并成相应的冷、热复合曲线，可以形象、直观地描述过程系统的夹点位置，复合曲线是夹点技术分析的有力工具，通过分析冷热复合曲线的相对位置可以得到换热网络设计所需的信息，比如夹点温度、物流在系统中所需要的最大冷热公用工程量 Qc_{max} 和 QH_{max}，以及系统的最大热回收量（QR_{max}）等。在温–焓图上，热复合曲线在左上方，冷复合曲线在右下方，冷热复合曲线水平移动时，并不改变物流的温位和热变化量，沿 H 轴平移冷组合曲线使之靠近热组合曲线，在这个过程中各处的传热温差逐步变小，直到某一部位的传热温差达到最小传热温差，该处即为夹点，这个最小传热温差为夹点温差。

3. 最优夹点温差的确定

对于一个给定的夹点温差，可以确定一个夹点，对于不同的夹点温差，会产生不同的夹点位置，产生不同的经济效果。夹点温差的大小是一个重要的参数，夹点温差越小，热回收量越多，所需的冷热公用工程量越小，但同时却会增大换热面积，导致网络投资费用的增加，所以会存在一个使总费用目标最小的最优夹点温差。

确定夹点温差的方法大致有三类：

（1）根据公用工程和换热设备的价格、传热系数、操作弹性等因素的影响来综合考虑，然后根据经验确定。

（2）在不同的夹点温差下，综合出不同的换热网络，比较各网络的总费用，选取总费用最低的网络所对应的夹点温差。

（3）在网络综合之前，根据冷热复合曲线，通过数学优化估算最优夹点温差，步骤分为以下几步：

① 在换热网络中存在一个热力学限制点即夹点，此处的冷热传热温差最小，夹点限制了能量的进一步回收，构成了系统用能的"瓶颈"所在。如果要继续增大系统能量的回收，就必须改善夹点，即"解瓶颈"。

② 夹点处过程系统的热流量为零，它把过程系统分为两个独立的子系统。

夹点上方为热端（温位高），只需要加热公用工程，称为热阱；夹点下方为冷端（温位低），只需要冷却公用工程，称为热源。夹点温差优化搜索输出设计目标是物流数据、费用参数计算、最小公用工程用量计算、最小换热单元数目计算、最小换热面积计算、总费用优化判断，对夹点的上下两个子系统分析可知，如果在夹点之上设置冷却器，用冷却公用工程冷却热物流，移去部分热量，则这些热量肯定要由加热公用工程来提供，夹点之上已经供热不足，现在又加入冷却公用工程，则冷热公用工程用量均增加了，造成能量的浪费。同理，如果在夹点之下设置加热器，用加热公用工程加热冷物流，多出的这部分热量肯定要由冷却公用工程来移出，本身夹点之下已经供热过多，现在又加入冷却公用工程，也造成冷热公用工程用量的浪费。如果出现跨越夹点的热量传递，使夹点之上的热物流穿过夹点和夹点下部的冷物流进行热匹配，原来夹点之上的热物流供热不足，夹点之下热物流对冷供热过剩，若穿越夹点的热流量为 Q，则会增加夹点之上热公用工程 Q 的能耗量和夹点之下冷公用工程 Q 的能耗量。所以若想实现系统的最小加热和最小冷却公用工程用量，在设计夹点时必须遵循以下三条原则：

a. 夹点之上应避免设置任何公用工程冷却器。

b. 夹点之下应避免设置任何公用工程加热器。

c. 避免跨越夹点的传热。

第二节　蒸馏与精馏设备

酒精的蒸馏与精馏设备主要有塔器、换热器、罐器和泵等。

一、塔器

塔器主要可分为填料塔和板式塔，如图 6-3 所示。广泛应用于蒸馏、精馏、汽提、吸收和解吸等气液传质过程。酒精精馏中常用的板式塔有筛孔塔板、泡罩塔板、浮阀塔等；填料塔常用的是金属波纹板规整填料。

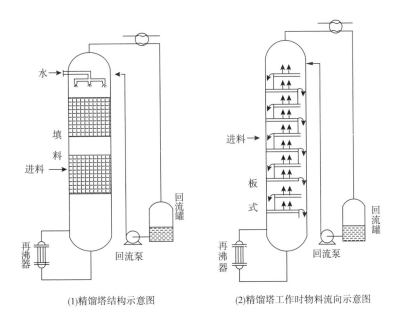

(1)精馏塔结构示意图　　　　　(2)精馏塔工作时物料流向示意图

图6-3　精馏塔

1. 填料塔

填料塔可分为规整填料塔和散装填料塔。散装填料又称颗粒填料，通常以乱堆形式装填在塔内，故也称为乱堆填料。散装填料的材质有金属、陶瓷、塑料等，根据结构形状可分为环形填料、鞍形填料、环鞍形填料、球形填料、其他类型填料等，如图6-4所示。

（1）金属共轭环　　　　（2）金属鲍尔环　　　　（3）金属矩鞍环

（4）金属阶梯环　　　　（5）陶瓷拉西环

图6-4　各种散装填料

规整填料是一种在塔内按均匀几何形状排布、整齐堆砌的填料，在整个塔截面上呈几何形状规则、对称、均匀排布，规定了汽液流路，改善了沟流和壁流现象，压降可以很小，如图 6 - 5 所示。规整填料的材质有金属、塑料、陶瓷、碳纤维等，根据其几何结构可以分为波纹填料、格栅填料、脉冲填料等；根据材质的结构特点可以分为丝网波纹填料、板波纹填料和网孔波纹填料等。

填料塔塔内件主要包括：液体分布装置（图 6 - 6、图 6 - 7）、填料紧固装置（图 6 - 8）、填料支撑装置（图 6 - 9）、液体收集再分布装置、防壁流及进出料装置、气体进料及分布装置、除雾沫装置（图 6 - 10）。

图 6 - 5　规整填料

图 6 - 6　槽盘式液体分布器

图 6 - 7　管式液体分布器

图 6 - 8　丝网除沫填料紧固器

图 6 - 9　填料支撑装置

图 6 - 10　除雾沫装置

2. 板式塔

板式塔以塔板为气液接触的基本构件，气相通过塔板时，穿越板上的液层进行传质过程，如图 6 - 11 所示。板式塔塔内件主要包括塔板、溢流堰、降液管、收液盘、支撑结构等。按照塔板类型分，大致可分为泡罩塔板、筛板塔板、浮阀塔板以及复合型塔板等。

（1）筛板塔板　筛板塔是传统的塔型，筛孔是栅板筛的鼓泡元件，如图6-12所示。筛孔直径可以在很宽的范围内取，一般为3~25mm。筛板塔具有结构简单，易于加工，造价低，处理能力大，塔板效率高的优点；但要求安装塔板要平，塔板不平会造成气液接触不均匀，操作压力要稳定，否则操作不易控制，塔板效率低。

（2）泡罩塔板　泡罩塔板主要由泡罩、溢流堰、降液管等构成。泡罩由固定于塔板上的升气管，支持于升气管顶部的泡罩组成。泡罩的形状有圆形、方形、长方形几种。泡罩周边有齿缝，齿缝有矩形、三角形、梯形3种，梯形齿缝具有在低负荷时有较大齿缝开度、灵活性稍大的特点。操作时泡罩底部浸没于塔板上的液体中，形成密封，气体自上升管上升，流经升气管和泡罩之间的环形通道，再从泡罩齿缝中吹出，进入塔板上的液层中鼓泡传质，如图6-13所示。泡罩塔板在早期的乙醇蒸馏装置中应用较多，现在已经被浮阀塔板所取代。

（3）浮阀塔板　浮阀塔板是一种综合性能非常优良的气液传质元件，如图6-14所示，具有生产能力大、操作弹性大、压降小、结构简单、安装方便、汽液传质效果好、效率高等优点，因此在塔器装备中，得到了广泛的应用，也是乙醇蒸馏装置采用的主要塔型。

该塔板上钻有许多阀孔，作为气流通道，每孔装一浮阀。阀孔直径比浮阀支腿直径稍大，浮阀能在孔中自由上下浮动，上升的气流经过阀片与横流过塔板的液相接触，进行传质。

浮阀的结构型式很多，从宏观上可大致分为圆盘形浮阀、条形浮阀、方形及锥心形浮阀等。其中圆盘形浮阀应用广泛，有V形、T形、A形等型式。

① F-1型浮阀：国外又称为V-1浮阀，是目前国内外应用最多的圆盘形浮阀，如图6-15所示。这种浮阀的阀片和三个阀脚以及起始定距片是整体冲压成型，起始定距片能在阀片关闭时使阀片和塔板间保持2.5mm间隙，以保证气量很少的情况下气体能顺利地通过阀片间隙均匀分布，同样可以防止由于介质黏性问题引起浮阀与塔板的粘连。由于浮阀能在阀孔内自由升降，可以根据气量的变化调节开度，避免液体从阀孔泄漏。F-1浮阀分为轻型和重型两种，分别表示为F-1Q和F-1Z。

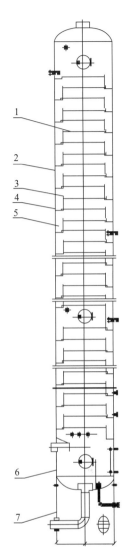

图6-11　板式塔

1—塔板　2—塔体

3—液溢流堰　4—受液盘

5—降液管　6—塔釜

7—裙座

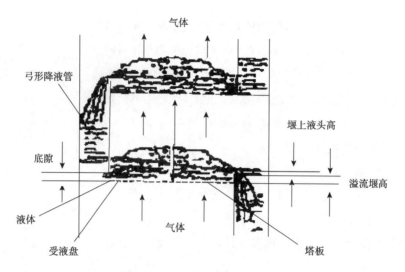

图6-12 筛板塔及气液流动示意图

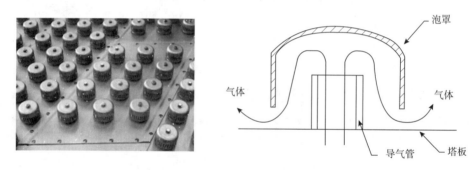

图6-13 泡罩塔板及蒸汽流动示意图

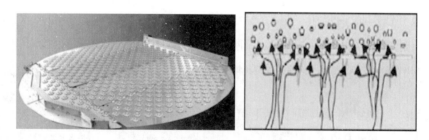

图6-14 浮阀塔板及塔板鼓泡状态

图6-15 F-1型浮阀

图6-16 ADV浮阀

② ADV 浮阀：是在 F-1 型浮阀的基础上开发的新型浮阀，如图 6-16 所示。浮阀顶部的三个切口，为气体提供了更多的通道，避免常规浮阀顶部的死区，强化气液接触，因此可同时提高塔板的处理能力和分离效率。

根据原料成熟醪和酒精的特点以及塔的功能，粗馏塔、脱醛塔、水洗塔一般采用板式塔，精馏塔采用板式塔或板式和填料组合的形式，甲醇塔和含杂馏分处理塔可采用板式塔，也可采用填料塔。

二、 换热器

换热器是一种实现物料之间热量传递的节能设备，按照传热原理分类，可分为两种。

（1）无相变传热　一般分为加热器（或者预热器）和冷却器。

（2）有相变传热　一般分为冷凝器和再沸器。再沸器又分为虹吸式再沸器、强制循环再沸器、蒸发器、釜式再沸器等。

酒精蒸馏用换热器按照结构型式分类，大致可分为以下两种。

1. 管壳式换热器

管壳式换热器是把管板与换热管连接，再通过壳体固定，如图 6-17 所示。结构型式大致可分为：固定管板式、U 形管式、外填料函式、填料函滑动管板式等，具体采用何种型式，要根据介质物性、换热要求、操作环境、投资维护等方面综合考虑。

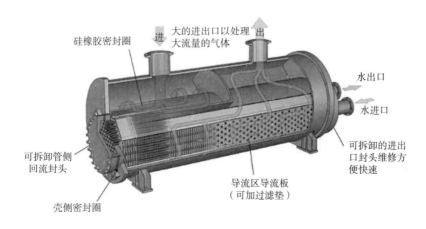

图 6-17　管壳式换热器

固定管板式换热器因其结构简单，制造成本低，规格范围广，在酒精生产企业得到了广泛应用。固定管板式换热器是由壳体、换热管、管板、折流板、拉杆、管厢、封头、接管口、支撑件等组成。在热膨胀之差较大时，需要考虑在壳体上设置膨胀节。换热器是利用管子使其内外的介质进行热交换、冷却、冷凝、加热及蒸发等过程的装置。

换热管内与管厢空间形成管程，管程数可根据介质流量、物性、换热要求、设备大小等而定，管子外壁与折流板及壳体的空间形成壳程。壳程一般为单流程。

2. 板式换热器

板式换热器是由一系列具有一定波纹形状或其他形式的金属薄片，按照一定间隔，通过垫片压紧叠装而成的一种新型高效换热器，如图6-18所示。各种板片之间形成薄矩形通道，通过板片进行热量交换。板式换热器是液-液、液-气进行热交换的理想设备。它具有换热效率高、热损失小、结构紧凑轻巧、占地面积小、安装清洗方便、应用广泛、使用寿命长等特点，又由于流体在换热器中进行并流、逆流、错流都可以，还可以根据传热量的大小进行增减板片数量，因此适应性较强。

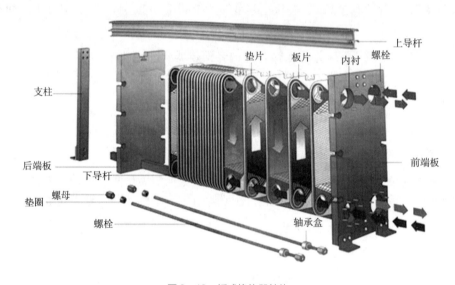

图6-18　板式换热器结构

按照结构型式可分为可拆式板式换热器、焊接板式换热器。按照通道间距又可分为宽流道板式换热器、普通板式换热器。酒精工厂使用较多的是可拆式普通板式换热器、可拆式宽流道板式换热器。洁净物料的换热，一般采用可拆式普通板式换热器，如酒精的冷却。带固形物颗粒的物料的换热，一般需要考虑采用可拆式宽流道板式换热器，如粗馏塔废糟液与成熟醪液的换热。

三、泵

泵是一种能量转换机械。化工流程泵的品种非常多，按其工作原理可分为叶片泵，如离心泵、轴流泵、混流泵、旋涡泵等；容积泵，如往复泵（包括柱塞泵、活塞泵、隔膜泵等）；回转泵（包括螺杆泵、液环泵、齿轮泵、滑片泵、罗茨泵、径向柱塞泵等）；其他类型泵，如喷射泵、电磁泵等。化工离心泵是进行液体输送的机械，它通过叶轮使流经叶轮的液体受到离心力的作用，提高液体的机械能，从而进行液体输送，它是一个增加液体能量的设备。离心泵的主要性能参数有转速、流量、压头（或称为扬程）、轴功率、效率、汽蚀余量等。

真空泵是从设备容器中抽气，加压后排向大气的压缩机，即产生真空的设备。真空泵的主要性能参数有极限剩余压力和抽气速率。真空泵类型有往复真空泵、旋转真空泵、喷射泵等。用于酒精蒸馏装置粗馏塔真空系统的真空泵多为水环真空泵，属于旋转真空泵，以水为介质。

四、 仪器仪表

仪器仪表是用于检出、测量、观察、计算各种物理量、物质成分、物性参数等的器具或设备，如测温仪、压力表、流量计等。仪器仪表也可具有自动控制、报警、信号传递和数据处理等功能，例如用于工业生产过程自动控制中的气动调节仪表和电动调节仪表，以及集散型仪表控制系统皆属于仪器仪表。

1. 热电偶测温原理

热电偶是根据热电效应进行测温。根据热电效应，任何两种不同的导体或半导体组

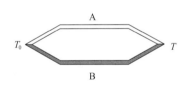

图 6 - 19　热电效应

成的闭合回路，如图 6 - 19 所示，如果将它们的两个接点分别置于温度各为 T 及 T_0 的热源中，则在该回路内就会产生热电势。这两种不同导体或半导体的组合称为热电极。两个接点中，T 端称为工作端（假定该端置于被测的热源中），又称测量端或热端；T 为热电偶。每根单独的导体 0 端称为自由端，又称参考端或冷端。

由热电效应可知，闭合回路中所产生的热电势由两部分组成，图 6 - 19 热电效应即接触电势和温差电势。实验结果表明，接触电势比温差电势小很多，可忽略不计，则热电偶的电势可表示为式（6 - 4）：

$$E_{AB}(T, T_0) = e_{AB}(T) - e_{AB}(T_0) \tag{6-4}$$

这就是热电偶测温的基本公式。

当 T_0 为一定时，$e_{AB}(T_0) = C$ 为常数。则对确定的热电偶电极，其总电势就只与温度 T 呈单函数关系，即式（6 - 5）：

$$E_{AB}(T, T_0) = e_{AB}(T) - C \tag{6-5}$$

根据国际温度标准规定：$T_0 = 0℃$ 时，用实验的方法测出各种不同热电极组合的热电偶在不同的工作温度下所产生的热电势值，列成一张张表格，这就是常说的分度表。温度与热电势之间的关系也可以用函数式表示，称为参考函数。

2. 热电阻测温原理

电阻的热效应早已被人们所认识,即电阻体的阻值随温度的升高而增加或减小。从电阻随温度的变化原理来看,大部分的导体或半导体都有这种性质,但作为温度检测元件,这些材料应满足以下这些要求:

(1) 要有尽可能大而且稳定的电阻温度系数。

(2) 电阻率要大,以便在同样灵敏度下减小元件的尺寸。

(3) 电阻值随温度变化要有单值函数关系,最好呈线性关系。

(4) 在电阻的使用温度范围内,其化学和物理性能稳定,并且材料复制性好,价格尽可能便宜。

能用作温度检测元件的电阻体称为热电阻。根据上述要求,目前国际上最常见的热电阻有铂、铜及半导体热敏电阻等。其中铂电阻和铜电阻最为常用,有一套标准的制作要求和分度表、计算公式。金属热电阻值随温度的变化大小用电阻温度系数 α 来表示,其定义为式 (6-6):

$$\alpha = \frac{R_{100} - R_0}{100R_0} \tag{6-6}$$

式中 R_0 和 R_{100} 分别为 0℃ 和 100℃ 时热电阻的电阻值。可见 R_{100}/R_0 越大,α 值也越大,说明温度升高使热电阻的电阻值增加越多。

3. 压力传感器测量原理

压力传感器是压力检测系统的重要组成部分。由各种压力敏感元件将被测信号转换成容易测量的电信号并输出,从而显示压力值,或供控制和报警使用。

压力传感器的种类很多,常用压力传感器有应变式压力传感器、压电式压力传感器、光导纤维压力传感器、差压变送器等。

(1) 应变式压力传感器 把压力的变化转换成电阻值的变化来进行测量。应变片是由金属导体或半导体制成的电阻体,其阻值随压力所产生的应变而变化。对于金属导体,电阻变化率 $\Delta R/R$ 的表达式为式 (6-7):

$$\Delta R/R \approx (1 + 2\mu)\varepsilon \tag{6-7}$$

式中 μ——材料的泊松系数

  ε——应变量

(2) 压电式压力传感器 原理是基于某些晶体材料的压电效应。目前广泛使用的压电材料有石英和钛酸钡等,当这些晶体受压力作用发生机械变形时,在其相对的两个侧面上产生异性电荷,这种现象称为"压电效应"。晶体上所产生的电荷的大小与外部施加的压力成正比,即式 (6-8):

$$q = \eta p \tag{6-8}$$

式中 q——压电量(电荷数)

p——外部施加的压力

η——压电常数

（3）光导纤维压力传感器　与传统压力传感器相比，有其独特的优点：利用光波传导压力信息，不受电磁干扰，电气绝缘好，耐腐蚀，无电火花，可以在高压、易燃易爆的环境中测量压力、流量、液位等。它灵敏度高，体积小，可挠性好，可插入狭窄的空间中进行测量，因此而得到重视，并且得到迅速发展。

（4）差压变送器　电容式差压变送器的外形结构见图6-20。它主要由检测部分和信号变换部分构成，前者的作用是把被测压 Δp 转换成电容量的变化；后者是进一步将电容量的变化转换为电流的变化。

电容式差压变送器检测部分的核心是差动电容器，包括中心测量膜片、正压侧弧形电极、负压侧弧形电极。中心测量膜片分别与正、负压侧弧形电极以及正、负压侧隔离膜片构成封闭室，室中充满灌充液（硅油或氟油），用以传递压力。正、负压侧隔离膜片的外侧分别与正、负压侧法兰构成正、负压测量室。

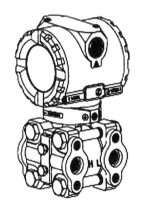

图6-20　电容式差压变送器

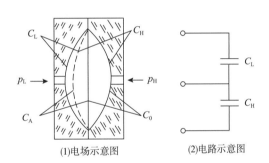

(1)电场示意图　　　　(2)电路示意图

图6-21　电容式差压传感器结构原理图

电容式差压传感器结构原理图如图6-21所示，当正、负压测量室引入被测压力，作用于正、负压侧隔离膜片上时，p_H 和 p_L 通过灌充液的传递分别作用于中心测量膜片的两侧。p_H 和 p_L 的压力差使测量膜片产生位移，从而使测量膜片与其两边的弧形电极的间距发生变化，结果使测量膜片与正压弧侧形电极构成的电容 C_H 减小，而测量膜片与负压侧弧形电极构成的电容 C_L 增加。电容的变化与差压之间的关系见式（6-9）：

$$C_0/C_A = \frac{R\Delta p \ln(d_0/d_b)}{p\{2T\ln[a^2/(a^2-b^2)]\}} \tag{6-9}$$

4. 差压式液位计工作原理

差压式液位计是利用容器内的液位改变时，液柱产生的静压也相应变化的原理而工作的。

差压式液位计的特点如下。

（1）检测元件在容器中几乎不占空间，只需在容器壁上开一个或两个孔即可。

（2）检测元件只有一、两根导压管，结构简单，安装方便，便于操作维护，工作可靠。

（3）采用法兰式差压变送器可以解决高黏度、易凝固、易结晶、腐蚀性、含有悬浮物介质的液位测量问题。

（4）差压式液位计通用性强，可以用来测量液位，也可用来测量压力和流量等参数。

图6-22为差压式液位计测量原理图。当差压计一端接液相，另一端接气相时，根据流体力学原理，如式（6-10）所示。

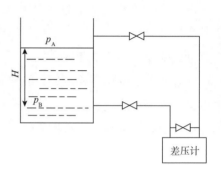

$$p_B = p_A + H\rho g \qquad (6-10)$$

式中　H——液位高度

ρ——被测介质密度

g——被测当地的重力加速度

图6-22　差压式液位计测量原理

由式（6-10）可得：

$$\Delta p = p_B - p_A = H\rho g \qquad (6-11)$$

在一般情况下，被测介质的密度和重力加速度都是已知的，因此，差压计测得的差压与液位的高度 H 成正比，这样就把测量液位高度的问题变成了测量差压的问题。

使用差压计测量液位时，必须注意以下两个问题。

① 遇到含有杂质、结晶、凝聚或易自聚的被测介质，用普通的差压变送器可能引起连接管线的堵塞，此时需要采用法兰式差压变送器。

② 当差压变送器与容器之间安装隔离罐时，需要进行零点迁移。

5. 孔板流量计测量原理

在管道中流动的流体具有动能和位能，在一定条件下这两种能量可以相互转换，但参加转换的能量总和是不变的。应用节流元件测量流量就是利用这个原理来实现的。

根据能量守恒定律及流体连续性原理，节流装置的流程公式可以写成：

体积流量：

$$Q = \alpha \varepsilon F_0 \sqrt{\frac{2\Delta p}{\rho_1}} \qquad (6-12)$$

质量流量：

$$M = \alpha \varepsilon F_0 \sqrt{2\Delta p \cdot \rho_1} \qquad (6-13)$$

式中　M——质量流量，kg/s

Q——体积流量，m²/s

α——流量系数

ε——流束膨胀系数

F_0——节流装置开孔截面积，m^2

ρ_1——流体流经节流元件前的密度，kg/m^3

Δp——节流元件前后压力差，即 $p = p_1 - p_2$，Pa

6. 电磁流量计测量原理

电磁流量计是电磁感应定律的具体应用。其优点是压损极小，可测流量范围大。最大流量与最小流量的比值一般为 20:1 以上，适用的工业管径范围宽，最大可达 3m，输出信号和被测流量成线性，精确度较高，可测量电导率 $\geqslant 5\mu S/cm$ 的酸、碱、盐溶液、水、污水、腐蚀性液体以及泥浆、矿浆、纸浆等的流体流量。但它不能测量气体、蒸汽以及纯净水的流量。当导体在磁场中作切割磁力线运动时，在导体中会产生感应电动势 E，见式（6-14）。感应电动势的大小与导体在磁场中的有效长度 D 及导体在磁场中作垂直于磁场方向运动的速度 v 成正比。同理，导电流体在磁场中在垂直方向流动而切割磁感应力线时，也会在管道两边的电极上产生感应电势。

$$E = BDv \tag{6-14}$$

式中　B——磁感应强度，T

D——导管直径，即导体垂直切割磁力线的长度，m

v——被测介质在磁场中运动的速度，m/s

因体积流量 Q 等于流体流速 v 与管道截面积 A 的乘积，直径为 D 的管道的截面积 $A = \pi D^2/4$，故：

$$Q = \frac{\pi D^2 v}{4} \tag{6-15}$$

将式（6-14）代入式（6-15）中，即得：

$$Q = \frac{\pi DE}{4B} \tag{6-16}$$

由式（6-16）可知，当管道直径 D 和磁感应强度 B 不变时，感应电势 E 与体积流量 Q 之间成正比。但是式（6-16）是在均匀直流磁场条件下导出的，由于直流磁场易使管道中的导电介质发生极化，会影响测量精度，因此工业上常采用交流磁场，$B = B_m\sin\omega t$，得式（6-17）：

$$Q = \frac{\pi DE}{4B_m\sin\omega t} \tag{6-17}$$

式中　ω——交变磁场的角频率

B_m——交变磁场的磁感应强度

第三节　工艺说明和操作

　　发酵成熟醪是一种复杂的混合液，其成分取决于原料的品种以及采用的生产工艺。按目前的生产水平，发酵成熟醪的化学组成一般为：含水约80%（质量分数），乙醇及挥发性杂质10%～13%（质量分数），干物质约6%（质量分数）。另外，还含有一定数量的CO_2。

　　1. 不挥发性杂质

　　玉米粉发酵醪液中的不挥发性杂质主要有酵母菌菌体、不溶性淀粉、玉米粉中的短纤维等不溶性物质，此外还有未发酵的残糖、糊精、残余蛋白质、无机盐、甘油、琥珀酸、乳酸等不挥发性微生物代谢产物。

　　成熟醪液中的不挥发性杂质比较容易除去，这些杂质和醪液中的大部分水在醪塔底部排出，这些被排出的混合物称为酒精糟液。

　　液体发酵产生的酒精糟液数量较大，每生产1t酒精可产生高达12～15t以上的酒精糟液。糟液中有机物含量高，如不经处理直接排放则不仅浪费了这些有机物，而且容易造成环境污染。近年来随着酒精产业的扩大和技术的进步，酒精糟液的综合利用已经取得较大进展：谷物酒糟大多制成蛋白饲料；薯类酒糟则用沼气发酵法处理；糖蜜酒糟制成复合肥。

　　2. 挥发性杂质

　　挥发性杂质主要有杂醇油、醛、酸和酯等，其种类和含量与原料以及工艺有关。甲醇主要来自原料中果胶质的分解；异戊醇、异丁醇和正丙醇是杂醇油的主要成分，是发酵过程中的产物，其含量可达酒精总量的0.3%～0.5%（体积分数）；醛类主要是乙醛，用糖蜜作原料生产的发酵酒精醪液中的乙醛含量较多，约占酒精总量的0.05%（体积分数）；乙酸、丁酸、丙酸、乳酸以及戊酸主要是由发酵过程中的杂菌产生的，含量可占酒精总量的0.005%～0.1%（体积分数）；酯类主要有乙酸乙酯、甲酸乙酯、乙酸甲酯和异丁酸乙酯，总含量约为乙醇的0.05%（体积分数）。

一、蒸馏系统工艺说明

　　1. 粗塔

　　粗塔也称醪塔，其作用是从发酵醪中将酒精和挥发性杂质及一部分水分离出来，并从塔釜排出成熟醪中的固形物、不挥发性杂质和大部分水，也称为酒精糟液。

　　（1）粗馏塔的供料　来自发酵醪工段的成熟醪液经过预热器预热接近泡点后，从粗塔顶部进入。

（2）粗馏塔的加热　可通过粗馏塔再沸器由蒸汽或其他蒸馏塔的酒气间接供热，也可以通入直接蒸汽提供热量。粗馏塔再沸器大多是虹吸式或强制循环式，由酒精糟液作为循环介质，糟液蒸发所产生的蒸汽供热给粗馏塔塔釜，也有些粗馏塔再沸器通过洁净的清液作为传热介质。

（3）发酵成熟醪的粗馏　粗馏塔目前多配置有20层塔板以上，发酵醪从粗馏塔顶部进入，在向塔底降落的过程中，由于蒸汽作用，酒精不断地从成熟醪中挥发出来从粗馏塔顶部排出，粗馏后的废糟液从粗馏塔底部由泵抽出送至废糟处理工段。

（4）粗塔酒精蒸气的冷凝　目前，主流的酒精蒸馏工艺是多塔差压蒸馏工艺，粗馏塔在负压工况下运行。由粗馏塔塔顶排出的酒精蒸气，先经成熟醪预热器预热成熟醪进料后被部分冷凝，还没有被冷凝下来的酒精蒸气再次通过粗馏塔冷凝系统用循环水进行冷却，产生的冷凝液暂存在粗酒罐中。

2. 水洗塔

水洗塔也称稀释塔、水萃取塔，水洗塔的作用是把来自粗塔、精馏塔或含杂馏分处理塔的浓度较高的粗酒精通过加水稀释萃取蒸馏，进一步除去粗酒精中的头级和中级杂质。因为在较低的酒精浓度下，中级杂质的精馏系数>1，异戊醇、异丁醇和正丙醇大量聚集在水洗塔顶部，在塔顶采出一定数量的冷凝液来清除掉头级和中级杂质。

水洗塔多设计为50层塔板，物料从水洗塔中部进入，稀释用水从水洗塔顶部进入。水洗塔塔顶部酒精浓度控制在30%～35%（体积分数），底部酒精浓度控制在12%～15%（体积分数）。

3. 精馏塔

精馏塔的作用是排除一部分头级和中级杂质、提高酒精的浓度并采出富含杂醇油的酒精。精馏塔在蒸馏系统中塔板层数最多，目前蒸馏系统中精馏塔塔板层数多设计为65层以上。

来自水洗塔稀释后的酒精或粗酒精从精馏塔中下部进料。精馏塔的加热热源为来自锅炉的一次蒸气直接或通过精馏塔再沸器间接供热。多塔差压系统中，精馏塔塔顶酒精蒸气为其他塔提供热源，塔釜排放高温热水经闪蒸处理产生的二次蒸汽也可供其他蒸馏塔作为热源，处理后的热水可供水洗塔作为稀释用水，这样既节水又节能。

在精馏塔进料层上第2～6层板会聚集部分低油，在低油区上6层塔板会聚集大量中油，在中油区上、采酒区下的区域会聚集大量高油，通过在低油区、中油区和高油区采出部分酒精溶液的方法，来保证采酒区采出酒精溶液的理化指标符合标准。

4. 甲醇塔

甲醇塔也称脱甲醇塔，甲醇塔的主要作用是脱除精馏塔采出的半成品酒精中的甲醇以及其他一些低沸点杂质。

由甲醇的分离理论可知：甲醇的精馏系数随酒精浓度的增加而变大，所以甲醇的理想分离应该在高酒精浓度下进行。

从精馏塔来的95.5%（体积分数）以上的酒精从甲醇塔中部进入，从甲醇塔顶部采出富含甲醇的工业酒精，脱甲醇后的酒精溶液从甲醇塔底部采出。通过甲醇塔脱甲醇后的酒精中甲醇含量明显降低，酒精的硫酸试验、氧化时间都明显提高；中级杂质、乙醛等也有较大幅度降低；酒精的酸度也明显降低。

二、 单元操作

1. 开机前的准备工作

（1）新建装置第一次投入使用，需要进行水压试验。

（2）全面细致地检查所有设备、阀门、仪表等是否符合要求。

（3）通过设备单机运转，将所有的泵加满机油，发现问题及时检修。

（4）清理现场，拆除安装及装修时搭架，搬走杂物，确保操作现场畅通、整洁。

（5）对仪器、仪表进行核正和标识。

（6）检查工艺管路的阀门，排污阀、排空阀是否在正常位置。

（7）通知生产调度，按计划按时供应水、电、汽、压缩空气、发酵成熟醪等。一定要确保水、电、汽和醪料的稳定供给。

2. 装置汽水联动

（1）塔的灌注

① 粗馏塔的灌注：通过进料管线向粗馏塔注水直至塔釜液位为2/3，停止向粗塔注水。

② 水洗塔的灌注：先通过粗酒暂贮罐加一次水，启动粗酒泵向水洗塔供水，使水洗塔的液位保持在2/3。

③ 精馏塔的灌注：通过向精馏塔回流罐加一次水，启动精塔回流泵向精塔供水，使塔的液位保持在2/3。

④ 甲醇塔的灌注：通过向回流罐加水来完成。蒸馏系统试压合格后的甲醇塔在系统投料生产前应将甲醇塔系统的水全部排除（打开排空阀），并通过回流罐向甲醇塔注入浓度96%（体积分数）以上的优级酒精，使塔釜液位为100%。在进料蒸馏后，应及时补充，使液位保持在60%～70%。

（2）粗馏塔真空系统的形成　关闭与真空系统有关的放空阀，将真空泵水阀开少量，启动真空泵，使粗塔塔顶的真空稳定到设计值的准备加热。

（3）塔的加热

① 开启蒸汽管路：打开蒸汽总管路及各分管最低处的排水阀，关闭车间的进汽总阀及各用汽单元的阀门，然后缓慢送汽。以车间入口处蒸汽压力表显示 0.20MPa 为宜。在此压力下，将蒸汽管道中的冷凝水排除。用同样方法处理车间内的蒸汽管道，然后，打开各疏水阀的前后门，关闭排水阀。再逐渐升压到工作压力。

② 排汽：打开各塔顶部的排气阀、再沸器的排不凝汽阀，微开进气阀，在不发生明显汽锤现象的前提下，缓慢将塔内空气排出。

在各塔升温之前要使冷凝系统正常运转。

③ 精馏塔的升温：先打开蒸汽的旁路以加热下游回路，然后再逐渐开启自动阀2% ~ 20%，再打开自动阀前后阀，缓慢开启调节阀预热再沸器，使塔缓慢升温，当大量有压气体从塔顶排出时，关闭不凝汽阀、排污阀。精塔升温时，要缓慢向塔内补水，以保证液位正常精塔的液位不会下降。当回流罐液位达到60%时，开启回流泵，并保持液位，使精馏塔保持正常状态。

④ 水洗塔的升温：打开水洗塔再沸器的排不凝汽管让空气排净，随着精馏塔的正常升温，水洗塔也逐步进入正常工作状态。在整个升温过程中，要不断补充水洗塔的液位，使水洗塔在正常运行时可保持2/3 的液位，当回流罐液位达到2/3 时，开启回流泵，并保持液位，使水洗塔保持正常状态。

⑤ 甲醇塔的升温：打开甲醇塔再沸器的排不凝汽阀排净里面的空气，随着精馏塔的升温，甲醇塔逐步进入工作状态。在整个升温过程中，要不断补充甲醇塔的液位，使甲醇塔在正常运行时可保持60%的液位，当回流罐液位达到60%时，开启回流泵，并保持液位，使甲醇塔保持正常状态。

⑥ 粗馏塔升温：在粗馏塔加热前，要先使塔的再沸器循环系统和真空系统运转正常，随着精馏塔、水洗塔和甲醇塔的升温，塔的温度、压力会随着趋于正常。

第四节　操作规程

以四塔差压蒸馏装置生产优级酒精工艺为案例，掌握正常开停车操作、紧急状态停车操作、工艺装置的运行操作等。

图 6 – 23 为四塔差压生产优级酒精的工艺流程，由粗馏塔、水洗塔、精馏塔和甲醇塔组成，差压配置为精馏塔与水洗塔和甲醇塔差压，水洗塔和甲醇塔与粗馏塔差压。

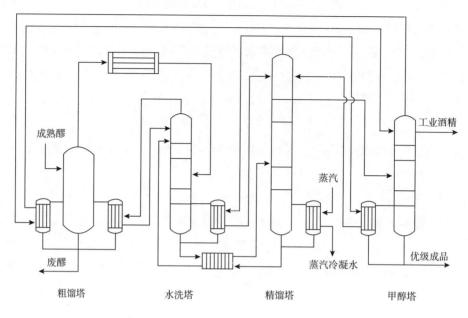

图 6 -23　四塔差压酒精蒸馏工艺

一、装置投料试机

（1）在进料之前，对全系统再进行一次认真检查，确认无误后，与发酵工段、废槽处理工段等有关部门联系后方可进料。

（2）粗馏塔进料时，停止通过进料管向粗馏塔进水，醪液通过成熟醪预热器入粗馏塔的顶部，正常生产时温度不低于 60℃，密切观察粗馏塔的工作状态，控制粗塔废槽液中的酒精含量要≤0.05%。

（3）含有部分水的酒精蒸气从粗馏塔顶部挥发出来，经成熟醪预热器和粗馏塔冷凝系统冷凝，未冷凝的酯类、醛类杂质由真空系统抽出。

（4）冷凝液粗酒精经粗酒预热器预热后进入水洗塔中部。

（5）水洗塔顶部酒精蒸气冷凝液采出部分富含头级和中级杂质的酒精后回流，由水洗塔底部采出稀释后的淡酒精，经预热后进入精馏塔中下部。

（6）观察和调节精馏塔上、中、下各点的温度及压力，当稳定操作时开启采杂点。低级油从精馏塔的 19 ~ 23 板取出经计量后去杂醇油分层器分油后进入杂酒罐。

（7）从精馏塔进料层上 2 ~ 6 层采出低油去杂醇油分离器，从中油区和高油区分别采出富含杂质的酒精溶液去含杂馏分处理塔。

（8）从精馏塔的巴氏区采出酒液，经计量后送入甲醇塔。

（9）要控制精馏塔底废水的酒精浓度≤0.03%。

（10）进料过程中，经常测量精馏塔回流液的浓度，酒精浓度≤95%（体积分数）时全部回流，酒精浓度≥95.6%（体积分数）时采出酒精进入甲醇塔的中部，甲醇塔富含甲醇的末冷回流液中部分作工业酒精采出，脱甲醇后的酒精则从塔底引出。

（11）在未进入精馏酒精甲醇塔之前，全部回流。

二、 装置停机

（1）短时计划停车

① 通知废水处理车间，供汽、供电、供风等有关部门。

② 粗馏塔先停止进发酵醪，以水代料，检查粗馏塔塔底废液直至废液无料。

③ 关闭精馏塔采酒口、采油口和底部的废水排除口。

④ 关闭甲醇塔底部的出酒口。

⑤ 停开真空泵，并按以上顺序停开有关输送泵。

⑥ 关闭各进汽阀门。

⑦ 待各塔顶压力（表压）接近零时，停止进冷却水并打开放空阀。

⑧ 停车期间，要对粗馏塔系统的预热器和再沸器进行认真清洗。

（2）长时间计划停车

① 与短时计划停车不同的是，必须排除系统的酒精，以免发生事故。故在停机之前，粗馏塔须持续蒸水。

② 精馏塔、甲醇塔产生的低度酒精可采入工业酒精罐，然后转至低度酒储罐或发酵罐，待下次开机时重蒸。

③ 蒸水过程必须使系统内的所有管路、泵、阀门都能得到清洗。当各取样点测试含酒精小于0.02%时即可停机、停汽。步骤同上。

（3）意外停车 当由于水、电、汽等原因造成意外停车时，要保证设备的安全，避免或减少因物料的外泄造成对人身安全的威胁及浪费损失。

① 突然停水，使粗馏塔、甲醇塔的冷凝器组无法运行，系统压力升高，立即关闭精塔进汽阀门，同时通知车间人员关闭现场蒸汽阀门，同时立即关闭成熟醪进料阀，进水冲洗醪液预热器，关闭各塔底所有可跑酒的阀门。若压力过高，还应打开塔的排空阀泄压。

② 突然停电（往往伴有突然停风），此时所有泵停转，仪表失灵，此时应立即关闭成熟醪进料阀、进汽阀和各塔底所有可跑酒的阀门。观察现场压力表，适时打开各塔的排空阀，防止系统出现负压，造成设备失稳。

③ 突然停汽，此时各塔塔板上液体迅速下压，此时应立即关闭成熟醪进料阀并进水冲洗醪液预热器并关闭各塔底所有可逃酒的阀门。观察现场压力表，适时打开各塔的

排空阀，防止系统出现负压，造成设备失稳。

第五节   典型工艺实例

一、 两塔蒸馏工艺流程

图6-24所示为两塔酒精蒸馏流程，配置有粗馏塔和精馏塔两个塔。成熟醪液通过预热器预热后从粗馏塔顶层进料，酒气从粗馏塔顶分离出来，预热成熟醪液后，再由冷凝器冷凝，冷凝液（即粗酒液）被送往精馏塔进一步提浓和分离杂质，脱除乙醇后的酒精废糟液从粗馏塔底排出。从精馏塔顶巴氏区引出已排除部分杂质的酒精溶液作为成品。在塔进料层以上附近塔板区域提取富含杂醇油的杂酒，经过杂醇油分离提取杂醇油，精馏塔塔顶酒气可去粗馏塔再沸器加热粗馏塔或者去醪液预热器预热成熟醪液，其冷凝液回流到精馏塔塔顶。

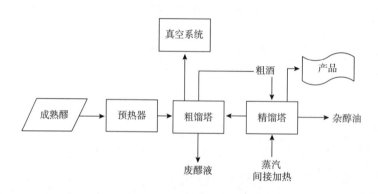

图6-24 两塔蒸馏工艺流程图

从粗馏塔顶部排出的粗酒进入精馏塔有两种方式：一种是以气态直接进入精馏塔，称为气相过塔式；另一种是先冷凝成液体，再通过泵送入精馏塔，称为液相过塔式。气相过塔式可以节省能源，液相过塔式可排除更多杂质。

可以从精馏塔进料层上几层塔板采出富含杂醇油的酒液去杂醇油分离器。

成品一般从精馏塔巴氏区，即精馏塔顶层以下3~4层塔板上采出至成品冷却器冷却为成品。

两塔连续蒸馏流程具有设备简单、操作稳定、可提取杂醇油和排除部分杂质、投资和生产费用低等特点，适合小规模生产企业采用。

二、 双粗塔差压蒸馏工艺流程

图 6 - 25 所示为双粗塔差压蒸馏工艺流程，是由粗馏塔、组合塔、精馏塔三塔组合而成。

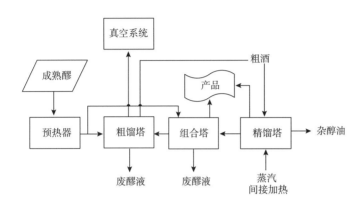

图 6 - 25　双粗塔差压蒸馏工艺流程图

精馏塔用来自锅炉的一次蒸汽直接加热，或通过精馏塔再沸器间接加热；精馏塔塔顶酒气通过再沸器间接加热组合塔，组合塔酒气间接加热粗馏塔；粗馏塔顶部酒气和底部废糟液预热成熟醪，精馏塔废水预热粗酒。

双粗塔工艺流程为：来自发酵工段的成熟醪经粗馏塔顶酒气和废糟预热后，进入粗馏塔内进行脱醛、脱汽处理，处理后的成熟醪液分别进入粗馏塔及组合塔粗馏段。组合塔粗馏段顶部酒气进入组合塔精馏段，组合塔精馏段底部采出的淡酒与精馏塔加热组合塔冷凝下来的酒液换热后进入精塔；同时，粗酒液、杂醇油淡酒和杂酒等汇集进入粗酒罐，粗酒经精馏塔废水预热后也进入精馏塔进行浓缩处理，精馏塔冷凝液一部分回流到精馏塔顶部，另一部分采出进入组合塔顶部，从组合塔巴氏区采出合格的普级酒精，经成品冷却器冷却后进入普级酒精成品罐，或者从组合塔塔顶抽出 95%（体积分数）的酒精蒸气去分子筛进行脱水处理生产无水乙醇。

另外从组合塔和精馏塔中部抽取的含杂醇油酒精送入杂醇油分离器进行分离，分离出的杂醇油去杂醇油贮罐，低浓度酒精送入粗酒罐。

该蒸馏系统精馏塔和组合塔为加压操作，粗塔为负压操作。

三、 三塔差压蒸馏工艺流程

图 6 - 26 所示为三塔差压蒸馏工艺流程，三塔差压蒸馏工艺配置有粗馏塔、精馏

塔、甲醇塔。发酵成熟醪经过醪液预热器预热后在粗馏塔顶部进料。成熟醪在粗馏塔中下行的同时被塔底蒸汽加热，酒气上行与废醪液分离，顶部分离出的酒气进入预热器部分冷凝；未冷凝的气体进入冷凝器冷凝，冷凝液通过精馏塔废水间接加热后给精馏塔进料。废醪液在粗馏塔底部被排出，预热成熟醪后送去污水处理，粗馏塔通过两个粗馏塔再沸器分别由精馏塔顶酒气和甲醇塔顶酒气供热，粗馏塔是在负压下工作的，负压是真空泵通过冷凝器组连接产生的。

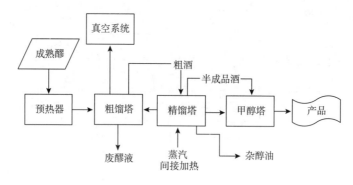

图6-26   三塔差压蒸馏工艺流程图

来自粗馏塔的粗酒进入精馏塔进料层，在逐渐浓缩的同时，甲醇、醛等头级杂质随酒精蒸气上升至塔顶，在精馏塔低油区采出部分杂酒后送入杂醇油分离器；在高油层塔板采出富含杂质的酒液送去工业酒精罐；头级杂质则由取出部分回流液作工业酒精的方法排除。从精馏塔巴氏区采出酒精度为95%（体积分数）以上的半成品酒液进入甲醇塔。精馏塔塔顶酒气给粗馏塔和甲醇塔供热，冷凝液采出小部分工业酒精后回流。精馏塔塔釜废热水预热粗酒后外排或去液化工序拌料。精馏塔的加热方式是用新鲜蒸汽直接或通过再沸器间接加热。

甲醇塔是正压蒸馏，来自精馏塔的半成品酒精在甲醇塔的中部进入，甲醇塔的加热方式是用精馏塔顶酒气通过再沸器间接加热。脱甲醇后的成品从甲醇塔底部采出。

四、多塔式酒精连续蒸馏流程

多塔式酒精连续蒸馏流程由四塔、五塔或者六塔组成。四塔差压蒸馏工艺流程由粗馏塔、脱醛塔（或水洗塔）、精馏塔、甲醇塔（或含杂馏分处理塔）组成。五塔差压蒸馏工艺流程由粗馏塔、脱醛塔（或水洗塔）、精馏塔、脱甲醇塔、含杂馏分处理塔（或杂醇油塔）组成；六塔差压蒸馏工艺流程由粗馏塔、粗辅塔、脱醛塔（水洗塔）、精馏塔、脱甲醇塔、含杂馏分处理塔（或杂醇油塔）组成。工艺流程配置一般是根据产品的具体要求进行设置。

第六节　故障处理

在蒸馏生产过程中，会遇到各种各样的生产问题，如不及时处理，将会影响正常生产。以三塔差压蒸馏工艺流程为例，蒸馏中一些常见的异常现象，以及现象发生原因和处理方法见表6－1。

表6－1　　　　　　　　　　　异常现象、发生原因及处理办法

事故名称	发生原因	处理方法
粗馏塔塔底跑酒	① 进醪量过多或不稳 ② 真空度偏低 ③ 塔釜温度偏低，塔釜热负荷不够 ④ 塔釜液位太高 ⑤ 进醪温度偏低	① 控制稳定进醪量 ② 检查冷却水系统是否出现故障，设备及管路是否漏气，提高真空度 ③ 加大精馏塔进汽量 ④ 加大排糟量，降低塔釜液位 ⑤ 检查醪液预热器，提高预热温度
精馏塔塔底跑酒	① 进汽量偏小，塔底温偏低 ② 塔内积酒过多，中温下降 ③ 塔釜内液位太高 ④ 塔顶憋压，蒸汽加入不畅 ⑤ 进料量偏多	① 适当加大进汽量，提高底温 ② 适当加大成品提取量 ③ 控制塔釜液位，加大排废水量 ④ 检查各塔加热情况，保证各塔温度压力在合理范围内 ⑤ 减少成熟醪的进料量
冷凝器跑酒	① 冷却水量不足 ② 冷凝器积垢 ③ 塔顶温度过高 ④ 加热蒸汽过大	① 加大冷却水量 ② 停机后加以清洗，控制冷却水的质量 ③ 降低塔顶温度 ④ 适当减少用汽量
降液管液泛	① 入汽过大，塔压过高 ② 入料过速 ③ 塔内存酒过多 ④ 废液排出不畅 ⑤ 塔板可能脱落	① 减少入汽量 ② 减慢入料速度 ③ 加大采酒量 ④ 排除废液泵故障 ⑤ 如果严重液泛，则需要停车检查
粗酒过黄	① 塔釜热负荷过大 ② 塔温塔压不稳 ③ 进醪量不稳 ④ 进醪量过大 ⑤ 塔顶汽液分离空间不够	① 减少精馏塔的用汽量 ② 稳定塔温塔压 ③ 稳定进醪 ④ 适当减少进醪量 ⑤ 增大塔顶空间距离

续表

事故名称	发生原因	处理方法
成品酒浓度偏低	① 精馏塔采酒量偏大 ② 回流比偏少 ③ 冷凝或冷却器漏水	① 减少精馏塔采酒量 ② 增加精馏塔进汽量，加大回流比 ③ 修复冷凝器或冷却器
成品酒浓度偏高	① 精馏塔采酒量偏小 ② 回流比太大 ③ 成熟醪中酒精组分突增	① 适度增加精馏塔采酒量 ② 减少回流比 ③ 适当增加产量
成品酒质量不合格	① 成熟醪质量差，杂菌感染严重，发酵不完全 ② 蒸馏杂质分离不好	① 采取措施，加强检查，改善发酵状况，提高成熟醪质量 ② 稳定操作，保证采油顺畅，控制塔顶各级末冷温度，有利排尾
冷却水、蒸汽不够	① 水温高，上水压低 ② 锅炉供汽不足，压力降低	① 通知循环水站增大供水，或补充低温一次水，以降低上水温度 ② 通知锅炉增加供汽量，提高压力
真空系统不正常	① 真空度下降 ② 真空吸入管真空度正常，但粗馏塔的真空度却突然下降，且速度很快，甚至最后降至0，原因是粗酒罐液位满罐，以至液位上到冷凝器，产生液封作用 ③ 真空泵抽吸力不够，或真空泵用水温度偏高	① 加大粗馏塔冷凝器冷却水量，使粗塔末级冷凝器出口水温不超过35℃ ② 开大粗酒泵抽出量，使粗馏塔回流罐液位正常 ③ 真空泵轴密封不好，降低真空泵用水温度

一、 电器故障

当系统突然停电时，如果短时间内能恢复供电，且蒸汽、仪表风和循环水能保证正常供应，首先减小蒸汽供应，并立即用手动调节阀切断各塔进料。恢复供电后，操作人员应重新启动泵，建立各塔平衡后逐步将各控制点调至正常状态，恢复正常操作。如果不能短时间内恢复供电，应立即切断各塔所有进出料阀门，并停止各塔蒸汽供给，随时监测各塔压力，必要时打开放空阀泄压。现场巡检是否存在由于突然停泵而对泵出口造成损坏的情况，就地关闭各泵的进出料阀门。

二、 蒸汽故障

当系统停止蒸汽供应时，应立即停止进料，并停掉各塔进出料泵，各塔自身循环；

及时调整塔顶冷凝器的冷却水量，保证塔的操作压力维持在设计范围，必要时关闭冷却水。随时监测各塔操作状态，必要时打开各塔放空管线。防止设备形成真空，关闭各塔直接蒸汽阀门，并打开疏水器排除存水。

三、冷却水故障

当系统冷却水出现故障时，应立即停掉各塔的加热蒸汽，停止进料。关闭各塔进出料阀门，停掉各塔回流泵及进出料泵，尽量维持系统的温度和压力，直至冷却水正常供应。随时监测各塔操作状态，如果出现塔严重超压现象，打开放空阀泄压。

四、仪表风故障（包括仪表风压力降至0.3MPa以下）

当系统仪表风出现问题时，将所有的自动操作改为现场手动调节或使用现场旁通，必要时减少各塔蒸汽供给量，停止进料，关闭所有塔进出料阀门，使塔处于保压状态，待压缩空气正常后恢复操作。

第七节　蒸馏工艺操作规程及工艺控制指标

以夏季大检修期结束首次开机为例。

通知生产调度，按时供应水、电、汽、压缩空气、发酵成熟醪，确保水、电、汽、压缩空气、发酵成熟醪稳定供给。

打开蒸汽总管路最低处的排水阀，关闭车间的进汽总阀及各用汽单元的阀门，缓慢送汽。以车间入口处蒸汽压力表显示0.20MPa为宜，在此压力下，将蒸汽管道中的冷凝水排除。

精馏塔的升温：先打开蒸汽旁路以加热下游回路，然后再开启自动阀至开度2%～20%，再打开自动阀前后阀，缓慢开启调节阀预热再沸器，使塔缓慢升温，当有大量有压气体从塔顶排出时，关闭不凝汽阀。精馏塔升温时，要向塔内补水，以保证液位正常。当回流罐液位达到60%时，开启回流泵，并保持液位，使精馏塔保持正常状态。

当精馏塔趋于正常状态时，启动粗馏塔循环泵，随着精馏塔的升温，粗馏塔、水洗塔的温度、压力会随着趋于正常，当回流罐液位达到40%以上时，开启回流泵。

随着水洗塔的正常升温，脱醛塔、甲醇塔也逐渐进入正常工作状态，在整个升温过程中要使甲醇塔保持60%的液位显示。

回收塔升温，缓慢开启蒸汽阀，以塔内无响声为好，当底温升至110℃，调节阀设置为自动状态，回流罐液位达到60%时启动泵打回流。

当水洗塔、回收塔有大量有压气体从塔顶排出时，关闭不凝汽阀，关闭与真空系统有关的排空阀，启动真空泵，使粗塔顶的真空度达到-60kPa。

打开有关的输送泵，当各塔均已进入工作状态后，以水代料进行运转，打通各个工艺管线，以备进料。

在进料之前，对全系统再进行一次认真检查，确认无误后，与发酵工段、干燥酒糟（DDGS）车间等有关部门联系后方可进料。

粗馏塔进料时，停止通过进料管向粗馏塔进水。醪液通过预热器入塔的第25板，温度不低于60℃，密切观察粗馏塔的工作状态，随时调整，糟液中的酒精含量要≤5%。

在粗馏塔回流液中取部分（或粗酒精）经粗酒精预热器预热后进入水洗塔第24板，含杂酒精聚集塔顶，并从回流液中取部分经计量后去杂醇油分层器或入杂酒罐。脱杂后的淡酒经淡酒预热器预热后入精馏塔第16板。

水洗塔在微负压下工作，真空度由水洗塔回流罐平衡管上的阀门调节。

注意观察和调节精馏塔上、中、下各点的温度及压力，保持稳定操作。

低油从精馏塔的17～21板取出入杂酒罐，中油、高油分别从精馏塔的20～26板、37～39板、41～47板取出，分别入杂酒罐和脱醛塔。

富含正丙醇的酒精从21、23、25板取出作工业酒精。

精馏塔的采酒板为67、69、71板，经计量后入甲醇塔。要控制塔底废水的酒精浓度≤0.05%。

进料过程中，经常测量精馏塔回流液的浓度，酒精浓度≤96%时全部回流，酒精浓度≥96%时再让酒精进入甲醇塔的中部，富含甲醇的酒精在回流液中部分经流量计计量后作工业酒精，高质量的酒精则从塔底引出。

从精馏塔顶部采出的成品应按时取样分析。由于刚开机或因其他原因造成质量不合格的酒精，不能进入甲醇塔精制。但为防止精馏塔内酒精积累坠塔，可采用水洗塔进行循环精馏，化验合格后，入甲醇塔。甲醇塔在未进入精馏酒精之前，全部回流。

当水洗塔、精馏塔正常工作，杂酒罐的液位达到20%～30%时，即可向回收塔进料（入口为16板），正常运行后，从第17～21板分出的杂醇油酒精去杂醇油分离器，21～35板中高油经计量冷却后作工业酒精。采酒口在第46、47、48板，经计量后去水洗塔第30板。回收塔的回流液一部分经计量后作为工业酒精。

投料生产时各塔工艺控制指标参数如表6-2所示。

表6-2 不同蒸馏塔的典型工艺控制参数

D510 粗馏塔	进料量：60 ~ 95m³/h
	顶压：-60kPa 　　　　　　　底压：-45kPa
	顶温：70 ~ 74℃ 　　　　　　底温：82 ~ 84℃
	进料温度：72℃ ±1℃ 　　　　10 层板≥82℃
	进料量加大时，顶压自然增高
D520 脱醛塔	顶压：-30 ~ -20kPa 　　　　底压：-6 ~ -2kPa
	顶温：72℃ ±1℃ 　　　　　　底温：82℃ ±2℃
	进料温度：70℃ ±1℃
	顶压随用汽量变化，用汽量越大负压越低
D530 水洗塔	底压：35kPa 　　　　　　　　顶压：常压或微负压
	底温：92℃ ±2℃ 　　　　　　顶温：97℃ ±2℃
	淡酒：10% ~ 15%（体积分数）
	入水洗塔洗涤水流量根据回流及淡酒浓度调节。水洗回流 3 ±1m³/h
	回流酒度与用汽量有关，用汽量越多，酒度越高。
D540 精馏塔	底压：180 ~ 195kPa（相对进料速度 95m³/h，如进料量少可根据实际情况降低压力）　　顶压 140 ~ 155kPa
	底温：127℃ ±1℃ 　　　　　顶温：99℃ ±1℃
	10 层板温：125℃ ±1℃ 　　　19 层板温：110℃
	21 层：108℃ 　　　　　　　　25 层：105℃
	进料温度：110℃
	精馏塔的用汽量与粗塔真空度有关，精馏塔压力设定在一定情况下，粗馏塔真空越高，精馏塔用汽量越大
D550 甲醇塔	顶压：（-65 ±2）kPa 　　　　底压：（-35 ±2）kPa
	底温：65℃ ±1℃ 　　　　　　顶温：50℃ ±1℃
D560 回收塔	顶压：50kPa 　　　　　　　　底压：70kPa
	压差：20kPa 　　　　　　　　顶温：85℃
	底温：110℃
	回收塔受甲醇塔影响，如甲醇塔真空过低，会影响回收塔的进汽量，从而影响回收塔的运行稳定
各塔末冷控制温度	粗馏塔末冷温度：33℃
	脱醛塔末冷：30 ~ 35℃
	水洗塔末冷：30 ~ 40℃
	甲醇塔末冷：25 ~ 30℃
	回收塔末冷：50 ~ 60℃，回水温度控制在 30 ~ 35℃
	杂醇油分离器温度在 20 ~ 30℃

第七章
发酵共（副）产物的综合利用与处理

酒精糟液是酒精发酵醪经蒸馏器分出酒精后的残液，酒精糟液的成分根据原料的种类、成分、生产工艺的不同而有很大差异。酒精糟液中大部分为水，占 90% ~ 98%，干物质含量占 2% ~ 10%。酒糟的产量相当大，一般为酒精产量的 14 ~ 26 倍，可见，回收利用酒糟是非常必要的。

酒精生产过程中会生成一些副产物，这些副产物主要如下。

（1）产品　精馏时，塔中蒸出的油状液体：丙醇、异丁醇、异戊醇等统称为杂醇油。

（2）粗产品　通过精馏后，釜底残余物质为酒糟，同时还有大量的酒糟废液排出。酒精的主要组成为没有发酵的淀粉、纤维、蛋白质等。

（3）废糟液　其中含有 COD、BOD 等有害物质。这些副产物如不加以回收利用不仅会严重影响企业的经济效益而且还会造成资源浪费和环境污染。

酒精发酵只是利用了原料中淀粉的 90 ~ 95%，其余的物质均残留在酒糟中。特别是富含蛋白质的酵母菌体也留在酒糟中，这就使得酒糟干物质中的蛋白质含量高于在原料中的含量，为酒糟综合利用奠定了基础。

酒糟中除了含有蛋白质外，还含有不同性质的碳水化合物，它们就成为培养菌体蛋白或其他生物活性物质的碳源。迄今为止，酒糟综合利用的途径有：酒糟干燥生产饲料，酒糟滤液生产菌体蛋白，酒糟滤液全回流，酒糟或酒糟渣生产其他生物活性物质，沼气发酵和其他用途。各工厂根据所用原料、生产工艺和规模选择适合该工厂的酒糟综合利用和处理方案。

第一节　全回流与酒糟的综合利用

一、酒糟干燥生产饲料

从酒糟处理的角度来看，酒糟干燥是最为彻底的方案，也已成为常规的酒糟处理工艺。由于酒糟干燥需要大量的能耗，所以它只适合于规模大，具有能重复使用设备的酒精厂，而且原料也局限于蛋白质含量较高的玉米等原料。

干酒糟具有良好的饲用价值，通常分成三种：干酒糟固形物（DDG，Distillers Dried Grains）、可溶性酒精糟滤液（DDS，Distillers Dried Soluble）和前两者的混合物（DDGS，Distillers Dried Grains with Solubles）。它们的饲用价值和组成见表 7 - 1 至表 7 - 3。

表 7 – 1　　　　　　　　　　玉米酒糟成分的典型分析　　　　　　　　单位：%

品种 成分	DDG	DDS	DDGS
水分	7.5	4.5	9.0
蛋白质	27.0	28.5	27.0
脂肪	7.6	9.0	8.0
纤维	12.8	4.0	8.5
氨基酸类：			
赖氨酸	0.6	0.95	0.6
甲硫氨酸	0.5	0.5	0.6
胱氨酸	0.2	0.4	0.4
组氨酸	0.6	0.63	0.6
精氨酸	1.1	1.15	1.0
天冬氨酸	1.68	1.9	1.7
苏氨酸	0.9	0.98	0.95
丝氨酸	1.0	1.25	1.0
谷氨酸	4.0	6.0	4.2
脯氨酸	2.6	2.9	2.8
甘氨酸	1.0	1.2	1.0
丙氨酸	2.0	1.75	1.9
缬氨酸	1.3	1.39	1.3
异亮氨酸	1.0	1.25	1.0
亮氨酸	3.0	2.6	2.7
酪氨酸	0.8	0.95	0.8
苯丙氨酸	1.2	1.3	1.2
色氨酸	0.2	0.3	0.2

表 7 – 2　　　　　　　　　　干玉米酒糟饲料的能量

饲料品种 能量	DDG	DDS	DDGS
喂牛／（MJ/kg）	9.17	9.71	9.63
喂家禽／（MJ/kg）	8.37	11.51	10.97
喂猪／（MJ/kg）	7.70	12.48	14.19

表7-3　　　　　　　　　　　干玉米酒糟维生素组成

成分 干酒糟	硫胺素/ （mg/100g）	核黄素/ （mg/100g）	泛酸/ （mg/100g）	吡哆醇/ （mg/100g）	烟酸/ （mg/100g）	胆碱/ （mg/100g）	胡萝卜素/ （mg/100g）
玉米 DDG	0.07～0.66 平均0.18	0.7～1.00 0.31	0.31～1.43 0.58	—	3.05～9.85 4.3	72.8～1500 188.0	0.02～0.91 0.31
玉米 DDS	0.09～1.66 平均0.69	0.58～0.95 0.87	1.20～4.05 1.12	0.45～1.11 0.85	8.80～18.6 13.2	293.0～788.0 488.0	0.01～0.98 0.38
玉米 DDGS	0.07～0.7 平均0.29	0.36～1.80 0.42	0.40～2.82 1.25	0.02～0.47 0.22	4.51～10.08 6.8	100～566 251.0	0.07～0.09 0.07
小麦 DDS	—	0.70～1.42 平均1.06	1.22～1.44 1.22	—	6.9～9.5 7.6	—	—
糖蜜 DDG	0.16	0.48	—	0.29	—	21.0	—

由以上几张表可知，干玉米的营养价值大体上与大豆相当。每生产1t酒精可得到900kg左右的干酒糟饲料 DDGS。

酒糟干燥采用的工艺和设备各厂家不完全相同，但是它的基本工序和原则大同小异，生产干酒糟饲料的基本流程见图7-1。

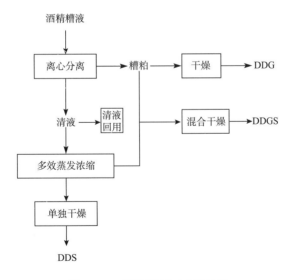

图7-1　干酒糟饲料生产工艺流程

大多数工厂生产 DDG 或 DDGS，单独生产 DDS 的不多见。

二、酒糟滤液回用及全回流技术

酒糟滤液回用是酒糟处理和综合利用的一个可供选择的优良途径。与其他方法相比，它的优点在于：需要的设备少，能耗低，投资少，上马快。由于湿酒糟渣可以直接作饲料或进一步生产有价值的产品，滤液大部分或全部回用，这样就能做到大部分或基本消除酒糟对环境的污染，又可为社会提供有价值的饲料或其他产品。

酒糟滤液回用工艺目前有三种方案，即部分滤液回用、全部清滤液回用和全部粗滤液回用。分别简单叙述如下。

1. 酒糟滤液部分回用

如前所述，酒糟部分回用在酒精工厂里早就采用，并已纳入常规。滤液的 20% ~ 50% 回用作拌料用水，这样做不仅不影响发酵的质量，而且可以减少 20% ~ 50% 的滤液蒸发量，对节约能耗有重要作用。

为什么只能回用不超过 50% 的滤液？这是实践得出来的结论，国内外研究都证明了这一点，在高压蒸煮条件下，连续回用到第五次的出酒率就与对照组（清水拌料）持平，从第六次回用开始出酒率就明显降低。所以高压蒸煮工艺的酒糟滤液是不能长时间全回流的。

尽管部分滤液回流不能全部解决酒糟对环境的污染问题，但是它可以在很大程度上减轻污染处理负荷。所以，采用低能耗的固液分离方法，并部分回用滤液不失为一个可供选择的酒糟处理途径。

2. 酒糟清滤液全部回用

国际上最早研究成功的酒糟清滤液全部回用工艺的是德国克虏伯公司，该工艺命名为"LBW"工艺。LBW 工艺流程见图 7 - 2。

LBW 工艺的特点如下。

（1）该工艺的最高处理温度只有 95℃，从而可以避免加压蒸煮时因氨基酸和糖反应生成的类黑色素等有害物质的毒害作用，为清滤液全回流创造了条件。

（2）酒糟固液分离采用卧式沉降式离心机，滤液中的固形物含量较低，属于清滤液，这对回用有利，但是电能消耗比较高。

（3）玉米原料的处理过程比较特殊。玉米原料除杂后，加一部分回用的热酒糟清滤液在 90 ~ 95℃下进行浸渍。浸渍 2h 后，玉米已吸水膨胀，并有一定程度的软化，水含量已达 50%，然后送往一级粉碎机，同时定量加入 α - 淀粉酶，整个过程保持一定温度，得到的浆料尚含有一些直径 2 ~ 3mm 的颗粒，但手一捻即碎。浆料的流动性能良好。这种浆料再进入二级粉碎机处理，即可得到完全均一的浆料。后经换热器冷却至 55 ~ 60℃时加入糖化酶，再经一台小型破碎机均匀化处理后，冷却到 35℃，即可送往发酵车间。

由上述可见，LBW 工艺的原料水热处理实际上是用"玉米在 90 ~ 95℃浸泡，加 α - 淀粉酶边粉碎边糊化液化"的方法代替。而且糖化过程也在机械研磨的情况下进行，糖化时间很短，这也有利于后糖化过程的进行。

（4）该工艺所用的粉碎设备的结构与万能粉碎机相似，但在转动轴上装有类似离

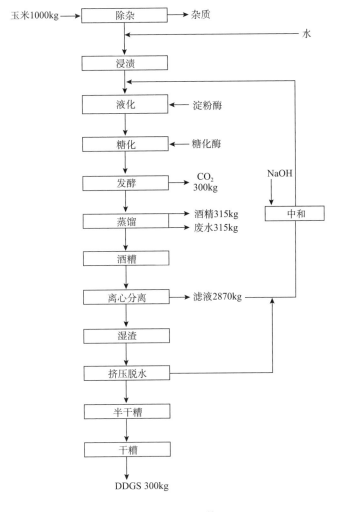

图 7-2 LBW工艺

心泵叶轮的装置，所以既具有粉碎、均质化作用，还有输送物料的作用。该机驱动电机达 300kW。

（5）酒母采用德国耐高温酵母，正常发酵温度为 37~40℃。有 150m³ 预发酵罐 3 台，1100m³ 主发酵罐 9 台，1100m³ 贮醪罐 1 台。每 3 台发酵罐共用一台板式换热器，罐内无冷却蛇管。自动清洗，但不用蒸汽灭菌。由于清滤液回用，发酵醪黏度较大，为了促使二氧化碳排出，每罐均装有侧向搅拌器。

（6）蒸馏采用四塔差压节能流程，生产出的产品是燃料用无水乙醇。

（7）酒糟经沉降式离心机进行固液分离。得到的滤渣含固形物 30%，清液含固形物 0.25%~2%。湿滤渣再用螺旋挤压机挤压，使得滤渣的固形物含量达到 45%，然后送去沸腾干燥器进行干燥，即得浅黄色、松散的 DDG 饲料，清滤液则全部回用。由 LBW 工艺特点可见，它是一种很好的酒糟综合利用工艺。但是设备要求高，整个工艺投资也较大，只有玉米为原料的工厂可以考虑采用。

3. 酒糟粗滤液全回流

该工艺的特点是能耗低，投资少，特别适合中小酒精厂的应用。粗滤液全回流工艺的理论和实践介绍如下。

（1）工艺流程　粗滤液全回流流程见图7-3。

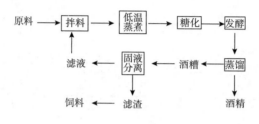

图7-3　粗滤液全回流流程

该工艺流程的特点如下。

① 采用80~85℃压花工艺是本工艺流程的基础。

② 由于酒糟黏度低，固液分离不必采用高能耗的离心机，只要用滚筒筛就可以基本达到固液分离的目的。

③ 滤液中固形物含量达到3%以上，属于粗滤液范畴。回用批数可达15批以上。

④ 该工艺设备简单，投资少，上马快，基本上消除污染，特别适用于中小型淀粉质原料酒精工厂应用。

（2）粗滤液全回流的理论基础　粗滤液中含有较高的固形物，能不能长时间地进行全回流是一个需要从理论上和实践上加以解决的问题。

首先要搞清楚的是采用的工艺是粗滤液全回流，而不是酒糟全回流。酒糟全回流则必然引起滤液中固形物越来越高，全回流无法长时间持续进行。但是粗滤液全回流的情况则完全不同，因为此时湿酒糟在不断排出，滤液中固形物随回用次数而增加，湿酒糟的固形物也随之增加，即排出的固形物也在增加。所以以固形物为代表的各种物质（包括有害物质）的含量会逐渐达到平衡值，而不会出现无限增加的情况。

其次，为了阐明粗滤液全回流中以固形物为代表的各种物质的含量变化情况、达到平衡的条件以及决定因素，而运用数学方法对全回流过程固形物进行动态分析。

① 全回流过程中固形物循环过程

式中　N——原酒糟重量，kg

$\quad\quad S$——原酒糟中固形物含量（可溶和不可溶性均在内），%（质量分数）

$\quad\quad X$——过滤筛网的固形物过滤通过率，%（质量分数）

② 固形物动态分析和结果：固形物过滤通过率 X 可用下式表示：

$$X = \frac{滤液中固形物总量（kg）}{酒糟中固形物总量（kg）}$$

则粗滤液回用中每一批固形物含量的分布情况见表 7-4。

表 7-4　　　　　　　　　粗滤液全回流过程中固形物变化动态

	酒糟固形物含量/kg	滤液固形物含量/kg	滤渣固形物含量/kg
原酒糟	NS	NSX	$NS(1-X)$
第一批	$NS + NSX$ $= NS(1+X)$	$NS(1+X)X$ $= NS(X+X^2)$	$NS(1+X)-$ $NS(X+X^2)$ $= NS(1-X^2)$
第二批	$NS + NS(X+X^2)$ $= NS(1+X+X^2)$	$NS(1+X+X^2)X$ $= NS(X+X^2+X^3)$	$NS(1+X+X^2)-$ $NS(X+X^2+X^3)$ $= NS(1-X^3)$
第三批	$NS + NS(X+X^2+X^3)$ $= NS(1+X+X^2+X^3)$	$NS(1+X+X^2+X^3)X$ $= NS(X+X^2+X^3+X^4)$	$NS(1-X^4)$
	...		
第 n 批	$NS + NS(X+X^2+$ $X^3+\cdots+X^n)$ $= NS\dfrac{1-X^{n+1}}{1-X}$	$NS + NS(X+X^2+$ $X^3+\cdots+X^{n+1})$ $= NSX\dfrac{1-X^{n+1}}{1-X}$	$NS(1-X^{n+1})$
当 $n \to \infty$	$\dfrac{NS}{1-X}$	$\dfrac{NSX}{1-X}$	NX

为了求得过滤通过率，设酒糟、滤液和滤渣的质量分别为 N、Y 和 $N-Y$。酒糟、滤液和滤渣的固形物含量分别为 S、P 和 Q ［%（质量分数）］。则固形物的平衡式为：

$$NS = YP + (N-Y)Q$$

由此：

$$Y = \frac{N(S-Q)}{P-Q}$$

式中 S、P、Q 可实际测得，N 是已知数。

根据定义又可写出：

$$X = \frac{YP}{NP}$$

试验中测得第一批固形物 $S = 4.25\%$，$P = 3.45\%$，$Q = 6.33\%$，假定酒糟量 N 为 1kg，则第一批的滤液量 Y 根据上述公式计算为 0.722，而过滤通过率 $X = 58.6\%$。

给定一个 X 值（58.6%），根据实际的 NS 值和表 7 – 4，就可以得到酒糟、滤液和滤渣中理论固形物含量随回用次数增加的动态变化。根据计算，在 $X = 58.6\%$ 时，回用到第 8 批，各固形物含量已基本平衡。换句话说全回流理论上是可以长期持续进行的，只要在达到平衡时，固形物（包括有害物质）浓度不影响酵母的正常发酵。

三、 浓醪发酵中的全回流技术

酒糟滤液全回用工艺采用滚筒筛或离心机进行固液分离，滤液作为投料水循环使用。由于其具有投资少，设备和工艺简单，节约生产用水，无二次废液污染等特点，在近 20 年中陆续被许多酒精厂采用。近年来，由于酒精浓醪发酵技术与传统酒精发酵工艺相比具有一系列的优点，得到广泛认可。但是浓醪发酵产生的酒糟中固形物含量增高，采用以往的滚筒筛或离心机进行固液分离所得滤液比较浑浊，效果不太理想。

石贵阳等采用陶瓷膜过滤对浓醪发酵的酒糟粗滤液进行处理，得到的滤液进行回配拌料发酵酒精，取得了很好的发酵结果。

1. 各批次酒精度的变化

本实验采用滤液全回流工艺共进行了 13 批次酒精发酵，由图 7 – 4 可以看出，各批次发酵结果最终酒精度相差不大，而且基本都在 15% 以上，与清水拌料对照组（第 0 批）相比不但没有下降，反而有所提高。酒精度是发酵醪成熟的一个主要标志，也是衡量发酵过程质量好坏的一个重要标志。从酒精度来看，滤液全回流对发酵过程没有产生明显的负面影响。

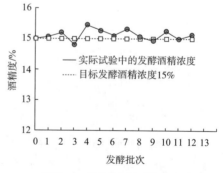

图 7 – 4　各批次酒精度的变化

2. 酒精发酵动力学曲线

在滤液全回流实验过程中选取较典型的第五批发酵过程进行发酵动力学曲线分析，并与清水对照组（第 0 批）比较。由图 7 – 5 可以看出，随着发酵过程的进行，滤液回用的实验组与清水对照组各主要参数的变化趋势基本一致，发酵 48h，清水对照组发酵基本结束，糖含量和酒精度基本保持不变，相比较而言，滤液回用组此时的酒精度相对较低，但继续保持了增长趋势，且最终成熟醪的酒精度高于对照组。还原糖含量在发酵 6h 左右出现了一个最大值，主要是因为本工艺采用了边糖化边发酵，在发酵初始阶段，糖化速率大于还原糖的消耗速率，使还原糖得以累积，随着酵母的大量生长繁殖，糖耗速率加快，并远远超过糖化速率，具体表现为发酵液中总糖以及还原糖含量都迅速下降。从发酵成熟醪的残糖比较，滤液回流组残糖含量较高，说明滤液回用对酵母的生长和繁殖还是产生了一定的影响，但对总的发酵结果来说影响不大。

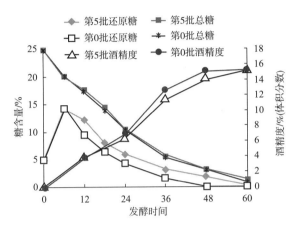

图 7 −5 发酵动力学曲线

3. 成熟发酵醪与滤液糖含量的变化

发酵醪中的糖含量以及酒精度都是发酵过程结束的衡量标准。酒精度越高，发酵越彻底，酒精生产全过程的质量越好。同样，发酵醪中残糖含量越低发酵越好。从图 7 −6 可以看出，实验中成熟醪残糖含量随着滤液回用次数的增加有相对较大幅度的增加，回用 3 个批次后趋于动态平衡。说明滤液回用对酵母利用糖有着一定的影响，但这种影响在滤液回用有限的批次后保持稳定，且不影响酒精的产生。分析滤液的含糖量，可以看出其变化与成熟醪中的糖含量变化有着较一致的对应关系。与成熟醪相

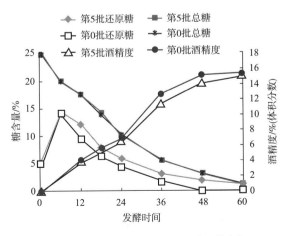

图 7 −6 各批次成熟醪与滤液糖含量的变化

比，滤液总糖含量大大下降，主要是因为陶瓷膜对糖类大分子物质有着较高的截留能力，而还原糖含量与成熟醪相近，即还原糖作为小分子物质，在膜分离阶段大部分可以自由通过。

4. 各批次固形物含量变化

酒精发酵过程涉及微生物的代谢活动，产物非常复杂，各种物质无法一一检测并加以分析。在滤液回流工艺研究过程中常以固形物含量为各种物质（包括有害物质）的代表来分析随滤液回流时它们在发酵过程中的累积情况。从图7-7可以看出，在滤液回用初期，酒糟中和滤液中的固形物含量都有所增加。主要是滤液回流使发酵液中一些可透过陶瓷膜孔径的小颗粒（或小分子）物质的含量有了增加，但从回流4个批次后可以看出，这种增加并不是无限制的，随着回流次数的增加，酒糟和滤液中的固形物浓度最终趋于一个动态平衡。而通过对发酵结果以及发酵过程动力学曲线的实验分析证明，平衡时维持的浓度在实验的13批次发酵中对酒精发酵没有明显的抑制作用。这主要是因为经过陶瓷膜过滤，酒糟中大部分固形物（包括有害物质）被截留而随着滤渣的排出带出生产系统，少量的抑制物通过工艺控制、细胞自身的代谢调控功能以及补加水的稀释作用等使其最终对发酵过程的不利影响降低到最低限度，部分对酵母繁殖以及酒精发酵有促进作用的营养物质，如未被酵母利用完全的糖类、蛋白质、有机酸、维生素以及一些中间代谢产物等，通过滤液的回用返回生产系统进行再利用，一定程度上也缓解了抑制物对发酵产生的负面作用。

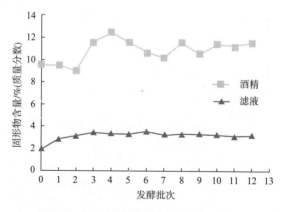

图7-7　各批次酒糟及滤液固形物含量的变化

5. 成熟发酵醪中钠离子浓度变化

酒精成熟发酵醪为酸性环境，而液化酶的最佳作用环境为中性环境，大量酸性滤液的回流必然需要有个调pH的过程，本实验中应用NaOH进行调酸。据报道，发酵液中一定量的钠离子的存在对发酵过程是有促进作用的，但是如果超过某一浓度，则会产生抑制作用。实验过程中考察了发酵液中钠离子浓度随着滤液回流次数增加的变化情况。从图7-8可以看出，与清水对照组相比，滤液回用使发酵液中的钠离子浓度有很大幅度的提高，但在回用 2 个批次后基本达到动态平衡，根据对滤液回用后的残糖以及酒精度的分析可知，达到动态平衡时的钠离子浓度对发酵过程以及发酵结果并没有明显的负面影响，可以认为，此时的钠离子浓度亦在临界浓度范围内。

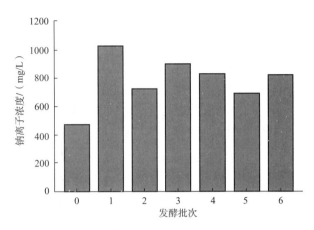

图 7 - 8　各批次发酵成熟醪中钠离子浓度的变化

6. 酒糟及滤液中氮含量变化

实验中还对酒糟和滤液中的氮含量进行了测定和分析，结果如图 7 - 9 所示，实验结果表明，第一次滤液回用后，酒糟及滤液中的氮含量明显增加，但滤液回用 2 批次后基本保持动态平衡。相对钠离子浓度的变化，其随着滤液回流次数的增加更快地达到了平衡。从图中酒糟与滤液中含氮量的对比可以看出，大部分的含氮物质是在酒糟固液分离阶段随着滤渣的排出而离开生产系统的，一方面是因为陶瓷膜微滤对大分子含氮物质截留能力强，另一方面，滤渣中的水分也会带走部分可溶性含氮物质。

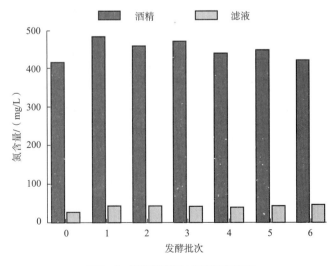

图 7 - 9　酒糟及滤液中氮含量的变化

氮源是微生物生长繁殖必不可少的主要原料之一，利用淀粉质原料进行酒精生产，虽然玉米等原料中蛋白质含量丰富（8%～11%），但酵母只能利用游离的氨基酸和极有限的二肽，不能直接利用蛋白质和多肽，而目前我国酒精生产使用的商品糖化酶中蛋白质含量很少，致使发酵过程中蛋白质水解产生的酵母可利用的氮源较少，抑制了酵母的增殖速度。为保证发酵液中有充足的可利用氮源，酒精生产过程一般需要额外添加氮源，或者添加一定量的酸性蛋白酶。而酒糟滤液回用，使部分酵母直接可利用的含氮物质返回生产系统，对酵母的生长和繁殖起了一定的促进作用。

在陶瓷膜过滤、工艺过程控制以及细胞自身的代谢调节等作用下，采用滤液全回流工艺进行酒精浓醪发酵保持了较高的酒精度（15%以上），且发酵结束后残糖含量稳定，表明该工艺具有可行性。通过对滤液回用后酒精发酵过程的动力学曲线分析，残糖含量较高，平衡时残还原糖含量约为0.45%，残总糖含量约为2.30%，证明滤液回用对酵母生长和繁殖有一定的影响，但对最终的发酵结果影响不明显，从酒精度来说，反而有着促进作用。通过对固形物含量、钠离子浓度和氮含量的分析，随着滤液的回流它们的含量都有不同程度的增加，但回流2～4个批次后都基本达到动态平衡，维持一个较为稳定的值。总之，浓醪酒糟滤液全回流工艺，不仅提高了酒精生产设备的利用率，而且为解决大量酒糟产生的环境污染提供了一条切实可行的工艺路线。

四、 薯类原料酒糟的综合利用与处理

在酒精生产企业，木薯（含干片）经过酒精生产后，最终也产生木薯酒糟渣。据测算，每生产1t木薯酒精，约产生0.7t木薯酒糟渣。因此，每年产生的木薯酒糟渣将超过20万t。木薯酒糟渣的主要成分为：纤维素类78%、多糖类3%、蛋白质类9%、其他10%。其中所含的纤维素若能很好地利用，每年将节约20万m^3木材的消耗，也相当于5300hm^2林木每年产的木材量。木薯酒糟渣富含营养物质，如多糖类、蛋白质类等，在自然环境中放置3d就产生异味，5d开始发霉。木薯酒糟渣中还含有一定的胶质物质，在其保护下，木薯酒糟渣脱水极其困难，干燥后也容易反水回潮。另外，其所含的纤维素类长度短，因此，给木薯酒糟渣的综合利用带来极大困难。

1. 作有机肥

大部分木薯加工企业的木薯酒糟渣是直接堆放在野外，经过一周或更长时间的自然发酵后，用于农作物的肥料，对长叶性作物有一定的效果，可以给作物增加有机氮肥的供给量。

2. 作饲料

木薯酒糟渣经过发酵，可将其中部分替代饲料进行养殖，但是木薯酒糟渣贮存、脱水困难，营养成分低，在贮存过程中易发生霉变，对动物的健康影响很大。因此，在饲

料行业中的应用也极其有限。

3. 用作燃料

由于木薯酒糟渣含有近 80% 的纤维素类物质，作为燃料完全是可行的。经测试，木薯酒糟渣的燃烧热值只有 11.3kJ 左右，要燃烧 2.6t 才相当于 1t 标煤的热值。

4. 造纸

木薯酒糟渣理论上作为造纸原料是完全可行的。有关科研单位、生产单位在 20 世纪 90 年代已经对此进行过深入研究。2011 年底，明阳生化集团成功地将木薯酒糟渣应用于造纸生产中，并获得了国家专利，这是木薯酒糟渣综合利用的新突破。

5. 用于工业包装和花盘等一次性环保产品

目前已经能够利用木薯酒糟渣生产此类产品，并广泛应用于绿化、工业包装行业，产品具有质地光滑、坚固、质轻、不透光等优良性能，生产成本低、使用方便、环保卫生，完全可以替代塑料产品。

6. 沼气发酵

甲烷发酵作为能量回收和酒糟处理的重要措施已在工厂里逐步得到利用，并能为企业收回部分成本。

第二节　CO_2 的回收

CO_2 相对分子质量 44.01，相对密度 1.529（空气比），沸点 $-78.46℃$（194.7K）。CO_2 是空气中常见的化合物，空气中含二氧化碳为 0.03% ~ 0.04%（体积分数），常温下是一种无色无味气体，能溶于水，与水反应生成碳酸。固态 CO_2 压缩后俗称为干冰。在国民经济各部门，CO_2 有着十分广泛的用途。CO_2 产品可作灭火剂、气肥、药用等。随着经济的发展，高纯度食用级 CO_2 气体的需求越来越大，工业生产对高纯度 CO_2 需求更加巨大。

酒精发酵废气中含有纯度很高的 CO_2，一般在 97% ~ 99% 以上，是食用级优质 CO_2 的基础。利用发酵废气生产 CO_2 只需要将其进一步净化，把少量的杂质（水分、空气、有机物和无机物等）去除即可。

CO_2 液化过程的实质是对 CO_2 气体同时进行加压和冷却，使其迅速液化。根据 CO_2 在不同温度下具有不同饱和蒸气压的性质，可使温度和压力这两个状态函数之一处于常态下，而强化另一个状态函数以使 CO_2 液化，目前常用的工艺有低温低压回收 CO_2 和常温高压回收 CO_2 的两种工艺。

一、 CO_2 低温低压液化工艺

低温低压液化在国外已普遍使用，其优点是低温条件下液化压力比较低，降低了设备耐压要求和减少了投资费用，特别是能够实现生产规模大幅度提高，同时方便了运输（尽管它需低温储运），我国近年来已有一些酒精企业进行 CO_2 生产技术和设备改造，建造低温低压液体 CO_2 生产线，扩大了市场。

从 CO_2 的热力学性质可知，随着液体 CO_2 温度的降低，其饱和蒸气压也随之降低。且 CO_2 的温度越低，所需液化压力越小。图 7 – 10 为丹麦 Union 公司低温低压高纯度液体 CO_2 工艺流程。

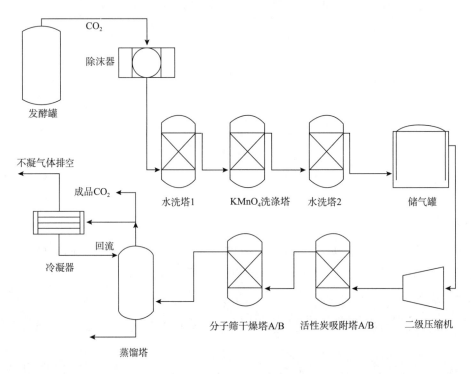

图 7 – 10 低温低压液化高纯度 CO_2 制备工艺

工艺说明：从发酵罐排出的气体 CO_2 中总含水量达 1.44%（质量分数）左右，主要含有醇、醛、酸等溶于水的杂质，CO_2 在水中溶解度极小，约 1.25g/mL，根据这一性质设计用水洗塔和 $KMnO_4$ 洗涤塔来吸收和氧化上述杂质，然后通过气水分离装置除去 CO_2 中的水分。

来自发酵罐的 CO_2 气体，通过除沫器与低浓度酒精水洗塔 1 进入 $KMnO_4$ 洗涤塔和水洗塔 2，然后经过除水装置进入压缩机，压缩机出口流出的 CO_2 的含水量可降到 0.07%（质量分数）左右，除水率达 95%，同时也将醇、醛、酸等杂质以近似比例

除去。

由发酵工序输入的气体 CO_2 经过初级净化系统，除去气体中的醇、醛、酸等主要杂质和水分后，进入二级压缩机压缩，每级压缩通过冷却和气水分离后，二级出口的气体压力为 1.6 MPa 或 2.5 MPa，再进入二级净化系统，除去气体中微量的醇、醛、酸、酯等杂质和水分，使气体纯度显著提高。进入冷凝液化器，在冷凝液化器中由制冷机输入的制冷剂使 CO_2 液体进入储罐，储罐内液体 CO_2 通过输液泵进入槽车运输到用户，也可通过增压泵升压充灌入高压钢瓶成高压液体 CO_2 产品。

系统中各类吸收塔和洗涤塔均为填料塔。气水分离采用金属丝网除沫装置，金属丝网由很细的直径 0.076~0.4mm 不等的金属丝编织而成，网孔的大小在 2~1000μm。为了提高分水效率，在系统中设置低温除湿器，除去 CO_2 气体中饱和水分，其除水率达 75%。活性炭吸附塔和分子筛干燥塔各设有两台，一台工作一台再生，交替使用。因吸附塔和干燥塔工作一定时间后均会达到饱和失去活性，必须进行再生活化。

二、 CO_2 常温高压液化工艺

CO_2 常温高压液化工艺是指提高压力使气体 CO_2 在常温条件下变为液体的过程。气体 CO_2 温度为 31.16℃，压力 7.16MPa 时开始液化，压缩机按压缩比有三级压缩或四级压缩，每级压缩后通过冷却器和气水分离器，在夏季气温升高时压缩机的压力可高达 8.1MPa 或更高方能液化。液体 CO_2 储存在压力为 15MPa，容积为 38~42L 的高压钢瓶内（钢瓶的充装系数 0.6，即每个钢瓶可灌装 25kg 的液体 CO_2）。

CO_2 高压液化法工艺简单，需要设备少，不需低温制冷设备，但由于压力高和采用钢瓶储存存在生产规模受限、设备投资增加、运输费大、劳动效率低且劳动强度大、液体 CO_2 产品浪费较大等不足。

我国 CO_2 的质量标准见表 7-5。

表 7-5　　　　　　　　　　　　高纯度 CO_2 的质量标准

项目	单位	低压工艺	高压工艺	项目	单位	低压工艺	高压工艺
CO_2 纯度	%（体积分数）≥	99.98	99.50	气味		无异味	
CO_2 含水	>	30	50	油分		无	
醇类	mg/L　≤	5	30	酸度		符合试验	

三、 杂醇油的回收与利用

以淀粉和糖为原料生产酒精时会产生一种多醇类的混合液——杂醇油，是酒精发酵

过程中由蛋白质、氨基酸和糖类经过一系列的生化反应而生成的副产物，占酒精产量的0.2% ~0.7%。杂醇油是一种淡黄色至棕褐色的油状液体，有特殊的刺激性气味及毒性，其主要成分是异戊醇、异丁醇、乙醇、丙醇等低碳脂肪醇，还含有少量的脂类杂质。在白酒的生产中，杂醇油的含量对其风味具有一定的影响，适量的杂醇油与酸类酯化后能形成高碳酸酯，使酒呈现芳香味，但当其含量过高时，会使酒的品质劣化，对人体产生危害。因此，酒精生产厂都会在蒸馏酒精过程中将其分离出来，但由于分离技术有限，大部分的杂醇油都随着废水排出，不仅对资源造成了浪费，同时还污染环境。随着我国工业酒精的发展，杂醇油的产量呈逐年递增的趋势。1990—2011 年这 20 多年间，酒精产量由年产不足 200 万 t 增加到年产 673.73 万 t，尤其是在近 10 年间，酒精产量更是迅速增长。2019 年酒精年产量达到近 914 万 t，年副产杂醇油在 1.5 万 ~2 万 t。杂醇油中的低碳醇经过深加工可以开发出数十种附加值较高的工业原料，尤其是手性异戊醇以及正丙醇等都是高附加值的产品，从而使一些企业和科研机构的注意力转移到对杂醇油提纯分离的开发研究上来。

四、 杂醇油生成机理及影响因素

外国学者早在 100 年以前就提出了杂醇油产生的途径。酒精发酵过程中，原料中的蛋白质或酵母菌体蛋白质水解产生氨基酸，氨基酸在酵母分泌的脱羧酶和脱氨基酶的作用下生成醇，由于不同的氨基酸生成不同的醇，大约 80% 的杂醇油是在主发酵期间也就是酵母繁殖过程中合成细胞蛋白质时所形成，这种蛋白质分解生成杂醇油的机理称为埃利希机理。埃利希机理不是合成杂醇油的唯一途径，当发酵过程中的蛋白质分解不足时，酵母也将碳水化合物转变成各种醇，形成杂醇油，同时合成氨基酸供其生长繁殖，这种合成杂醇油的机理称为合成代谢机理。在酒精发酵过程中，酵母对杂醇油的产量具有至关重要的影响。主要表现在酵母菌种的不同生成杂醇油的差别很大，高发酵度的酵母菌种会形成较多的杂醇油；杂醇油是酵母在繁殖时合成细胞蛋白质时所形成的，所以酵母繁殖的倍数越大，产生的杂醇油也越多。目前，许多生产厂家为了降低杂醇油的产量，在发酵时，选用生成杂醇油含量低的菌种，控制菌种的繁殖代数，适当地增加菌种的接种量，优化发酵工艺等。

五、 杂醇油脱水提纯

杂醇油从精馏塔中提取出来时含有 10% ~30% 的水分，水可与杂醇油中的低碳醇形成共沸物，限制了杂醇油的开发利用，因此在对杂醇油进行组分分离深加工时，要先对杂醇油进行脱水提纯。常用的脱水方法有盐析脱水、分子筛脱水法等，将杂醇油中的水分含量降低至 8% ~ 12% 再进行深加工利用。

1. 盐析脱水

杂醇油中的醇分子与水分子通过氢键的作用形成多元共沸物。向杂醇油中添加强电解质，电解质电离后的带电粒子与水分子形成水化离子，降低醇分子与水分子之间的作用力，减小了水分子在醇溶液中的溶解度，从而易于将水分从杂醇油中提取出来。目前酒精工业生产中常采用生石灰或氯化钠作为电解质，对杂醇油进行脱水。即将固体或液体脱水剂与杂醇油混合后，静置分层，提取上层杂醇油，即可将杂醇油中的水分含量降低至深加工标准。采用盐析脱水法虽然能将杂醇油中的部分水脱去，但萃取后的盐水若进行处理，则能耗较大并会对设备有所腐蚀，若不回收，则会对环境产生污染；同时，采用生石灰为脱水剂，杂醇油中的钙离子与醇会反应生成醇钙等，后处理较困难。

2. 分子筛脱水

分子筛具有与一般分子大小相当的孔径，能够作为杂醇油脱水的分子筛的物质很多，常见的有沸石、碳分子筛、某些有机高聚合物和高分子膜等，此外玉米粉等淀粉质或纤维素等也可以作为醇－水物系吸附脱水的分子筛。在杂醇油物系中，水的临界分子直径是 2.7Å（$1\text{Å} = 1 \times 10^{-10}\text{m}$），醇中乙醇的临界分子直径最小，为 4.7Å，所以在分子筛气相吸附时可以选用 3Å 型的分子筛。由于分子筛具有吸附速度快，再生次数多，抗碎强度大及抗污染能力高的特点，是工业生产上应用最多、最广泛的吸附剂。刘宝菊根据 Langmuir – Freundlich 模型采用 3Å 型分子筛在吸附空速为 0.15h^{-1}、吸附压力 0.2MPa、吸附温度 $220℃$、分子筛吸附时间 18min 的操作条件下，对杂醇油进行吸附脱水，成功地将杂醇油中的水分含量由 10.1% 降到了 0.08%。这一技术的提出，使得杂醇油中的水分得到有效的脱除，从根本上解决了杂醇油中由于水的存在，用精馏分离工艺无法得到低碳醇高浓度产品的问题。

3. 高新技术脱水

杂醇油脱水工艺除了通过传统的盐析脱水、分子筛脱水法外，近些年随着科技的发展，一些高新的脱水技术也在逐步发展起来。膜分离技术是一种分离含水有机混合物或共沸物、近沸点物的高效节能的分离技术。目前，德国已经采用这种技术建成了规模为日产 150m^3 无水乙醇的工厂，实际操作证明其能耗要比传统方法能耗低。但以目前的技术水平，渗透膜装置的生产能力一般较小，大规模的生产装置存在着经济性和稳定性问题，但其分离效率高、能耗低，是未来乙醇脱水技术值得关注的发展方向。超临界流体萃取技术（SFE，简称超临界萃取）是将超临界流体作为萃取剂，将萃取物从液体或固体中萃取分离出来的新型分离技术，这种方法能耗低、无污染。早年，国外学者也应用此技术建立了一个完整的近临界流体萃取乙醇、丙醇和丁醇水溶液的工业性试验装置，获得浓缩的有机质。此有机质性质与杂醇油中醇的性质相近，所以此技术对于脱除杂醇油中的水有很好的借鉴价值。但此技术应用在工业生产上存在些问题，如，设备价格比较贵，且要求设备密闭性良好等。

六、 杂醇油的综合利用

杂醇油中的主要组分有异戊醇、异丁醇、正丙醇、乙醇等低碳脂肪醇，同时还含有少量的有机酸、酮、醛和不饱和有机化合物。对杂醇油的综合利用主要有两种途径：将杂醇油中的低碳醇进行分离提取，得到高附加值的工业化生产的原料；此外经过酯化得到相应的酯类和混合酯，可作为香精香料、医药原料、涂料等广泛应用于各个行业中。

1. 杂醇油中提取异戊醇和光学戊醇

在杂醇油中，异戊醇和光学戊醇占其组分的 45% ~ 70%。其中异戊醇（3 - 甲基 - 1 - 丁醇）是一种重要的有机合成中间体，被广泛应用于医药、香料、有机溶剂、涂料、塑料以及有色金属矿物浮选等领域。光学戊醇（2 - 甲基 - 1 - 丁醇）是一种高附加值的精细化工产品，随着液晶显示器被广泛应用，作为手性液晶材料合成的重要中间体，光学戊醇的需求量迅速激增。因此，从杂醇油中分离异戊醇和光学戊醇有着十分广阔的市场前景和应用价值。钱栋英等人采用间歇蒸馏装置从杂醇油中分离异戊醇，得到的异戊醇纯度要高于前人，但其回收率与预处理后杂醇油的含水量、水和乙醇的相对量有关，以预处理后的杂醇油的含水率恰好可以将异丁醇全部以共沸形式蒸出时为最佳。采用此方法获得的异戊醇液体为异戊醇和光学戊醇的混合液，并没有将价值更高的光学戊醇分离出来。

目前国内外对异戊醇和光学戊醇的分离主要采用的方法有以下几种：（1）采用萃取剂进行萃取精馏，此方法也存在一定的局限，萃取剂的费用较高，具有毒性还不耐高温；（2）采用化学分离法，将异戊醇和光学戊醇制成不同的钡盐，利用其溶解度的不同将其分离，此方法浪费试剂，过程烦琐，不适用于工业化生产；（3）采用气相色谱柱进行分离，此方法仅适用于实验室分离，不能进行工业化生产；（4）采用普通的精馏方法，但所需精馏塔板数高，收率低，精馏时间长；（5）采用特殊精密蒸馏，此方法是在普通精馏的基础上进行改进的一种分离方法，控制回流比为 20，最佳加热温度为 170 ~ 180℃，不同浓度下采取不同的回流比，即可提高光学戊醇的回收率。以上几种方法虽然都可以将异戊醇和光学戊醇进行分离，但各个方法都存在局限性以及不足，不能进行工业化大规模生产。刘钺等人研究出连续精馏分离的方法对异戊醇和光学戊醇进行分离，采用 200mm 的连续精馏塔，塔内为高效螺旋填料，填料段高 25m，每 2000mm 填料增加 1 个液体收集和再分配盘，通过此方法可以得到纯度超过 99.5% 的异戊醇和光学戊醇，此方法解决了异戊醇和光学戊醇不能进行工业化分离的问题。

2. 杂醇油合成酯类

（1）制备醋酸 C3 ~ C5 混合酯　杂醇油中除了主要成分异戊醇以及光学戊醇外，还含有 20% ~ 35% 的乙醇、正丁醇、正丙醇等低级醇类，由于易形成恒沸物的原因，可以将其与酸或酸酐利用浓硫酸、杂多酸、脂肪酸等催化剂进行催化反应，从而生成沸点差大于醇间沸点的酯类进行精馏分离。醋酸 C3 ~ C5 混合酯是将提取异戊醇后的混合醇通过与醋酸反应生成醋酸混合酯。该工艺是将混合醇与醋酸按照质量比为 1.2：1，加入为总量 0.5% 的浓硫酸，在蒸汽压 0.3 ~ 0.6MPa，釜温 100 ~ 130℃，塔温 110 ~ 120℃ 的条件下进行酯化反应，后将粗酯进行中和洗涤后对其进行精馏。所得的醋酸 C3 ~ C5 混合酯被广泛应用于涂料工业中，是重要的溶剂和稀释剂，其附加值是混合醇类的 2 倍以上。传统的酸催化法在不同程度上存在着杂醇油前处理困难、利用率低、设备腐蚀严重、产品纯度低等问题，因此目前均采用相转移催化法来制备醋酸 C3 ~ C5 混合酯。相转移催化法是利用杂醇油和醋酸酐为原料，在相转移催化剂下合成醋酸 C3 ~ C5 混合酯，该工艺具有反应速度快、节能、纯度高等优点。

（2）制备增塑剂　将杂醇油通过精制除去水分和有机杂质后，经过简单精馏，截取 80 ~ 120℃ 的馏分，获得 C3 ~ C5 的醇，在酸性催化剂及添加适量的硫酸钠的条件下，与苯酐酯化即得邻苯二甲酸混合酯，该混合酯可作为氯聚乙烯、氯丁橡胶、硝酸纤维素的增塑剂来使用，在塑料和橡胶工业中被广泛应用。孙学军等人根据此种方法研究出了以杂醇油为带水剂的酯化新方法，可以将体系中反应生成的产物及时带出体系，降低了生产成本同时提高了混酯的产率。C3 ~ C5 混合醇与癸二酸在氢氧化锡催化下可生成淡黄色油状液体癸二酸二酯，其中碳链长度为 C3 ~ C5；与大豆油在硫酸催化下可得到微黄色的液体环氧脂肪酸 C3 ~ C5 混合酯，这两种产品均可以完全代替邻苯二甲酸二丁酯或部分代替邻苯二甲酸二辛酯。

第三节　生产废水的处理

一、普通生产废水的处理

除酒糟外，酒精工厂还有其他来源的污水，如热交换器排出的废水、工艺设备洗涤污水、精馏废水和酒糟蒸发冷凝水以及生活污水，这些污水一般也超过环保排放指标，需要进行处理。

污水的污染程度取决于其物理化学与生物化学性质：色泽、透明度、气味、固形物含量、pH、生物需氧量（BOD）、化学需氧量（COD）和其他指标。

生物需氧量（BOD）表示在20℃下生物氧化1L污水中有机物所需氧的毫克数。5天后测定的需氧量用BOD_5表示，20d后测定的用BOD_{20}表示（一般认为20d氧化就基本完全了）。一般情况下BOD_5是BOD_{20}的70%~80%。淀粉质原料酒精工厂污水指标见表7-6。

表7-6 淀粉质原料酒精工厂污水指标

污水	温度/℃	pH	悬浮物/（mg/L）	BOD_5/（mg/L）	BOD_{20}/（mg/L）	COD/（mg/L）
蒸煮车间设备洗涤污水	80	5.8	560	950	1850	2740
酵母罐洗涤用水	17	5.8	331	160	350	530
发酵罐洗涤用水	20	7.3	410	600	870	1000
蒸馏废水	98	4.8~8.5	60	300	400	460
洗地板水	25	6.5	280	250	300	350
洗澡污水	25	6.5	85	250	300	360
生活污水	25	6.5	40	250	300	350
锅炉排污水	90	11.0	370	6	10	40
化学净水过程污水	21	7.4	170	53	134	375

注：出自章克昌，《酒精与蒸馏酒工艺学》，中国轻工业出版社，1995。

糖蜜原料酒精工厂污水指标见表7-7。

表7-7 糖蜜原料酒精工厂污水指标

指标	污水类别			
	热交换废水	锅炉排污水	精馏废水等	生活污水
温度/℃	30~60	20~100	80~100	20~90
气味等级	0~3	3~5	4~7	3~5
pH	7~8	8~12	4.4~6.4	5.5~6.2
透明度/cm	12~30	10~20	15~25	0~2
固形物/（mg/L）	350~500	1300~2000	300~600	450~10000
BOD_5/（mg/L）	2~10	2~40	100~2500	600~3700
BOD_{20}/（mg/L）	5~12	5~80	180~3000	950~4500
COD/（mg/L）	5~40	10~40	60~3500	1000~4000

注：出自章克昌，《酒精与蒸馏酒工艺学》，中国轻工业出版社，1995。

由于BOD测定时间太长，工厂里往往采用化学需氧量COD来表征污水中有机质含量，它表示用重铬酸钾或者高锰酸钾溶液来氧化水中的有机物时，每1L污水所需的氧的毫克数。它的数值通常都比BOD值大，但测定所需的时间短。

热交换废水通常没有有机物污染，但在换热器渗漏或破裂时，冷却水中会混入被冷却液体。锅炉排出的污水或软化水用离子交换树脂再生时会排出一些无机盐，而设备洗涤用水、蒸馏废水、生产和生活污水主要含有机污染物，无机污染物含量较少。

从表7-6、表7-7可以看出，淀粉质原料酒精厂的各类污水BOD_5都不算高（低于1000mg/L），而糖蜜酒精厂污水，特别是精馏废水的有机物污染情况要严重一些。这些污水均需经过一定处理才能达到环保要求，安全地排放到环境中。

目前采用的污水净化措施有机械法、化学法、物理化学法和生物法等几类。选择何种处理方法取决于污水数量、污染程度、净化指标以及污水量的规模。大型酒精厂的污水主要采用机械法和生物处理法来进行净化，中小型酒精厂的污水处理方法与大型酒精厂的污水处理方法大同小异，但由于其受资金和场地的限制较大，中小型酒精厂污水处理的经济性往往不佳。

二、木薯酒糟污水的处理

木薯酒糟排出蒸馏塔时，淀粉已基本用完，但仍然含有大量的可降解物质，其中以纤维素和木质素为主。另外，酒糟中大量夹杂着木薯原料带进去的泥沙。

木薯酒糟废水处理流程见图7-11。

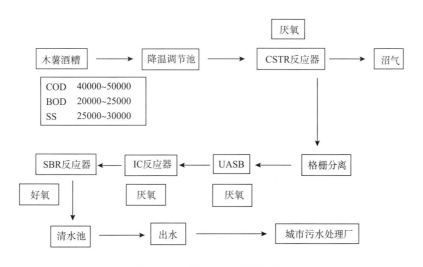

图7-11　木薯酒糟废水处理流程

经过沼气发酵，纤维素基本利用掉。沼气发酵过的废液，经过格栅分离去除木质素、泥沙等，进入厌氧反应器。分别经过USAB、IC两级厌氧反应器反应后，再经SBR反应器进行曝气好氧反应，得到允许排放的污水，进入城市污水厂进行下一步处理。

只是污泥的处理尚无绝好的方法，尚待人们去解决。

第八章

酒精发酵的过程控制

现今，许多科学家和科学工作者开始致力于应用生物技术对酒精发酵进行新菌种、新工艺的开创性研究。而高强度酒精发酵现已成为当前酒精行业研究的热门课题。因此，国内外就高强度酒精发酵进行了广泛的研究，并取得了显著的成绩。研究者多从分析限制高效率（高强度）酒精发酵的因素着手，创造各种条件，以实现高效率酒精发酵。酒精发酵强度的高低一方面取决于酵母菌本身的生长繁殖力、发酵力以及对发酵环境的耐受能力，另一方面也取决于对影响酵母菌发酵因素的工艺控制上。具有了优良的生产菌种，工艺条件的控制就显得非常重要。现在一般认为，影响高效率酒精发酵的因素有葡萄糖浓度、酵母细胞密度及溶解氧浓度等方面。

葡萄糖是酵母菌进行酒精发酵的主要基质，主要是供给酵母生长繁殖及生成酒精，所以葡萄糖浓度控制适量与否直接影响酵母生长繁殖、发酵速度、发酵强度和发酵时间。糖浓度过高时，由于发酵液中渗透压大，不利于酵母细胞膜的半渗透作用，不利于营养物质的选择和吸收，不利于酵母的生长繁殖，同时也不利于酵母细胞内酒化酶将糖分发酵为酒精。糖浓度过低时，发酵液中营养物质被耗用而不足，使酵母处于饥饿状态，酒化酶活力低、发酵率低、酒精度低。因此，控制合理的糖浓度十分重要。

目前酒精厂在生产过程中对通风量问题有不同的工艺要求，很多酒精厂只是在酒母培养阶段通风，在发酵期都不通风，认为会发生有氧代谢。然而，因氧气的存在使酵母从发酵转变为呼吸的巴斯德效应主要发生在低糖浓度的时候（<3g/L），而糖浓度在3~100g/L，即使有相当的氧存在，酒精发酵也能进行。通风既能满足酵母生长能量的需求，又能培养出发酵能力强的酵母。因此，一些酒精厂在酒精的发酵过程中定期通入一定量的空气，取得较好的效果。然而在实际的生产中，大多本着"够用"的原则，根据经验通入一定量的空气，还没有合适的溶氧控制策略指导酒精发酵。

第一节 微生物的高密度培养

一、高密度培养简介

发酵效率通常与细胞密度有关，因此发酵过程的首要任务通常是研究如何尽可能地达到高的细胞密度，以便提高生产效率、简化下游加工、减少废水排放量，降低培养容积、生产成本及设备投资，使目的产物产生良好的成本效益。高密度培养技术（High Cell Density Culture，HCDC），也称高密度发酵，是指在培养过程中通过流加补料，也就是不断补充营养，使菌体在较长时间内保持较高的生长速率，从而提高菌体的浓度，最终提高目的产物的生产强度（单位体积单位时间内产物的产量）。不仅可减少培养体积、强化下游分离提取，还可以缩短生产周期、减少设备投资，从而降低生产成本，极大地提高产品在市场上的竞争力。

二、 高密度培养的补料方式

1. 非反馈补料

非反馈补料主要有恒速流加、变速流加、指数流加等方法。

恒速流加法：补充的营养按预先设定的速率流加，培养过程中细菌的比生长速率逐渐下降，菌体总量呈线性增加。

变速流加法：在菌体密度较高时营养物的流加速率不断增加，以满足细胞生长的营养需求。

指数流加法：营养物的流加速率呈指数增加，菌体总量可在恒定的比生长速率下呈指数增加，该法简便易行，前提是要预先设定比生长速率等过程参数。

2. 反馈补料

反馈补料的反馈指标主要有基质浓度、pH、溶氧、比生长速率等。反馈补料的优点是控制准确，操作重复性好，技术要求较低，但所需在线测量设备较多，控制复杂。

残糖浓度反馈法：利用葡萄糖浓度的离线或在线数据，维持培养基中较低的残糖浓度。但化学法、酶法分析葡萄糖耗时过长，葡萄糖电极技术也尚未成熟，对流加的控制较为滞后，菌体密度不够理想。

pH – stat 法：培养过程中当葡萄糖耗尽时，培养基的 pH 会升高，因此在 pH 上升时反馈流加一定量葡萄糖，利用葡萄糖代谢产生的有机酸代替通常调节 pH 用的酸液，使培养基 pH 保持恒定。该方法的缺点是 pH 变化并不完全是葡萄糖代谢的结果，容易造成补料的错误。

DO – stat 法：培养过程中葡萄糖浓度降低到一定程度时，菌体代谢强度下降，消耗氧能力降低，反映为培养基中溶解氧浓度急剧上升，因此可在溶氧上升时反馈流加葡萄糖。

补氨关联补糖法：依据菌体每消耗 1g 氨氮的同时需要消耗 15g 葡萄糖的数量关系，可在培养过程中用氨水控制 pH，根据补氨量反馈确定补糖量。

由于微生物生长代谢的复杂性，非反馈补料方式很难达到需要的控制精度。而反馈控制方式中，无疑是残糖浓度反馈补料法的控制精度和效果最好，但是由于葡萄糖电极难以承受高温灭菌，且价格昂贵，所以很少用于工业化生产中。目前在工业化生产中应用得最多是 pH – Stat 和 DO – Stat 法。虽然这两种控制方法能很好地控制发酵罐中的营养物质不过量，但是其使得发酵罐中的营养物质长期处于一种匮乏状态。所以这两种流加方式是以牺牲微生物的生长速率来控制代谢副产物的积累。也就是说这两种流加方式并没有使得发酵罐中的营养物质处于 Crabtree 效应的临界值，而是远远低于这个临界值，所以使用这两种补料方式使得微生物长期处于基质匮乏状态，且由于 DO 和 pH 的很大波动，所以这两种流加方式也不能达到很高的菌体浓度。

第二节 微生物发酵过程控制研究概况

一、 发酵工业的发展

发酵工业是既古老又年轻的工业，它的形成经历了漫长的岁月。这里的"古老"指的是其历史悠久，而所谓的"年轻"是指我们对其生产过程知其然而不知其所以然，与要彻底了解和掌握其微生物生产机理、规律相距甚远，目前的工作只是起步而已。随着社会的进步，人类生活水平的提高，发酵工程对人类生活的作用越来越重要。"发酵"泛指利用微生物制造或者生产某些产品的过程。发酵过程是一种极其复杂的生化反应过程，不仅具有一般非线性系统的时变性、非线性、关联性、不确定性等特点，而且由于发酵过程中的一些重要参数如生物质浓度和产物浓度都不可以在线测量，所以发酵过程的控制比一般的非线性系统更加复杂。

早期，国内大多数发酵工艺的管理和控制，尚处于人工操作方式。技术管理人员对工艺参数的设置、管理和操作基本上还是手工操作和人工监视，这大大影响了工艺水平和管理水平的提高，以致出现生产不稳定、发酵系数低、能耗大、成本高等问题。随着发酵工业中的发酵罐越来越大，并行控制的发酵罐越来越多，对于这样的发酵罐系统，若操作控制不当，将会造成极大的经济损失。因此，对于发酵过程的参数检测、操作监视、自动控制，已成为发酵生产管理及其自动化的关键问题。若能采用计算机技术对发酵过程进行实时控制、管理和优化操作，不但能解决上述存在的问题，而且可以降低工人的劳动强度，提高自动化生产水平。

20 世纪 90 年代初期，国内一些发酵工厂已普遍采用计算机进行在线控制。传统的操作方式是开环的，尽管对环境参数如 pH、发酵温度、溶氧浓度等都可以控制得很好，但由于微生物生长过程一些关键变量还是不可以在线测量，使发酵过程控制问题依然很复杂，并且控制效果不理想。所以，发酵工业的闭环控制滞后于一般的工业生产过程控制。近几年人们将主元回归、专家系统、模糊逻辑控制以及神经网络等用于发酵过程的控制已取得了一定的成果。

二、 发酵过程的参数

发酵过程的参数可以分为三类：物理参数、化学参数和生物参数。

1. 物理参数

在发酵过程中，主要的物理参数有发酵温度、发酵罐压力、空气流量、发酵液体积、冷却水流量、冷却水进出口温度、搅拌转速、泡沫高度等，这些参数都有成熟的传感器可以直接实现在线测量。

2. 化学参数

发酵过程中的化学参数有 pH、溶解氧浓度，它们对于发酵过程非常重要，生化反应都需要有合适的酸碱环境才能朝着期望的方向进行，而溶氧浓度则是限制菌体生长的关键性因素之一，溶解氧浓度低于临界值会使发酵过程急剧恶化。近年来，已有成熟的 pH、溶氧电极可以应用。

3. 生物参数

发酵过程的生物参数包括微生物呼吸代谢参数、生物质浓度、代谢产物浓度、底物浓度以及微生物比增长速率、底物消耗速率和产物合成速率。现在国内外几乎还没有可以在线测量生物参数的仪器，这也是发酵过程控制比一般工业生产过程控制难度更大的原因。

三、 发酵过程的建模

发酵过程模型建立的传统方法是基于能量和物料平衡方程建立机理模型。这种机理模型需要对过程的动态特性、传输特性及生化反应特性有深入的了解。另外，机理模型的预测能力十分有限，这是因为发酵过程本身是高度非线性和时变的，其动态特性常常是部分未知或是完全未知的。从 20 世纪 80 年代起，就有研究文章将线性估计技术应用于发酵过程，然而实际的工业系统是非线性的。所以，希望所使用的模型要能反映真实工业过程非线性结构的特性。因此，要求所使用的估计算法，或本身具有非线性的特性，或用自适应线性模型来实现近似非线性。

四、 软测量技术

软测量就是采用过程中比较容易测量的变量，构造推断估计器来推算出难以测量或根本无法测量的被检测量的一种间接测量方法。其估计值可作为控制系统的被控变量或反映过程特征的工艺参数，为优化控制和决策提供重要信息。软测量技术是依据某种最优化准则，利用由辅助变量构成的可测信息，通过软件计算实现对主导变量的测量，也称为软仪表，它的核心是表征辅助变量和主导变量之间的数学关系的软测量模型。因此，构造软仪表的本质就是如何建立软测量模型，即一个数学建模问题。但是，软测量也并不完全局限于由辅助变量去估计不可测量这个范畴，它可以推广到如下情况：在工业过程中，许多系统的输出不能及时地测量，这给过程的控制和监测带来很大困难，通过历史测量和分析数据建立准确的过程模型，就可以将系统的输出实时地反映出来。这种由工业过程输入值通过估计器（软件模型）实时得到系统输出的方法也称为软测量技术。采用软测量技术构成的软仪表，以目前可有效获取的测量信息为基础，其核心是利用计算机语言编制的各种软件，具有智能性，可以方便地根据被测对象特性的变化进行修正和改进。因此，软仪表在可实现性、通用性、灵活性和成本等方面均具有无可比拟的优势，其突出的优点和巨大的工业应用价值不言而喻。

由于软仪表可以像常规过程检测仪表一样为控制系统提供过程信息，因此软测量技术目前已经在过程控制领域得到了广泛应用。相对于硬件检测设备，软仪表的开发成本较低，配置比较灵活，维护相对容易，各种变量的检测可以集中于一台控制计算机上，无须为每个待检测的变量配置新的硬件。软测量技术作为过程检测领域中一种新型的参数测量技术，不仅用于实现众多目前难以用常规仪表直接测量的所谓难测参数的在线检测，还可以为高级过程控制和在线稳态优化提供被控变量和其他的过程信息。由于采用软测量技术一方面可以获取更多的过程信息，另一方面由于软仪表的载体是计算机软件，可以通过合理地编程，综合运用各种所获信息实现过程的故障诊断和状态监测等，并对生产过程进行评估和协调，因此软测量技术在过程监测和生产管理中也有十分重要的作用。事实上，软测量技术的思想早就被潜移默化地得到了应用。如工程技术人员很早就采用体积式流量计（例如孔板流量计）结合温度、压力等补偿信号，通过计算来实现气体质量流量的在线测量，而 20 世纪 70 年代就已提出的推断控制（Inferential Control）策略至今仍可视为软测量技术在过程控制中应用的一个范例。然而软测量技术作为一个概括性的科学术语被提出是始于 20 世纪 80 年代中后期。至此，它迎来了一个发展的黄金时期，并且在全世界范围内掀起了一股软测量技术研究的热潮。1992 年国际过程控制专家 T. J. Mavoy 在著名学术刊物 *Automatica* 上发表了一篇题为 "Contemplative Stance for Chemical Process Control" 的 IFAC 报告，明确指出了软测量技术将是今后过程控制的主要发展方向之一，这对软测量技术的研究起到了重要的促进作用。经过多年的发展，目前提出了许多构造软仪表的方法，并对影响软仪表性能的因素以及软仪表的在线校正等方面也进行了较为深入的研究。软测量技术在很多实际工业装置上也得到了成功应用，并且其应用范围不断拓展。早期的软测量技术主要用于控制变量或扰动不可测的场合，其目的是实现工业过程的复杂（高级）控制，而现今该技术已渗透到需要实现难测参数在线测量的各个领域。软测量技术已成为过程控制和过程检测领域的一大研究热点和主要发展趋势之一。

五、 酒精发酵过程的软测量技术

酒精发酵过程作为一种复杂的生化反应，它比一般的非线性系统更加复杂，主要表现在：发酵过程中有复杂的物理、化学反应过程，发酵过程的参数众多，并且没有合适的测量这些参数的仪器，这使得发酵过程的建模和控制很困难，所以迄今为止，对发酵过程的控制还没有很好的方法。由于缺少对过程参数的测量、监测和控制的实时系统，使得发酵酒精的成本高、操作费用高。降低酒精发酵过程的能耗、降低成本和提高产品的产率是发酵过程控制的一个目标，而实现这个目标最重要的一环，就是能够在不增加实际仪表的基础上实时地获得过程参数。软测量技术是解决发酵过程中普遍存在的一类变量难以在线测量的问题的有效方法。它克服了人工分析及使用在线分析仪表的诸多不足，是实现在线测量控制及先进控制、优化控制的前提和基础。在软测量技术中一般采用人工神经网络、主元回归、最小二乘法、模糊数学网等多种方法进行发酵过程控制的建模。

第三节　摇瓶中酒精酵母培养条件的初步优化

微生物的生长和代谢产物的积累既受到菌种本身的影响，也受到营养和环境条件的影响，其生物合成途径、产物种类及其性质、产量及产率与 pH、接种量和初始糖浓度等多种因素有密切关系。因此，选择合适的发酵条件是极其重要的。本研究以单因素实验初步优化了酵母发酵培养条件，为酵母在发酵罐上的扩大化生产奠定了一些实验基础。

一、 种子液最佳培养时间的确定

在种子培养过程中，随着培养时间的增加，菌体密度逐渐增加，但是菌体量生长到一定量后，由于营养物质消耗和代谢产物的积累，菌体会逐渐趋于老化，因此，对于种子来说种龄的控制很重要，一般以菌体处于生命力旺盛的对数期为宜。图 8 - 1 为酵母种子的生长曲线，一开始酵母种子经历一段时间的延滞期，6h 左右进入对数生长期，14h 左右进入平稳期，最终的菌体 OD 达到 12。由于种子的对数生长期较长，为了确定种子液的最佳培养时间，本实验将种子液分别培养 8h、10h、12h、14h、16h 后接入发酵培养基中培养 12h。考察不同接种时间对菌体生长的影响，从图 8 - 2 中可以看出种子液培养 12h 进行接种，菌体生长最好。

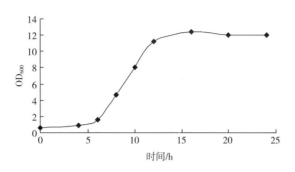

图 8-1 酵母的生长曲线

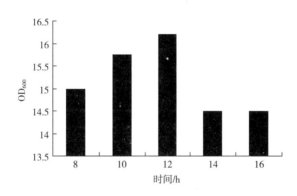

图 8-2 接种时间对菌体生长的影响

二、 培养基初始 pH 对菌体生长的影响

培养基或环境中的 pH 与微生物的生命运动有着密切的联系。它的影响是多方面的，因为环境的 pH 会影响到细胞膜所带的电荷，从而引起细胞对营养物质吸收状况的改变。此外，还可以通过改变培养基中有机化合物的离子化程度，而对细胞施加间接的影响，改变某些化合物分子进入细胞的状态，从而促进或抑制微生物的生长，还可影响环境中有害物质对微生物的毒性；同时 pH 还影响培养基中某些营养物质的分解或中间代谢产物的解离，从而影响微生物对这些物质的利用。

另外，酿酒酵母对酸度耐受性的高低是评价酒精酵母优劣的重要指标。在生产中经常人为地调高发酵液的酸度，尽管对酵母的生长有所影响，但是能大大抑制杂菌的生长。因此，有必要研究培养基的初始 pH 对发酵的影响。从图 8-3 可以看出，pH 越低对菌体生长影响越明显，自然条件下 pH 为 5，当 pH 为 4.5 时其生长状态同自然 pH 相差不多，因此我们在酒精发酵过程中将 pH 控制在 4.5 左右。

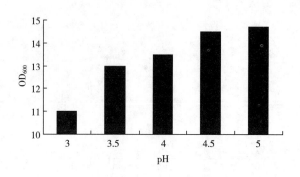

图8-3　pH对酵母生长的影响

三、 接种量对酵母生长的影响

接种量的大小与菌种特性、发酵条件等有关，不同的微生物其发酵的接种量是不同的。本实验考察了不同的接种量对菌体生长的影响，结果见图8-4。

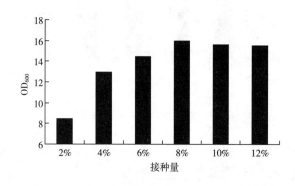

图8-4　接种量对酵母生长的影响

接种量的大小直接影响发酵周期，接种量小，菌体生长缓慢，对数生长期持续时间长；接种量大，延滞期短，酵母细胞生长快，可缩短生长达到高峰的时间，细胞较快地达到稳定期，使产物的合成提前。由图8-4可以看出，当接种量为8%时菌体浓度最高。

四、 酒精浓度对酵母生长的影响

酿酒酵母的代谢产物乙醇对其自身的生长繁殖及发酵具有抑制作用，酵母菌种不同，对乙醇的耐受能力是不同的，为此在培养基中加入不同含量的酒精，分别按照0%、1%、3%、5%、7%、9%的浓度将酒精加入培养基中培养12h，考察其对菌体生长的影响。从图 8-5 可以看出，培养基中含酒精越少，菌体生长越好，随着酒精浓度的升高，酒精对菌体生长的抑制越明显，然而在酒精浓度达到 5% 的时候，酵母细胞仍能保持接近 12 的 OD 值，体现了对酒精一定的耐受性。当酒精浓度高于 7% 时，菌体的繁殖速度非常缓慢，抑制非常明显。

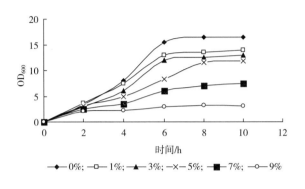

图 8-5　酒精浓度对菌体生长的影响

五、　初糖浓度对酵母生长的影响

基质浓度对菌体生长有很大的影响，我们考察了不同基质浓度下酵母菌的生长状况，从图 8-6 中可以看出，随着葡萄糖浓度的升高，菌体密度也随之增加，菌体的 OD 值最高达到 23。而当葡萄糖浓度大于 150g/L 时，菌体密度开始随着葡萄糖浓度的升高而降低。从图 8-6 菌体生长曲线可以看出，随着葡萄糖浓度的升高，菌体的生长速率逐渐降低。说明在发酵初期葡萄糖浓度较高对酵母的发酵产生很大的抑制作用，使菌体的生长受到抑制，不能很快达到较大的菌体浓度，因而发酵过程缓慢。一般而言，在发酵过程中，我们希望菌体浓度能够很快达到一个较高的水平，因此，控制底物浓度在合适的水平变得非常重要。

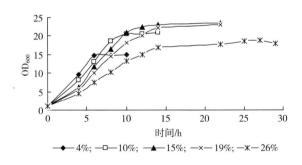

图 8-6　初糖浓度对酵母生长的影响

六、 间歇流加发酵对菌体生长的影响

从上面的研究中发现，当初始葡萄糖浓度较高时，菌体生长就会受到一定的抑制，而选择较低的初始葡萄糖浓度时，虽然有利于菌体生长，但葡萄糖过早地消耗完，不能满足生长需要，最终菌体浓度不高。针对这一特点，采用流加发酵工艺来减轻或消除底物抑制对发酵的影响。本实验考察了间歇流加发酵对酵母发酵的影响，摇瓶培养基的初始浓度为40g/L，每隔2h取样分析葡萄糖的消耗情况，当葡萄糖浓度较低时，流加高浓度葡萄糖，补料后将葡萄糖的浓度控制在60g/L左右。从图8-7可以看出，采用间歇流加方式，最终菌体的OD值达到28，而不流加的发酵方式最高菌体的OD值仅有23，菌体浓度有了很大提高，说明该流加方式有利于菌体生长。这为在发酵罐上通过流加发酵工艺研究酒精发酵打下了基础。

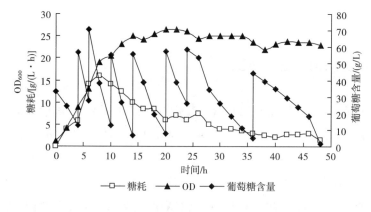

图8-7 间歇补料对菌体生长的影响

第四节 流加方式对菌体生长和酒精发酵的影响

传统的酒精发酵是厌氧发酵，发酵液中的酵母细胞数一般为1亿~1.5亿个/mL，对应的发酵强度也只有1.8~2.2g/（L·h），发酵时间长达50~68h。这种低酵母密度对应低水平酒精发酵强度是必然的。因此，为了大幅度提高发酵法生产酒精的产量，提高发酵强度，降低成本，提高经济效益，高密度和高强度酒精发酵日益成为研究的热点。

通过在摇瓶中对酵母生长条件的初步研究发现：当初糖浓度较高时，基质抑制开始对发酵产生影响，高基质浓度的存在，抑制了酵母的生长，延长了发酵时间，对发酵不利。流加培养（补料分批培养）是介于分批培养和连续培养之间的一种发酵方法。同

传统的分批发酵相比，它可以解除底物的抑制和产物的反馈等；与连续培养相比，对无菌的要求不十分严格，也不会产生菌种老化和变异问题，其适用范围比连续培养广。因而要克服基质抑制对乙醇发酵的影响，实现高密度和高强度酒精发酵，流加发酵是解决这类问题的较好途径。

一、 厌氧条件下不同流加方式对菌体生长和酒精发酵的影响

发酵效率通常与细胞密度有关，因此发酵过程的首要任务通常是研究如何尽可能地达到高的细胞密度，以便提高生产效率、简化下游加工、减少废水排放量、降低培养容积、生产成本及设备投资，使目的产物产生良好的成本效益。因此，要实现高密度和高强度酒精发酵，提高菌体密度便成了其中重要的环节。我们初步实验了传统的厌氧酒精发酵过程中不同流加方式对菌体生长和酒精发酵的影响。

配制葡萄糖初始浓度分别为 260g/L、140g/L、40g/L，其他同发酵基础培养基，以 8% 接种量接种种子液于 15L 发酵罐，30℃、100r/min，厌氧培养 58h，测量其发酵过程中葡萄糖含量和 OD_{600} 等各个发酵参数。间歇补料是一种常见的流加发酵方式，实验中发酵液葡萄糖的初始浓度为 140g/L，发酵 24h 葡萄糖基本消耗完，采用浓度为 700g/L 的葡萄糖进行补料，补料后发酵液中的葡萄糖浓度控制在 140g/L 左右；葡萄糖反馈流加是通过计算上一时间段的葡萄糖的消耗情况来对下一时间段葡萄糖的消耗情况做出预测，并对流加速率做相应的调整。具体操作：初始葡萄糖浓度为 40g/L，发酵过程中通过不断地调整葡萄糖的流加速率来流加葡萄糖，保持体系中葡萄糖的浓度始终在 10g/L 左右。结果如图 8 - 8 所示。

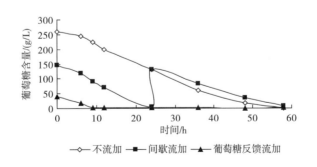

图 8 - 8　不同流加条件下葡萄糖的消耗曲线

图 8 - 9 为不同流加方式中菌体浓度的变化曲线，从图中可以看出不流加和间歇发酵过程中由于葡萄糖浓度较高，菌体生长受到抑制，其菌体生长速度明显较慢，菌体浓度不高；葡萄糖反馈流加方式将基质浓度控制在较低的水平，有利于酵母前期的繁殖，其菌体生长速率和菌体浓度较高，OD 值达到 22。

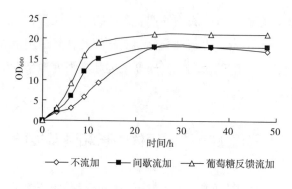

图8-9 不同流加方式对菌体浓度的影响

表8-1给出了三种流加方式下各个发酵参数比较，如表所示，比起其他两种流加方式，葡萄糖反馈流加方式整个过程中基质浓度控制在10g/L以下，解除了底物抑制，在提高菌体浓度方面具有显著优势。但是其发酵强度、酒精度、糖醇转化率较低，主要是由于在酒精合成阶段，糖浓度过低，发酵液中营养物质被耗用而不足，使酵母处于饥饿状态，造成酒化酶活力低、发酵率低、酒精度低。说明葡萄糖反馈的流加方式对发酵前期提高菌体密度方面是可行的，但不利于后期酒精的合成。间歇流加与其他流加相比尽管发酵强度和酒精度相对高一些，但在发酵前期，由于底物浓度的抑制，菌体浓度和糖醇转化率不高。

表8-1 不同流加方式下各个参数的比较

	时间/h	OD值	耗糖/%	酒精度/%	糖醇转化率/%	发酵强度/[g/（L·h）]
不流加	58	17	26.0	13.2	40.0	1.79
间歇流加	58	18	26.7	13.7	40.5	1.86
葡萄糖反馈	58	22	24.3	12.4	40.2	1.69

二、通风条件下不同流加方式对菌体生长及酒精发酵的影响

通过上面的流加发酵，没能达到高密度和高强度酒精发酵的目的。而溶氧是影响酵母发酵的重要因素，尤其是在菌体的生长阶段。为此，为了提高酵母数量，提高发酵强度，本实验在发酵前期通入空气，重新考察了三种流加控制方式对酒精发酵的影响。从图8-10和表8-2可以看出，在前期通少量氧气对酒精发酵过程的影响非常明显。菌体浓度明显高于厌氧状态，菌体OD值最高达到38，而厌氧条件下菌体OD值最高仅为22；酒精度和发酵强度分别达到16.2%和2.67g/（L·h），均比不通气状态有显著提高，发酵时间明显缩短至48h，糖醇转化率没有明显变化，说明通入一定量的空气是实

现高密度和高强度酒精发酵的重要措施之一。

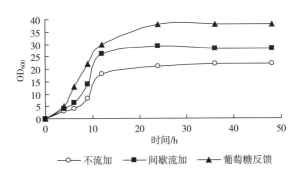

图 8 – 10　不同流加方式对菌体生长的影响

表 8 – 2　　　　　　　　　　　不同流加方式下各个参数的比较

	时间/h	OD 值	耗糖/%	酒精度/%	糖醇转化率/%	发酵强度/[g/（L·h）]
不流加	48	22	29.2	14.9	40.2	2.45
间歇流加	48	29	31.2	16.2	40.9	2.67
葡萄糖反馈	48	38	30.1	15.3	40.1	2.51

　　从间歇流加与残糖反馈流加的参数比较中发现，两种流加方式各有其优点和不足。残糖反馈流加方式解除了底物抑制，菌体浓度很快达到一个较高的水平，但由于底物浓度过低，不利于酒精的合成，发酵强度较低；间歇流加方式由于底物的抑制，菌体浓度相对较低，但较高的底物浓度利于酒精的合成，发酵强度高。可见，在发酵前期控制低底物浓度，利于菌体生长，发酵后期控制较高的底物浓度，利于酒精的合成。两种流加方式均未将酒精发酵控制在适宜的水平，导致糖醇转化率偏低。因此，找到一个适宜的流加控制方式进行高密度和高强度酒精发酵，提高糖醇转化率变得非常重要。

三、　流加控制方式的初步确定

　　在前面的研究中发现，发酵 12h 左右细胞逐渐进入稳定期，细胞生长缓慢，因此，实验过程设定初始糖浓度为 40g/L，前 12h 进行残糖反馈流加，控制底物浓度在 10g/L 左右，后期采用间歇流加。从图 8 – 11 和表 8 – 3 中可以看出，采用葡萄糖反馈与间歇流加相结合的方式进行酒精发酵达到了高密度和高强度的目的，菌体 OD 值为 39，发酵强度 2.65g/（L·h），酒精收率达到 43.2%。由于该种流加方式综合了前面两种流加方式的优点，既克服了菌体生长阶段底物浓度对菌体生长的抑制，又使发酵过程处于利于酒精生成的条件，避免副产物的大量积累，从而使糖醇转化率明显提高。因此，确定该种流加方式为高密度和高强度酒精发酵过程的控制方式。

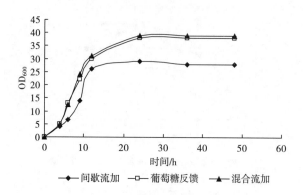

图 8 – 11　不同流加对菌体生长的影响

表 8 – 3　　　　　　　　　　不同流加方式各个参数的比较

	时间/h	OD 值	耗糖/%	酒精度/%	糖醇转化率/%	发酵强度/ [g/（L·h）]
间歇流加	48	28	31.2	16.2	40.9	2.67
葡萄糖反馈	48	38	30.1	15.3	40.1	2.51
混合流加	48	39	28.5	16.1	43.2	2.65

第五节　利用溶氧控制策略进行高密度和高强度酒精发酵

　　软测量技术的实现是以优化的发酵工艺条件为基础的，溶氧作为发酵过程中重要的工艺条件，不仅是影响高密度和高强度酒精发酵的因素，也是软测量模型建立中重要的输出参数之一。对于高密度和高强度酒精发酵，目前大量的研究基本上都是围绕着发酵培养基的改善、固定化酵母发酵技术和酵母细胞分离回用技术等方面展开的，而对于如何通过工艺调整等方法最大限度使酵母生长和活力达到最佳状态、提高酒精发酵水平等方面鲜有报道。虽然有关研究指出在酒精发酵过程中供应必要的氧气是提高酵母菌增殖和高浓度乙醇发酵的保障措施，但这些仅仅是从表面上提出溶氧对酒精发酵的重要性，并没有更深入地研究通过怎样的溶氧控制策略来进行酒精发酵。酒精发酵过程中，发酵强度受菌体密度、发酵速度以及酵母发酵活力等多种因素的影响。溶氧条件是影响菌体生长的重要因素，酵母细胞密度和发酵活力的高低又会影响发酵速度，从而最终影响发酵强度。因此，要实现高强度酒精发酵，找到一种最适的溶氧控制策略变得非常重要。

一、　不同溶氧浓度对菌体发酵的影响

溶氧在酵母发酵中有着非常重要的作用，通常发酵液中的溶氧浓度影响到菌体的生长。本实验将溶氧浓度分别控制在80%、50%、1%～4%、0%。考察了不同溶氧浓度对菌体生长的影响。

菌体发酵过程中通过自动提高或降低搅拌转速将溶氧控制在50%，通过搅拌转速的变化考察发酵过程中菌体对氧的需求。在菌体培养的开始阶段，搅拌转速设为100r/min，通气量为2L/min，此时溶氧浓度为100%。由图8-12可知，培养10min左右细胞即进入对数生长期，细胞比生长速率高，营养基质消耗快，细胞浓度不断增大，表现为细胞对氧的需求旺盛，培养2h，培养液中溶氧（DO）迅速下降到50%左右，通过不断提高转速来满足酵母对氧需求的增加。培养14h，菌体对氧的需求达到最大值，转速提高到170r/min，细胞的OD值达到38。之后细胞比生长速率降低，细胞增殖速度减慢，对氧的需求也逐渐降低，搅拌转速逐渐下降。可见，利用搅拌转速控制溶氧浓度，搅拌转速的变化趋势反映了菌体所处的生长状态。

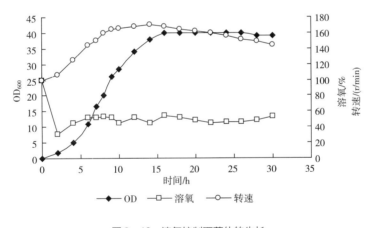

图8-12　溶氧控制下菌体的生长

氧的供给与否以及溶氧含量的多少能使酵母菌的呼吸和发酵代谢发生变化。从图8-13中可以看出，通氧与否对发酵过程中菌体的生成量有很大的影响。有氧控制的条件下，菌体的生成速度明显比不通氧发酵条件下要快，并且最终菌体浓度也比不通氧条件下的高，然而，在菌体发酵前期通氧和不通氧条件下菌体生长速度大致相同，这主要是由于不通氧发酵开始时发酵罐中存在少量的空气。当罐内溶氧消耗完后，菌体的生长速度明显低于通氧状态。

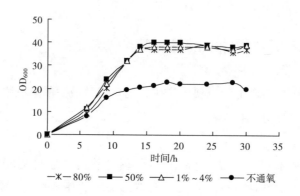

图8-13　不同溶氧浓度对细胞生长的影响

从图8-14可以看出，在通少量氧的条件下，发酵4h左右溶氧就基本降到了1%左右，尽管如此，这种条件并没有影响菌体的生长。不同溶氧水平对菌体的生长并没有明显的影响。由此表明，在酵母菌发酵过程中，只要将溶氧控制在较低水平，就能获得较高的菌体密度，进一步提高溶氧水平，虽然可以提供更为充足的氧，但这并不能很明显地提高菌体密度。

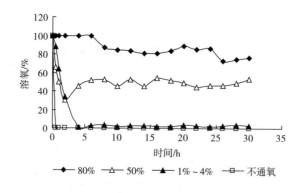

图8-14　不同溶氧浓度随时间的变化曲线

从图8-15可以看出，在有氧条件下菌体对葡萄糖的消耗明显高于厌氧条件下对葡萄糖的消耗。在菌体的对数生长期，细胞对葡萄糖的消耗在有氧条件下达到$12 \sim 14g/(L \cdot h)$，而厌氧条件下的消耗速度仅有$8g/(L \cdot h)$，说明菌体密度的高低直接影响底物消耗的快慢。10h左右，由于菌体生长速率逐渐降低，酵母对葡萄糖的消耗开始逐渐下降，然而，随着溶氧浓度的升高，葡萄糖的消耗速度下降得越快。低溶氧控制条件下，葡萄糖的消耗速度下降得最慢。氧气的存在会促使酵母采取有氧呼吸的代谢途径，从而破坏酒精发酵的厌氧代谢过程。但是，进一步研究表明，因氧气存在使酵母从发酵转变为呼吸的巴斯德效应主要发生在糖浓度比较低的时候（低于3g/L），而糖浓度在$3 \sim 100g/L$时，即使有相当量的氧存在，酒精发酵也能进行。在不同溶氧控制条件下均有不同浓度的酒精产生，且溶氧浓度越低，越有利于酒精的生成；无氧条件下发酵生成的酒精低于溶氧控制在1%～4%条件下生成的酒精。这主要是由于无氧条件下的菌体量远远低于有氧条件下的菌体量，而酒精的生成与菌体量有很大的联系。不同溶氧水平下，菌体生长密度变化不大，它们用于维持菌体生存和对葡萄糖的消耗大致相同，因此在菌体密度基本一致的情况下，生成的酒精量越多，对葡萄糖的消耗也就越大。发酵液中的溶氧浓度只要维持在较低的水平便可以满足菌体的生长，且利于酒精的合成。

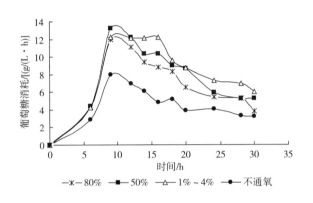

图8-15　不同溶氧条件下葡萄糖的消耗曲线

二、不同溶氧控制策略的优化

通风量对发酵液的浓度起到直接的作用，在搅拌转速和通气时间一定的条件下，考察了不同通风量对酒精发酵的影响。实验中通风量的控制在 $0.11 \sim 0.55 m^3/(m^3 \cdot min)$，结果显示，当通风量为 $0.11 m^3/(m^3 \cdot min)$ 时，与其他通风条件相比其菌体浓度明显低，说明此时的通风条件较低，影响了菌体的生长；其他通风条件下，随着通风量的增加，菌体浓度并没有明显差异，可见，将通风量控制在一个合适的范围便可以满足菌体生长，达到高密度发酵的目的。

当设定溶氧的起始浓度为100%，从图8-16可以看出，随着菌体的生长，对氧的消耗逐渐增多，溶氧浓度逐渐下降，且通风量越低，溶氧浓度下降得越快；通风量为 $0.11 m^3/(m^3 \cdot min)$ 时，发酵2h溶氧就下降到0%，通风量增大到 $0.55 m^3/(m^3 \cdot min)$，溶氧维持5h也降到0，尽管后面继续通气，溶氧却一直在0附近波动。由表8-4可以看出，当通风量控制在 $0.22 \sim 0.28 m^3/(m^3 \cdot min)$ 时，其酒精度、发酵强度和酒精收率均比较高。通风量过高或过低都不利于酒精发酵，因此选取最佳通风量为 $0.22 m^3/(m^3 \cdot min)$。

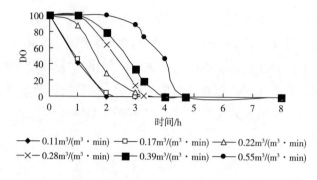

图 8-16　不同通风量下溶氧的变化曲线图

表 8-4　　　　　　　　　不同通风量下发酵参数的比较

通风量/m³/ (m³·min)	时间/h	耗糖/%	酒精度/%	糖醇转 化率/%	发酵强度 [g/(L·h)]
0.11	48	27.2	15	43.5	2.46
0.17	48	29.4	15.7	42.2	2.58
0.22	48	29.0	16.2	44.1	2.66
0.28	48	29.1	16.0	43.4	2.63
0.39	48	27.4	15.5	44.6	2.55
0.55	48	27.9	15.1	42.7	2.48

在最佳通风量确定的基础上，考察搅拌转速对酒精发酵过程的影响，实验中通风量为 0.22m³/ (m³·min)，控制搅拌转速为 50～200r/min，对菌体生长、发酵液葡萄糖的消耗、酒精度、酒精收率、发酵强度以及溶氧进行跟踪检测。由图 8-17 可知，搅拌转速较低时，菌体浓度不高，不利于菌体生长。当搅拌转速达到 100r/min，菌体浓度明显增加，继续增加转速，对菌体的生长没有明显的影响。

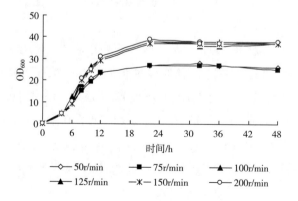

图 8-17　搅拌转速对菌体生长的影响

从图 8 - 18 可以看出，在通风量一定的条件下，搅拌转速快慢对溶氧的变化有很明显的影响，当搅拌转速为 50r/min，发酵 20min 溶氧就降到 0，随着转速的增加，溶氧浓度下降的速度逐渐减慢。搅拌转速增大到 200r/min，在通气的 12h 内，溶氧一直保持在较高的浓度。

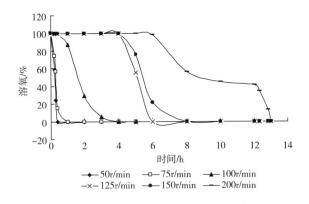

图 8 - 18 不同搅拌转速下溶氧的变化曲线

由表 8 - 5 可以看出，当搅拌转速为 100 ~ 125r/min 时，其酒精度、发酵强度和酒精收率均比较高。搅拌转速过高或过低都不利于酒精发酵，因此我们选取最佳转速为 100r/min。酒精发酵过程中，前期为酵母的生长阶段，需氧；后期为酒精的合成阶段，厌氧。控制通气时间便显得非常重要，因此，在确定了通风量和搅拌转速的基础上进一步考察通气时间对酒精发酵的影响。

表 8 - 5　　　　　　　　　　　　不同搅拌转速下发酵参数的比较

转速/ （r/min）	时间/h	耗糖/%	酒精度/%	糖醇转化率/%	发酵强度 [g/（L·h）]
50	48	28.4	15.0	41.7	2.46
75	48	27.7	14.9	42.4	2.45
100	48	28.7	16.3	44.8	2.68
125	48	27.4	15.9	45.8	2.61
150	48	28.2	15.4	43.1	2.53
200	48	29.6	15.5	41.3	2.55

由图 8 - 19 可知，在通气 9h 的条件下，9h 前菌体浓度的变化与其他通气时间下差别不大，之后由于停止通气，处于无氧状态，菌体的繁殖速度明显减慢，20h 左右菌体达到最大值；随着通氧时间的增加，菌体密度也随之增加，且通气时间越长，菌体浓度越高。然而，并不是通气时间越长，菌体浓度越高，酒精产率就会越高。从图

8-20可知，在通气12h的情况下最终的酒精产率最高，而通氧19h的情况下酒精度反而最低。由此表明，通气时间过长或过短都不利于酒精发酵，恰当的通气时间对于整个发酵过程是非常重要的，它既有利于前期菌体的生长，又有利于中后期厌氧过程中酒精度的提高。通气时间短，菌体密度较低，相同的发酵时间下最终的酒精产量较低；通气时间长，菌体密度较高，但酒精度却不高，我们认为，酒精发酵主要是厌氧的过程，通气时间过长尽管可以提高菌体密度，但它并不利于酒精的生成，因此并不能提高酒精度。

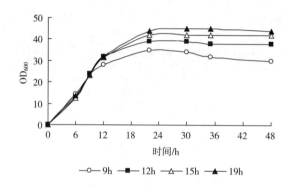

图8-19　通气时间对细胞浓度的影响

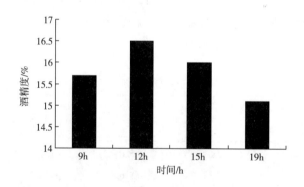

图8-20　通气时间对酒精度的影响

表8-6为不同通气时间下各项参数的计算结果，可以看出，前期通氧可以使菌体在较短的时间内达到较高的细胞密度，有5.5亿~6亿个/mL。在高细胞密度发酵的条件下，发酵48h，最终的酒精浓度最高达到16.5%，从而使发酵强度得到了大幅度的提高，达到2.71g/（L·h），糖醇转化率为44.9%。

表 8-6　　　　　　　　　　　不同通气时间下发酵参数的比较

通风时间/h	时间/h	耗糖/%	酒精度/%	糖醇转化率/%	发酵强度 [g/ (L·h)]
9	48	29.3	15.7	42.3	2.58
12	48	29.0	16.5	44.9	2.71
15	48	30.7	16.0	41.0	2.63
19	48	29.7	15.1	40.0	2.48

发酵效率通常与细胞密度有关，因此发酵过程的首要任务通常是研究如何尽可能地达到高的细胞密度，以便提高生产效率、简化下游加工、减少废水排放量、降低培养容积、生产成本及设备投资，使目的产物产生良好的成本效益。溶氧是高密度发酵过程中影响菌体生长的重要因素，溶解氧浓度对菌体的生长和产物的生成影响很大，溶解氧的浓度过高或过低都会影响细菌的代谢。在高密度发酵过程中提高溶氧量的方法主要有：增大搅拌转速；增加空气流量以增加溶氧；通入纯氧来提高氧的传递水平；在菌体中克隆具有提高氧传递能力的透明颤藻蛋白（VHB）；培养基中添加 H_2O_2，利用宿主菌的过氧化氢酶分解产生 O_2；提高氧的分压等。但不同菌株对氧的要求是有差别的，在发酵过程中一味追求溶氧水平未必得到高表达效果。如 Meyer 和 Fiechter 发现，用枯草杆菌生产 A 干扰素时，溶氧限制在较低水平对产物形成有利。因此利用溶氧控制策略是实现高密度高强度酒精发酵的重要途径。

酵母菌的扩增和乙醇发酵是一个微生物生理过程，在这个过程中供氧是必需的。虽然乙醇发酵是无氧过程，但酵母菌的快速增殖是需氧的。而发酵液中酵母细胞的密度越高，单位时间、单位容积产生的酒精就越多，也就是发酵强度越大。通过我们的研究发现，适当通氧对采用高细胞密度、高强度酒精发酵是必要的，其原因是部分通氧可使酵母细胞产生更多的能量，细胞结构物质得以合成和更新，细胞活力得以长久维持，既提高了酵母菌体浓度，又增强了酵母生产乙醇的能力。

第六节　基质浓度软测量和葡萄糖反馈在线流加的控制策略

发酵过程是一个复杂的、不确定的、非线性的动态过程，由于涉及生命体的生长和繁殖，其影响因素繁多、机理十分复杂，采用经典的机理解析式模型描述发酵过程比较困难。其中一些化学参数、生物参数（如基质浓度、细胞浓度等）常需要离线取样分析，取样间隔时间长，数据滞后，更重要的是，在实际操作过程中，频繁取样大大增加了发酵染菌的可能性，而这些参数又对发酵过程起着非常关键的作用，要想使整个发酵过程沿着最优轨迹进行，就必须对其实施有目的的控制，因此，对这些相关参数的测量就显得尤为重要。在发酵过程中，前期采用葡萄糖反馈流加将葡萄糖浓度控制在 10g/L 以下，解除底物对菌体生长的抑制，酵母在较短的时间内达到高密度。葡萄糖采用离线分析，葡萄糖反馈连续流加是通过计算上一时间段葡萄糖的消耗情况来对下一时间段葡萄糖的消耗情况做出预测，并对流加速率做相应的调整。如想较合适地控制葡萄糖浓度范围，只有通过在发酵过程中多取样来尽量缩小葡萄糖消耗预测值与实际值之间的误差，因此，取样频繁、数据滞后、流加参数设定始终变化是这种流加方式的最大缺点。工业过程中解决该弊端的途径有两条：一是沿袭传统的检测技术发展思路，通过研制新型的过程检测仪表，以硬件的形式实现过程参数的在线则量；另一途径就是采用间接测量的思路，利用易于获得的其他测量信息，通过软测量技术来实现被检测量的估计。目前，对于葡萄糖的测量已经有成熟的在线检测仪，本书以可以实现在线测量的葡萄糖为对象，采用软测量技术对残糖反馈流加过程中的葡萄糖浓度进行预测，验证了该方法的可行性和有效性。软测量技术如果能够对可以在线测量参数的预测达到很好的效果，那么，便为解决类似发酵过程优化控制中不易测量生物量（基质浓度、菌体浓度、产物浓度等）的在线测量问题提供了一个有效的方法。因此，本章在葡萄糖反馈的基础上，采用软测量的方法对酒精发酵过程中残糖浓度这个关键参数进行在线估计，并根据估计值控制葡萄糖的自动流加，将葡萄糖浓度控制在合适的范围。

一、 利用软测量模型描述发酵过程

软测量模型的基本思路就是根据某种最优准则，选择一组既与主导变量有密切关系但又容易测量的变量，通过构造某种数学关系，来估计主导变量。图 8-21 所示为过程对象输入输出关系。

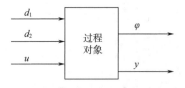

图 8-21 过程对象输入输出关系

图中的 y 表示难测的主导变量；d_1 表示可测的干扰变量；d_2 表示不可测的干扰变量；u 表示可测的控制变量；φ 表示可测的被控变量。难测的主导变量的估计值可以表示为

$$y = f(d_1, d_2, u)$$

由此可见，软测量模型主要反映了在线可测参数与不可直接测量参数之间的关系。

目前，建立软测量模型的方法很多，根据人们对过程的认识程度主要可分为机理建模方法（白箱模型）和基于数据驱动的建模方法（黑箱模型）。

机理建模方法建立在对工艺机理深刻认识的基础上，通过列写和求解宏观或微观的质量平衡、能量平衡、动量平衡方程以及反应动力学的方程等来确定难测的上导变量和易测的辅助变量之间的数学关系。与用其他方法建立的模型相比，机理模型的可解释性强、外推性能最好，是最理想的软测量模型。但是发酵过程内在机理复杂，具有高度非线性、时变性，这使机理建模变得非常困难。另外，机理模型也有其不足的地方：第一个不足之处就是模型的专用性，不同的对象其机理模型无论是模型结构还是模型参数都千差万别，因此模型的可移植性较差；第二个不足之处是机理建模过程需要花费很大的人力物力，从反应本征动力学和各种设备模型的确立、实际装置传热传质效果的表征到大量参数（从实验室设备到实际装置）的估计，每步都非常困难；第三个不足则是当模型复杂时求解较困难，由于机理模型一般都是由代数方程组、微分方程组甚至是偏微分方程组所组成，当模型结构庞大时，其求解过程的计算量很大、收敛慢，难以满足在线实时估计的要求。

现代化工业过程都有大量的仪器仪表，积累了大量的数据，这些数据中包含了过程的运行信息。数据驱动方法即是一种从"海量"数据中挖掘出有用的过程信息，构建主导变量与辅助变量之间的数学关系。由于该方法仅对采集到的数据进行处理，不需要过程内部状态或结构的显示表示，可实现性强，且代价较低，因此数据驱动方法得到了学术界和工业界的广泛重视。在欧美国家，基于数据驱动的方法在过程监控方面已经取得了大量的成功应用，带来了巨大的经济效益。但是在国内，该方法大都还局限在仿真研究上，真正在工业实际中的应用很少。人工神经网络和线性回归法是基于数据驱动的建模方法中应用较多的方法。

人工神经网络是人们利用计算机来模拟人脑的结构和功能的一门新学科，是当前工业领域备受关注的研究热点之一。它无需具备对象的先验知识，而是根据对象的输入/输出数据直接建模，因此在解决高度非线性和严重不确定性系统控制方面其有十分巨大的潜力。对一些机理尚不清楚且非线性严重的系统，通常采用人工神经网络来建立软测量模型：将过程中易测的辅助变量作为神经网络的输入，主导变量作为神经网络的输出，通过网络的学习来解决主导变量的软测量问题。然而，在实际应用中，离线计算量大，实现复杂，其各参数训练与初始值有关系，随机性很大，且网络学习训练样本的数量和质量、学习算法、网络的拓扑结构和类型等的选择对所构成的软仪表性能都有重大影响。

线性回归方法是一种经典的建模方法，简单实用，不需要建立复杂的数学模型，只要收集大量辅助变量的测量数据和主导变量的分析数据，运用统计方法将这些数据中隐含的对象信息进行提取，从而建立主导变量和辅助变量之间的数学模型。经典回归分析法包括最小二乘法和主元回归等多种分析方法。

采用最小二乘法来估计回归系数，可以使残差平方和达到最小，实际当中，分析人员为避免遗漏重要的系统特征，通常倾向于较周全地选取有关指标，但这些指标之间往往会存在高度相关现象，当各变量有相关关系时会出现奇异矩阵求逆，多元回归算法将受到很大的影响，导致产生不可靠的模型参数。

主元回归法是解决多变量问题简便、有效的统计方法，其目标是在力保数据信息丢失最少的情况下，对高维变量空间进行降维处理。主元分析法的基本思路：寻找一组新变量来代替原变量，而新变量是原变量的线性组合。从优化的角度看，新变量的个数要比原变量少，并能最大限度地携带原变量的有用信息，且新变量之间互不相关。主元回归解决了由于输入变量间的线性相关而引起的一些问题。同时，由于忽略掉了次要的主元，还起到了抑制测量噪声对模型系数影响的作用，从而得到符合实际情况的模型。

二、　微生物发酵过程中软测量技术的实现

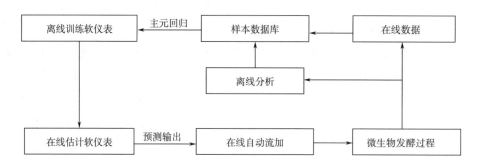

图 8 –22　基于主元回归方法的软仪表实现框架图

基于主元分析的软仪表的实现流程如下。

第一步：确定要预测的参数，即模型的输出变量，然后根据已有机理知识寻找相关的辅助变量集。

第二步：收集辅助变量样本数据，从生产过程的历史记录或者实时数据，还有工艺人员的分析记录，都是样本的重要来源，采集的数据数量要充分，应尽可能覆盖生产过程在正常的操作工况下的各变量变化范围。

第三步：样本数据的预处理，包括去除噪声、数据的平滑、归一化、标准化处理，在进行归一化和标准化处理的时候要注意保留相关参数，以作为其他数据进行归一化和与标准化、反归一化和反标准化的参照标准。

第四步：进行主成分分析（PCR），筛选最终的辅助变量。

第五步：选定辅助变量之后，将特征提取后的数据输入对模型进行训练，直至训练

完毕。

第六步：选择一组测试样本对训练好的模型进行测试，查看其预测效果。

第七步：将模型软件应用于真实发酵过程，进行在线预测。

第八步：根据预测结果进行在线自动流加。

1. 数据采集和预处理

基于数据驱动方法的效果高度依赖于过程数据的数量和质量。为了将发酵过程中收集的数据形成统计信息，必须保证一个批次一定数量的数据，并且还要有一定量的批次。根据统计理论，数据越多，其反映的统计规律越准确，因此理论上要求批次数和每个批次采集数据量越大越好。发酵过程中提供的信息包括：通风量、罐压、培养液体积、温度、pH、溶氧浓度、搅拌转速、乙醇含量、酵母浓度、葡萄糖含量、葡萄糖流加量、葡萄糖消耗速率以及葡萄糖流加速度。通过前面几章的研究，得到了高密度和高强度酒精发酵的优化工艺条件。在优化工艺条件下，连续进行了10批发酵作为样本数据，发酵过程中尽可能多地进行取样分析，以便提供较多的数据量。从中任意取1批数据作为测试样本，其余9组数据作为训练样本。所有的数据在作为建模的输入参数或输出参数时，要先进行归一化处理，使所有数据的大小都落在[0，1]中。

在实际的发酵过程中，对能够在线测量的变量（反应器温度，搅拌器马达转速、pH和DO浓度，通风量）1min便可以自动记录一次。而要离线分析的变量（生物量、底物浓度、产物浓度等）由于受测量方法和人为操作熟练程度的限制，一般需要间隔较长的时间才能测量一次。从表8-7在线参数采集数据和图8-23葡萄糖反馈流加中葡萄糖含量离线数据的比较中可以看出离线数据采集量远远小于在线数据量，没有足够的离线数据与相应的在线数据对应，而人工无法做到相当紧密的取样，这就给建模过程带来很大的困难。将离线数据中葡萄糖含量与时间变化的曲线进行优化拟合，找到其最优的拟合公式。从图8-24可以看出，拟合后的优化公式可以较好地反映真实的发酵情况。这样便可以通过时间与葡萄糖含量的拟合公式，计算出任意时间里的葡萄糖含量，从而弥补了葡萄糖不能随时取样的缺点，通过拟合曲线将离线数据同在线数据一一对应起来，为模型的建立打下基础。

表8-7　　　　　　　　　　　发酵过程中的在线数据

发酵时间/h	温度/℃	pH	DO 值	转速/（r/min）	空气流量/（L/min）
0.0003	30.0	4.52	99.9	100	2.0
0.0169	30.2	4.51	99.9	100	2.0
0.0336	30.2	4.52	99.9	100	2.0
0.0506	30.2	4.51	99.9	100	2.0

续表

发酵时间/h	温度/℃	pH	DO 值	转速/（r/min）	空气流量/（L/min）
0.0672	30.1	4.51	99.9	100	2.0
0.0839	29.9	4.54	99.8	100	2.0
0.1006	29.8	4.51	99.9	100	2.0
0.1172	29.5	4.53	99.9	100	2.0
0.1339	29.8	4.54	99.8	100	1.9
0.1506	29.9	4.53	99.9	100	1.9
0.1672	30.0	4.53	99.9	100	1.9
0.1839	30.0	4.54	99.9	100	2.0

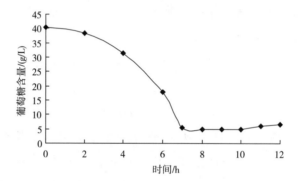

图 8 - 23　葡萄糖浓度变化曲线

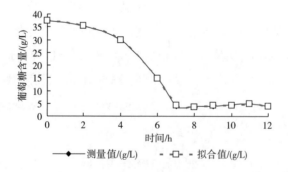

图 8 - 24　葡萄糖浓度的实测曲线和拟合曲线的比较

2. 辅助变量的选择

葡萄糖反馈自动流加软测量模型的输出变量只有一个：葡萄糖含量 X（g/L）。发酵过程中提供许多数据，但不是都可以用来作为网络的输入变量。辅助变量的选择对于软测量技术是至关重要的，确定结果的好坏往往大大影响软测量实施的效果。软测量仪表中辅助变量的选取包括变量类型的选择、变量数目的选择以及检测点位置的选择三个方面，它们是相互关联、相互影响的。根据输入变量选择的原则——输入变量必须选择对输出影响大且能够检测的，同时，考虑到酵母生长的特点，故需对发酵过程中数据进行筛选，选出与葡萄糖浓度相关且适合的网络输入变量。因此，最好的办法是将各个可能的输入变量放入网络进行训练（图8-25），然后比较含有和不含有该输入变量的两个模型，对其效果进行比较。

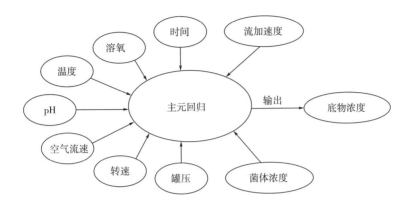

图8-25　输出变量进行模型训练的框架图

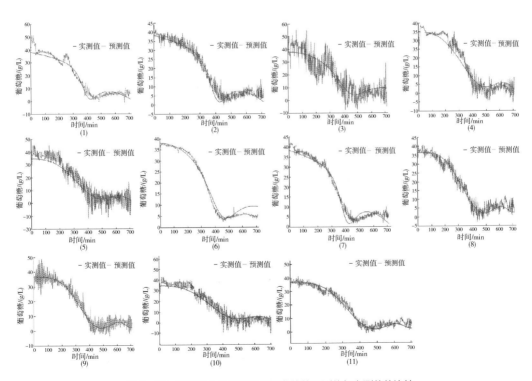

图8-26　不同输入参数下葡萄糖曲线的预测值与实测值的比较

（1）温度和pH　（2）温度和通风量　（3）pH和通风量　（4）pH和溶氧　（5）通风量和溶氧

（6）温度、pH和溶氧　（7）温度、pH和通风量　（8）pH、溶氧和通风量　（9）温度、溶氧和通风量

（10）温度、溶氧、通风量和pH　（11）温度和溶氧

通过在线参数来预测发酵过程中葡萄糖的浓度，因此用来作为网络输入的在线变量包括通风量、温度、溶氧、搅拌转速、pH、时间。在这些变量中，时间是必需的输入参数，搅拌转速是定值，没有变化，不作为输入参数。通过将各个可能的输入变量放入网络进行训练，完成建模，并对各个模型预测效果进行比较，确定出预测效果最好的软测量模型。图8-26为不同输入参数下葡萄糖曲线的预测值与实测值的比较。从几组模拟实验测试的曲线图中可以看出，实测值和模型预测值之间有一定的误差，但发酵过程中葡萄糖浓度的总体走势基本一致。通过比较几组模拟试验测试曲线图可以看出，采用温度、溶氧为输入参数建立的软测量模型其预测效果最好。运用软测量对酒精发酵过程进行建模，能够比较准确地模拟葡萄糖浓度的变化。训练好的软测量模型可以实时预测难以在线测量的关键生物变量，并且精度较高，从而解决了工业生产中存在的试验数据滞后的情况，加快系统响应速度，可以有效地监控发酵过程，从而可以用来指导生产实践，为工业生产的自动化控制建立了一定的基础。

3. 基于软测量的在线智能流加控制的实现

经训练过的软测量模型可以比较好地对离线样本进行预测，然而，本书的最终目的并不仅仅是对葡萄糖的浓度进行预测，而是要通过对葡萄糖浓度的预测，根据预测浓度来指导发酵过程中流加补料，最终实现基于残糖反馈基础上的自动流加控制，将葡萄糖的浓度控制在一个所需求的范围内。为此，将该模型应用于实际发酵过程，考察该模型对于真实发酵过程的控制效果如何，其发酵总体流程如图8-27所示。

酒精发酵过程中利用主元回归软测量算法进行预测并指导流加（图8-28）是实现本系统程序的核心。

当发酵开始后，下微机（发酵罐）上的实时在线参数（发酵时间、溶氧浓度、pH等）通过数据传输线上传到上微机（控制电脑），上微机将上传的数据经过一系列的数据采集，样本处理（归一化等）输入到软测量模型，主元回归分析预测出此时的葡萄糖浓度，如果预测出的葡萄糖浓度大于设定的控制浓度，不需要流加，则进入下一时刻的预测；如果预测出的葡萄糖浓度小于设定的控制浓度，转入到自动流加控制模型，根据预测值与控制值之间的差异，通过一系列运算确定流加葡萄糖的量，并通过控制软件自动打开流加泵进行流加。之后进入下一轮的预测，反复循环。

在流加模型中，为了防止在发酵过程中由于个别的预测值与实际值之间误差较大而造成流加葡萄糖的量过大或过小，采用各个时间段的葡萄糖的消耗速率来校正葡萄糖的流加量，使流加量尽可能准确。在10批的发酵数据中，相同时间段不同批次的菌体对葡萄糖消耗速率在一个范围内波动。选取所有批次中各个时间段内最大和最小的葡萄糖消耗速率作为控制流加的上限和下限，以避免预测误差较大时流加不准。如果经预测后自动计算出的流加葡萄糖的体积大于根据最大糖耗速率计算出的葡萄糖体积，则按最大糖耗速率计算出的流加体积进行流加，反之亦然。通过三批的实际发酵来考察校正软件

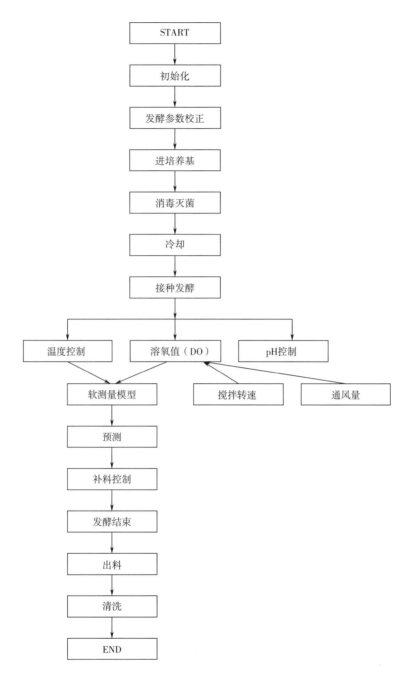

图 8-27 发酵控制过程总体流程

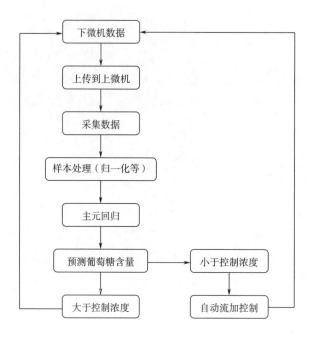

图 8 –28　补料控制程序流程图

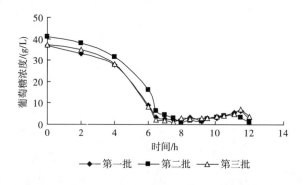

图 8 –29　自动流加控制校正曲线

的效果，当发酵开始后，人为不再干涉发酵的进行，直接通过自动流加软件来控制整个发酵过程，其实际发酵过程如图 8 –29 和表 8 –8 所示。从图表中可以看出，通过自动流加软件基本上可以将每批发酵过程中葡萄糖的浓度控制在 0 ~ 10g/L，证明了该软件可以较好控制实际的发酵过程，具有较好的应用价值，尤其是对一些需要将底物浓度控制在一个特定范围内的发酵过程，使发酵始终处于较优的条件，同时也节省了大量的人力和物力。

表8-8　　　　　　　　　　　　不同批次的自动流加对照表

时间/h	第一批			第二批			第三批		
	残糖/(g/L)	补料量/mL	ΔV/mL	残糖/(g/L)	补料量/mL	ΔV/mL	残糖/(g/L)	补料量/mL	ΔV/mL
0	37	0	0	41	0	0	37.2	0	0
2	33	0	0	38	0	0	35	0	0
4	28	0	0	31.5	0	0	28.3	0	0
6	9	0	0	16	0	0	8.2	0	0
6.5	3.2	22	22	6.5	22	22	2.2	22	22
6.7	—	43	21	—	43	21	—	42	20
6.9	—	65	22	—	65	22	—	64	22
7	2.7	92	27	4.5	90	25	2	91	27
7.2	—	118	26	—	116	26	—	112	21
7.3	—	145	27	—	141	25	—	138	26
7.5	2.3	172	27	3	166	25	1.2	165	27
7.7	—	198	26	—	191	25	—	172	27
7.9	—	225	27	—	216	24	—	218	26
8	2	249	24	1	240	24	3	243	25
8.1	—	274	25	—	264	24	—	267	24
8.3	—	298	25	—	288	24	—	292	25
8.5	3.3	323	25	2	312	24	2.8	314	22
8.7	—	347	24	—	335	23	—	339	25
8.9	—	372	25	—	359	24	—	363	24
9	1.5	397	25	1.5	384	24	2.9	388	25
9.2	—	422	25	—	408	25	—	413	25
9.4	—	447	25	—	433	25	—	439	26
9.5	3	473	26	2.5	457	24	3	464	25
9.7	—	498	25	—	482	25	—	489	25
9.9	—	523	25	—	506	24	—	514	25
10.1	3	552	29	3.5	535	29	3.7	544	30
10.3		582	30		564	29		573	29
10.5	4.2	612	30	4	592	28	4.1	595	22
10.7	—	641	29	—	621	29	—	619	24
10.9	—	670	29	—	650	29	—	649	30
11.1	5.6	699	29	4.5	678	28	4.9	678	29

续表

时间 /h	第一批			第二批			第三批		
	残糖/ (g/L)	补料量/ mL	ΔV/ mL	残糖/ (g/L)	补料量/ mL	ΔV/ mL	残糖/ (g/L)	补料量/ mL	ΔV/ mL
11.3	—	729	30	—	707	29	—	707	29
11.5	6.4	758	29	3.2	736	29	7	737	30
11.7	—	788	30	—	764	28	—	766	29
11.9	—	817	29	—	793	29	—	796	30
12	2.8	846	29	1	822	29	3.8	825	29

第九章

生产设备、仪表和仪器自动化控制

设备选型首先必须要求生产上适用，技术性能好，能满足生产工艺和产品设计的要求，并能提高生产效益。另外要考虑设备的先进性，并要求标准化，自动化程度高，易于操作，节约能源。劳保、安全和环保技术等也要符合国家要求。还必须要考虑经济上的合理，要求购置价格低，投资效益高。下面按照工段介绍设备的选型。

第一节　原料预处理设备

一、　鲜木薯原料预处理的主要设备

1. 鲜木薯原料预处理主要流程

常见的鲜木薯原料预处理工艺流程如图 9-1 所示。

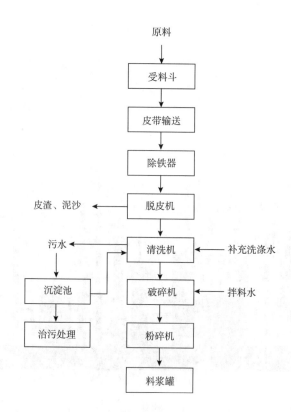

图 9-1　鲜木薯预处理工艺流程

如图 9-1 所示，鲜木薯原料用铲车送至受料斗内，由皮带输送机输送进脱皮机内，经除铁器除去原料中的铁器；脱皮机将大部分鲜木薯的表皮及附在上面的泥沙清理出来，落到脱皮机底部集斗内，用车接走；鲜木薯进入清理机，采用一次水及清洗回用水进行清洗，洗去附在表面上的泥沙、残余表皮；清洗水夹带泥沙、碎木薯、木薯皮从清洗机底部流出，进入沉淀池；沉淀过滤后，泥沙、木薯皮等固形杂物进行环保处理，澄清后的上清液作洗涤水回用，浊度较大的废水送至污水处理工序处理；鲜木薯经脱皮、清洗后，进入破碎机加入工艺水进行破碎，然后进入粉碎机进行粉碎，粉碎后的粉浆进入料浆池内，达到一定的液位后，启动料浆泵送料至液化工段蒸煮、糖化。

2. 鲜木薯原料预处理的主要设备

鲜木薯原料预处理的主要设备有清洗机、输送机、粉碎机等。

（1）桨叶式清洗机　其外形见图9-2。

图9-2　桨叶式清洗机

清洗机的作用是洗净原料附着的泥沙、皮、杂草等。鲜木薯原料的清洗一般都选用桨叶式清洗机，该清洗机的特点是：

① 整机采用逆流洗涤原理，清洗效果好，可有效除泥、除沙。

② 合理的进料方式，有利于车间设备的合理布局。

③ 本机运行平稳，物料破损率低，有利于淀粉的提取。

④ 整机结构简单，处理量大，清洗效果好，节能，节水。

（2）SJFS88 湿法粉碎机　其外形见图9-3。

图9-3　SJFS88 湿法粉碎机

SJFS88 系列湿法粉碎机是由江苏五龙机械有限公司针对酒精、淀粉行业使用新鲜木薯、红薯、甜菜等原料，吸收干湿法粉碎机的优点研制开发的拥有完全知识产权的新型粉碎机。该系列粉碎机具有处理量大，破碎能力强，耗能低，回收率高等优点，特别适用于大块鲜木薯、鲜红薯、甜菜等原料的粉碎。该机采用电机直接联动，因而减少了功率损耗，提高了经济效益。该型粉碎机还具有结构紧凑、运行平稳可靠、便于安装使用等特点。

（3）带式输送机　其外形见图 9 - 4。

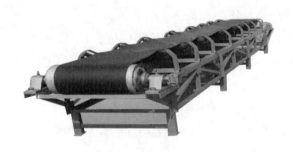

图 9 - 4　带式输送机

带式输送机是以胶带、钢带、钢纤维带、塑料带和化纤带作为传送物料和牵引工件的输送机械。带式输送机按承载断面可分为平形、槽形、双槽形（压带式）、波纹挡边斗式、波纹挡边带式、吊挂式圆管形、固定式和移动式圆管形八大类。承载物料的输送带也是传递动力的牵引件，这与其他输送机械有显著的区别。

带式输送机具有以下特点：

① 输送量大、结构简单。由传动滚筒、改向滚筒、托辊或无辊式部件、驱动装置、输送带等几大件组成。

② 输送物料范围广泛、装卸料十分方便。输送各种散状物料、块状物料等。可在任何点上进行装、卸料。

③ 可靠性高、运行费用低廉。运动部件自重轻，只要输送带不被撕破，寿命可长达十年之久，而金属结构部件，只要防锈好，几十年也不坏。操作简单，维修费少、运行费用低廉。

二、 干木薯原料预处理的主要设备

1. 干木薯原料预处理流程

常见的干木薯原料预处理流程如下图 9 - 5 所示。

干木薯原料由铲车送至车间内的原料受料槽，经皮带输送机输送、永磁除铁器除去铁质杂物后，进入粉碎机粉碎；粉碎后的物料经气力输送至旋风分离器，由关风机进入螺旋拌料机，并按工艺要求加入由水膜除尘器来的洗涤水以及适当的拌料水后流进料浆

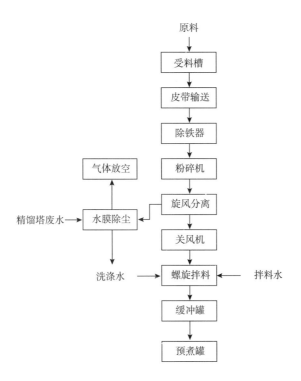

图9-5　木干薯预处理工艺流程

罐；在料浆罐内进一步搅拌均匀，然后经料浆泵送至液化糖化工序进行液化、糖化处理。气力输送尾气中残留的物料经水膜除尘器洗涤收集后进入螺旋拌料机，以降低物料损失，同时可以减少粉尘对环境的污染。为减少污水处理量，提高水源的综合利用，通常将热能初步利用后的精馏塔废水作为水膜除尘器洗涤水。

2. 干木薯原料预处理的主要设备

（1）水滴型粉碎机　水滴型粉碎机（图9-6）采用直联传动，有科学合理的锤筛间隙，改变间隙可进行粗、细粉碎，W形二次粉碎结构，粉碎室二次打击技术；如配

图9-6　水滴型粉碎机

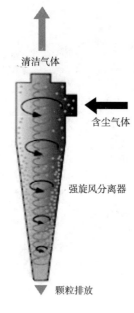

图9-7 旋风分离器

备变频叶轮式喂料器，工作更稳定可靠。粉碎机内的筛网采用交错排孔筛，出料畅通，粉碎完成的成品粒度更细、更均匀。使用定位销轴，充分优化锤片排列，更换锤片操作简单。快启式开门机构和弹性压筛机构，操作维修简便。该机产量高，电耗低，广泛用于大中型饲料厂高品质饲料生产及酒精厂、柠檬酸厂、食品厂等。

（2）旋风分离器　旋风分离器的工作原理是含尘气体通过设备入口进入设备内旋风分离区，当含杂质气体沿轴向进入旋风分离器后，气流受导向叶片的导流作用而产生强烈旋转，气流沿筒体呈螺旋形向下进入旋风筒体，密度大的尘粒在离心力作用下被甩向器壁，并在重力作用下，沿筒壁下落流出旋风分离器排尘口至设备底部，从设备底部的出口流出。旋转的气流在筒体内收缩向中心流动，向上形成二次涡流经导气管流出分离器，经设备顶部出口流出，达到料气分离的目的。图9-7为旋风分离器的工作原理。

（3）螺旋拌料器　螺旋拌料器的工作原理是拌料器的入料端由旋转的桨叶将粉料与拌料水进行搅拌，然后由中后端旋转的螺旋叶片将物料推移而进行螺旋输送出拌料器出料口，使物料不与螺旋叶片一起旋转的力是物料自身质量和螺旋输送机机壳对物料的摩擦阻力。螺旋拌料器的螺旋轴在物料运动方向的终端有止推轴承以随物料给螺旋的轴向反力。螺旋拌料器的结构如图9-8所示。

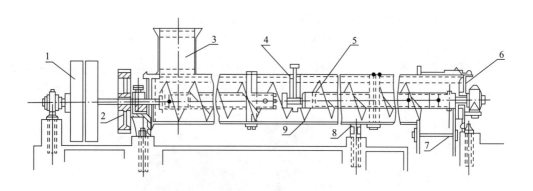

图9-8 螺旋拌料器

1—传动轮　2—轴承　3—进料口　4—进水口　5—螺旋　6—支座　7—卸料口　8—支座　9—料槽

（4）水膜除尘器　当有一定压力的水进入除尘器时，每一层花板产生一层水膜（即水花），含尘气流由主风管进入除尘器本体时，受到水膜的阻隔，气体中的尘粒向液体转移，使气体得以净化，气流中的尘粒被水膜阻隔随器内水流出，无尘气流由出风口进入大气。在使用过程中易出现的问题：一是除尘器本体内存积物较多，进出不畅，因此在使用的过程中必须将泄流阀留有一定的通量；二是水量水压达不到标准，除尘器本体内不能产生水膜，含尘气流将直接进入大气等。其结构和工作原理见图9-9。

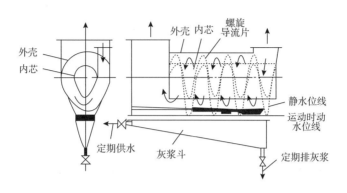

图9-9　水膜除尘器

三、　糖蜜原料预处理的操作及其主要设备

1. 糖蜜原料预处理工艺流程

糖蜜原料预处理常见的工艺流程如图9-10所示。

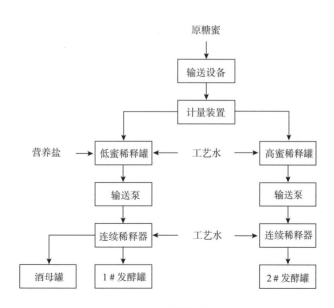

图9-10　糖蜜原料预处理工艺流程

流程说明：糖蜜原料生产乙醇大多采用双浓度发酵法，因此糖蜜原料预处理时需将糖蜜原料稀释成为两种不同的浓度。糖蜜原料经输送设备输送、计量装置计量，分别送

到低蜜稀释罐、高蜜稀释罐内。在低蜜稀释罐内添加氮源、磷源等营养物质，并进行 pH 的调节，稀释到约 $60°Bx$，由输送泵泵入连续稀释器进一步稀释到 $16 \sim 20°Bx$，用于酒母的培养及 1#发酵罐的发酵。而输送到高蜜稀释罐内的糖蜜不需要添加营养盐，稀释到约 $60°Bx$，由输送泵泵入连续稀释器进一步稀释到 $36 \sim 40°Bx$，送去 2#发酵罐发酵。在发酵过程中，如果 2#发酵罐内浓度过高，也可以将部分高浓度糖蜜流加到 3#发酵罐内。

2. 糖蜜原料预处理的主要设备

糖蜜原料预处理的主要设备是糖蜜连续稀释器，常用的连续稀释器有下列两种型式。

（1）不带搅拌器的连续稀释器　该连续稀释器为一只圆筒形的管子，顺着管长装有若干孔板式的隔板和一块筛板，为了使糖蜜与水更好地混合，各板上的孔位都是交错配置，即一个孔在上部，一个孔在下部，这样使液体在流动过程中，呈湍流式运动，隔板上孔的直径，是根据保证液体在器内的湍流式流动来计算的。隔板固定在一对水平轴上，能与轴一道拆卸，以便清洗。稀释器安装时通常出口的一端向下倾斜，这种稀释器的混合效果较好，同时也节省动力。

（2）立式连续稀释器　该稀释器也是一只圆筒形的管子，见图 9 - 11。它是利用

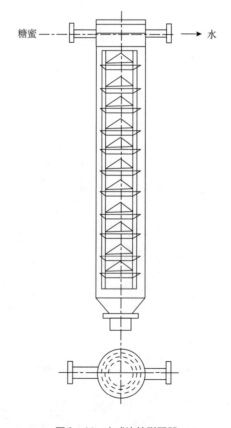

图 9 - 11　立式连续稀释器

截面积不断地改变，保证液体在器内的湍流式流动来达到糖蜜与水均匀混合的目的。糖蜜连续稀释时，用泵将糖蜜送至稀释器，与稀释水混合。保证稀糖液的一定浓度是连续稀释器操作的关键，调节稀糖浓度是采用能调节水及糖蜜流量的自动控制装置来实现的。

四、 甜菜原料预处理的操作及其主要设备

1. 甜菜原料预处理工艺流程

常用的甜菜原料预处理的工艺流程如图 9 - 12 所示。

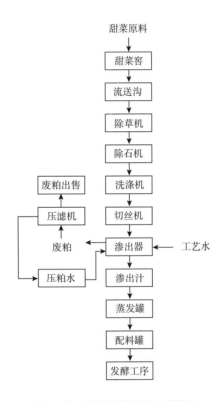

图 9 - 12　甜菜原料预处理工艺流程

工艺说明：收购的甜菜放入甜菜窖中，以 5 ~ 7 倍于甜菜量的水将甜菜冲入沟内。沟上装有除草、除石设备。经流送和除去草石等杂物的甜菜送入洗涤槽，进一步洗净表面附土，除净残留砂石。流送洗涤废水经处理后循环使用。洗净的甜菜通常用斗式升运机或皮带机经磁力除铁后送入切丝机的贮斗中。落入切丝机内的甜菜在随主轴转动的三桨蜗形板和惯性离心力作用下沿筒壁移动而被固定在壁上的刀片切成菜丝。新鲜甜菜切出的菜丝长度应在 8m/100g 以上，碎片小于 5%，不含连片。

切成菜丝后菜丝表面上许多细胞被切破，菜丝从渗出器的一端连续进入，导向另一

端排出；渗出用水则从出菜端连续进入，与菜丝做逆向流动进行渗出后至进菜端排出，渗出时糖分连同非糖分被浸出。利用进入的水与将要排出的废粕（即提取糖分后的菜丝）接触，进入的菜丝则与含糖分最高的汁接触，故菜、汁间始终能保持一定浓度差，使渗出过程得以快速、有效进行。渗出汁送到配料工序添加需要的营养盐后即可进入发酵工序进行酒精发酵。渗出器排出的废粕经压榨脱水后得到压粕和压粕水。压粕水经过必要处理后可回收到渗出器中。湿粕（含干固形物 6% ~ 7%）量约为加工甜菜量的 90%。

2. 甜菜原料预处理的主要设备

（1）渗出器　渗出器如图 9 - 13 所示，我国甜菜预处理使用的渗出器多采用斜槽式双螺旋连续渗出器。器体呈长槽形，向上 8° 倾角。槽内设两条平行、反向旋转、部分叠交的螺旋推进器。螺旋叶由不同间距的螺带制成，在同步旋转中将菜丝由渗出器的低端（首端）推向高端（尾端）。首端上面是菜丝进口，尾端有可以调节方向的进水喷头和回送压粕水的进水管以及排出废粕用轮。渗出器的侧面和底面有分段夹套式蒸汽加热室。

（2）切丝机　常用切丝机有平盘式和离心式。平盘式切丝机主要由垂直轴和旋转刀盘构成。嵌有切丝刀的刀框置于刀盘外圈上，盘中央安装主轴和传动装置并用罩帽盖住，刀盘外缘装有套筒，与罩帽形成环状空间。在刀框的上部有一逐渐缩小通道的压菜板，当刀盘旋转时甜菜被夹住压向切丝刀而切成菜丝。离心式切丝机刀框直立于机身的圆周壁上。其结构如图 9 - 14 所示。落入机内的甜菜在随主轴转动的三桨蜗形板和惯性离心力作用下沿筒壁移动而被固定在壁上的刀片切成菜丝。

图 9 - 13　渗出器　　　　　　　　　　　　图 9 - 14　切丝机

五、 纤维质原料预处理的操作及其主要设备

1. 纤维质原料预处理的流程

纤维质原料预处理通常的方法有三种：物理法、化学法、复合法。以玉米秸秆原料为例，其预处理流程如图 9 - 15 所示。

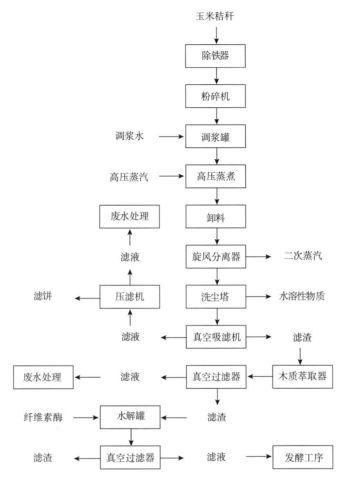

图 9 – 15　纤维质原料预处理工艺流程

如图 9 – 15 所示，玉米秸秆原料经过除铁器除铁后，由粉碎机粉碎，输送到调浆罐加水调浆，最后送到蒸煮罐高温蒸煮。在蒸煮罐内经压力约为 4MPa 的条件下对原料进行蒸煮处理，持续时间为 5 ~ 30min。当加热过程完成时，木质素已经足够软化，通过喷嘴将纤维素迅速吹出罐外，由于突然减压，排出大量二次蒸汽和挥发性副产物（糠醛等），纤维质原料的体积猛增，造成纤维素晶体和纤维束爆裂，使木质素和纤维素分离。经过旋风分离器排走大量二次蒸汽和挥发性副产物如糠醛等杂质，再由洗尘塔洗去水溶性物质。湿料浆经真空吸滤机吸滤，滤液由压滤机压滤出滤饼作锅炉燃料使用，废水送到废水处理工序进行净化处理。真空吸滤机吸滤好的滤渣在木质素萃取器中用 NaOH 溶液萃取木质素，再由真空吸滤机吸滤得到脱木质素的纤维素原料浆，利用重力流入水解罐。水解罐液位控制在 50% 左右，向水解罐里加入纤维素酶并使之充分混合来催化纤维素的糖化过程。纤维素酶的添加量为 12U/g 原料纤维素。在 50℃ 的温度下，维持水解时间在 24h 左右，并保持流动状态，使纤维素酶与原料充分接触，转化成可发酵性的葡萄糖送往发酵工序。

2. 纤维质原料预处理的主要设备

真空过滤机（图9-16）是依靠真空作为脱水的推动力的。盘式真空过滤机的过滤由若干个扇形过滤板组成。扇形过滤板用滤布包覆，并固定在空心轴上，空心轴上的滤液孔与滤板空腔相通，轴端与过滤机的分配头相接，分配头起换气作用。其工作原理是：过滤板放在槽体中，槽中料浆的液面在空心轴的轴线以下，过滤板顺时针转动，依次经过过滤区、干燥区和滤饼脱落区。当过滤板处在过滤区时，它与真空泵相连接，在真空泵的抽气作用下，料浆附在滤布的表面上，并进行过滤。当过滤板处在干燥区时，它仍与真空泵相连，由于这时过滤板已离开料浆，其抽气作用只是让空气通过滤饼，将孔隙中的水分带走，使之进一步脱水；在过滤板处于滤饼脱落区时，它转而与鼓风机相连，利用吹风将滤板上的滤饼吹下。在这三个工作区的中间，均有过渡区，过渡区是死带，其作用是防止过滤板从一个工作区转入另一个工作区时互相串气。如果出现串气，过滤效果会大大降低。过滤区应当有适当的大小。

图9-16   真空过滤机

六、 玉米原料预处理的操作及其主要设备

1. 玉米原料预处理工艺流程

常见的玉米原料预处理的工艺流程如图9-17所示。

如图9-17所示，料斗内的玉米原料经斗式提升机提升到一定高度，输送到皮带输送机上，目的是便于原料的除铁。经除铁器除铁后由螺旋输送机输送到振动筛、比重去石机进一步除杂，然后由斗式提升机提升进贮料仓待用。此过程完成了玉米的精选过程。玉米精选后，通过螺旋输送机输送入粉碎机。粉碎机使用的筛网孔径一般为 $\Phi 1.6 \sim 1.8$mm，太细不利于酒糟蛋白饲料（DDGS）的回收。粉碎后，粉料由分级筛进

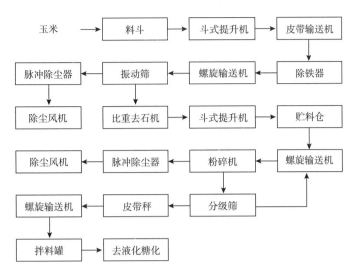

图 9-17　玉米原料预处理工艺流程

行分离，达到工艺粉碎度要求的玉米粉由螺旋输送机送到液化、糖化工序的拌料罐内，与工艺水、酒糟分离的清液进行配料，而没有达到要求的由螺旋输送机送回到前工序重新进入系统进行粉碎。粉碎过程产生的粉尘经脉冲除尘器收集利用。该流程的缺点是机械设备太多，容易因机械故障而影响生产。为此，有些厂家采用如图 9-18 所示的类似使用木薯原料的更为简洁的预处理流程。

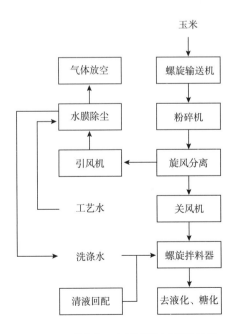

图 9-18　简化的玉米原料预处理工艺流程

该操作流程是：玉米通过螺旋输送机输送到粉碎机（螺旋输送机同时起到分配玉米进不同粉碎机的作用），经引风机的抽吸，将物料从粉碎机里快速吸进旋风分离器进行分离，物料由关风机排入螺旋拌料器，送到液化、糖化工序的拌料罐内。而含有粉尘的气体经水膜除尘器洗涤后排空，洗涤水送到螺旋拌料器作为拌料水与关风机出来的物料调配（即拌料），最后送到液化、糖化工序的拌料罐内。物料调配时，洗涤水没有达到拌料要求的浓度时，不足部分用工艺水进行补充。一般玉米乙醇生产的拌料水要用部分酒糟固液分离后的清液进行拌料（俗称"清液回配"），目的是减少污水排放量。因为酒糟固液分离后的清液酸性比较大，pH 较低，故适量添加碱液，以满足淀粉酶（液化酶）最适 pH 的要求，具体添加量以各厂内定的工艺指标要求为准。

该流程的特点如下所示。

（1）除尘效果好，现场卫生得以保证，有效保护操作人员的身心健康，符合国家清洁生产的要求。

（2）工艺流程紧凑、简洁，便于实现自动化控制。

（3）机械设备较多，故障的概率比较大。没有脱胚，综合效益较差。

（4）设备噪音较大，必须采取一定的降噪措施。

2. 玉米原料预处理的主要设备

分级筛（图 9 - 19）是采用电动机作为动力源，使物料在筛网上被抛起的同时向前做直线运动，可配合单层或多层筛网以达到分级、除杂、除粉、检查等目的；具有分级和输送的功能。其筛分精度高、处理量大、结构简单、耗能少、噪声低、筛网使用寿命长、密封性好、极少粉尘飘散、维修方便、可用于流水线生产中的自动化作业等特点。

图 9 - 19   分级筛

第二节　发酵设备

发酵所用的设备区别不大，主要包括酒母培养罐、发酵罐、螺旋热交换器、搅拌机、泵、CO_2 洗涤塔以及相应的电器、管道和阀门等。

一、酒母培养罐

酒母罐的结构如图 9 – 20 所示，均为铁制圆筒形，其直径与高度之比近 1∶1，底部为锥形或碟形，底部中央有排出管，罐盖是平的，有的封头也用锥形或碟形，罐体密封。罐上装有搅拌器，通过传动装置转动，或直接用电机经减速器而带动。酒母罐内设有兼作冷却或加热用的蛇管，其冷却面积为醪液容积的 2 倍左右，大酒母罐体积是小酒母罐体积的 10 倍。

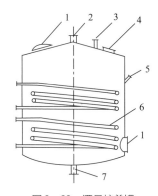

图 9 –20　酒母培养罐

1—人孔　2—CO_2 排出管　3—进醪管　4—视镜

5—温度计　6—冷却水管　7—排醪管

二、主发酵罐

酒精发酵罐一般采用密闭型式，主要是基于回收 CO_2 所带走的部分酒精及回收 CO_2。酒精发酵罐的结构首先需具有能够满足酵母生长和代谢的工艺条件，同时能够及时排走酵母发酵过程中产生的热量；此外还应有利于发酵液的排出，设备的清洗、维修以及设备制造安装方便等要求，发酵罐的结构详见图 9 –21。

目前，普通酒精生产企业使用的发酵罐有锥底形发酵罐和斜底形发酵罐；大型酒精生产企业均采用斜底形发酵罐，罐底倾斜度为 15°，罐内没有安装冷却蛇管。

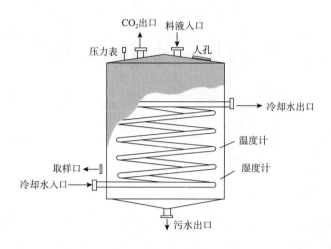

图 9 - 21　发酵罐结构图

　　斜底形发酵罐底部设有罐侧搅拌器，有的在罐体中央安装立式搅拌器，以避免发酵过程的滞流和滑流现象。因为罐体太大，因此醪液采用罐外强制循环冷却的办法解决发酵升温问题。同时因为罐体太大，采用蒸汽杀菌浪费大，因而采用药物杀菌的方式比较多。罐顶设有 CO_2 排出管、醪液输入管、CIP 自动清洗系统。发酵罐的顶端及底侧面还需设置人孔，以便于清洗。

　　为能够及时冷却发酵醪液，大型发酵罐内部安装有冷却蛇管，有的除了安装有内部冷却蛇管外，在罐外还安装有喷淋冷却装置；中小型发酵罐则多采用罐顶安装喷淋装置，喷水于罐顶让冷却水沿发酵罐外壁下落形成水膜进行冷却。采用罐体外冷却需在罐底部沿罐体四周安装冷却水集水槽，冷却水统一由集水槽出口排入冷却收集水池或下水道。

第三节　酒精生产自动化控制

　　自动化控制是一种现代工业、农业、制造业等生产领域中机械电气一体自动化集成控制技术和理论。自动化控制有半自动与全自动化。

　　当前，我国不少小规模酒精厂设备陈旧，在仪表方面多采用数显表显示参数，工人根据参数变化，手工来调整阀门。虽然也能达到控制要求，但是工人的劳动强度高，在精力不集中时，容易出现控制滞后现象，造成参数波动较大，影响酒精的质量。若配上性价比优越的小型集散控制系统，就能节省大量的人力、物力，创造出最大的效益。

　　由于控制技术的广泛应用以及控制理论的发展，使得控制系统具有各种各样的形式。但总的来说可分为两大类，即开环系统和闭环系统。

一、 开环控制系统

控制系统的输出信号（被控变量）不反馈到系统的输入端，因而也不对控制作用产生影响的系统称为开环控制系统。

开环控制系统又分两种。一种是按设定值进行控制，如蒸汽加热器，其蒸汽流量与设定值保持一定的函数关系，当设定值变化时，操纵变量随之变化。图9-22（1）为其原理图。另一种是按扰动量进行控制。如图9-22（2）所示。在蒸汽加热器中，若负荷为主要干扰，如果使蒸汽流量与冷流体流量保持一定的函数关系，当扰动出现时，操纵变量随之变化。

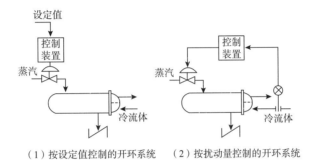

（1）按设定值控制的开环系统　　　（2）按扰动量控制的开环系统

图9-22　开环控制系统的基本结构

二、 闭环控制系统

闭环控制系统原理如图9-23所示，从图中可以看出，系统的输出（被控变量）通过测量变送环节，又返回到系统的输入端，与给定信号比较，以偏差的形式进入控制器，对系统起控制作用，整个系统构成了一个封闭的反馈回路，这种控制系统称为闭环控制系统，或称反馈控制系统。如在蒸汽加热器的出口温度控制系统中，温度控制器接受检测元件及变送器送来的测量信号，并与设定值相比较，根据偏差情况，按一定的控制规律调整蒸汽阀门的开度，以改变蒸汽量，其结构如图9-24所示。

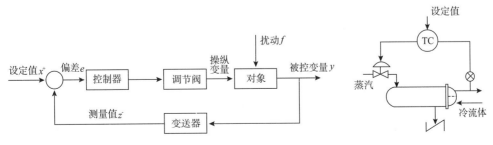

图9-23　闭环控制系统原理　　　　　　　　图9-24　闭环控制系统的基本结构

在闭环控制系统中，按照设定值的情况不同，又可分类为三种类型。

1. 定值控制系统

这类控制系统的给定值是恒定不变的。如蒸汽加热器在工艺上要求出口温度按给定值保持不变，因而它是一个定值控制系统。定值控制系统的基本任务是克服扰动对被控变量的影响，即在扰动作用下仍能使被控变量保持在设定值（给定值）或在允许范围内。

2. 随动控制系统

随动控制系统也称为自动跟踪系统，这类系统的设定值是一个未知的变化量。这类控制系统的主要任务是：使被控变量能够尽快地、准确无误地跟踪设定值的变化，而不考虑扰动对被控变量的影响。

3. 程序控制系统

也称顺序控制系统。这类控制系统的设定值也是变化的，但它是时间的已知函数，即设定值按一定的时间程序变化。

三、 酒精生产自动化控制

以优级酒精五塔差压蒸馏工艺集散控制系统（Distributed Control System，简称 DCS 控制系统）为例，介绍工艺检测点和工艺控制点的选择。DCS 控制系统分为三级，第一级为基础自动化级，完成过程数据的采集、处理、生产过程中的操作和监视、控制与报警；第二级为过程控制，主要完成过程控制、生产管理、报表打印等功能；第三级为工程师站，主要包括组态修改下装等最高权限功能。

优级酒精五塔差压蒸馏工艺主要设备有粗馏塔、水洗塔、精馏塔、甲醇塔、回收塔以及换热器、泵类和罐类等。

1. 公用工程部分

（1）蒸汽的控制　在五塔差压蒸馏 DCS 控制系统中，对蒸汽的压力、温度、流量进行测量，DCS 控制系统根据测量值的变化做出计算，对蒸汽调节阀进行调控，达到稳定蒸汽压力的目的。

（2）循环水压力的控制　在酒精生产中，蒸馏冷凝器都是用循环水进行冷却。在五塔差压蒸馏中，用水设备较多，为了稳定酒精质量、使冷凝器不跑酒，在循环水的供应上，采用变频恒压供水工艺。同时，在 DCS 控制系统上，设置了循环水温度和压力检测，并设置了上、下限报警。

（3）真空度的控制　五塔差压蒸馏中，粗塔是在负压状态下工作的。系统的负压状态，是由真空泵造成的，真空泵不断地抽走不凝气体，以维持系统的负压状态。为了稳定系统的真空度，保证粗塔的负压状态，稳定操作环境，在真空泵进气口设置了进空气调节阀。DCS 控制系统根据真空度测量值的变化做出计算，对进空气调节阀的开度进行调控，以保证真空度稳定。

2. 粗馏塔系统

（1）粗馏塔进醪量控制　在五塔差压蒸馏系统中，维持粗馏塔进醪量的稳定，是保持五塔系统物料平衡的先决条件。粗馏塔进醪量采用成熟醪进料泵的变频控制方案。在粗馏塔进醪管道上，安装有电磁流量计，可以检测出进醪流量的变化值。DCS 控制系统根据流量变化结果做出计算，对变频器进行控制，调整变频器的输出频率，改变进醪泵电机的转变，从而改变粗馏塔进醪泵的输出醪量，保持粗馏塔进醪量的稳定。

（2）粗馏塔液位控制　粗馏塔在处于负压状态下工作，需要用粗馏塔废醪泵将粗馏塔内的酒糟排出粗馏塔。粗馏塔液位控制方案，采取粗馏塔废醪泵的变频控制方案。DCS 控制系统，对粗馏塔塔釜液位进行测量，并根据测量值做出计算，对粗馏塔废醪泵变频器进行控制。

（3）粗酒罐液位控制　粗酒罐里的粗酒精，经过粗酒泵打入水洗塔。在控制方案上，采用粗酒泵变频控制方案。粗酒罐差压变送器检测出液位变化值，DCS 控制系统根据计算结果，调整粗酒泵变频的输出频率，从而调整粗酒罐的液位。

3. 水洗塔系统

（1）水洗塔进水控制　水洗塔的稀释热水是来自精馏塔塔釜的废水，是用精馏塔废水泵输送至塔顶。稀释用水必须保证流量稳定、可调。在控制方案上，采取精馏塔废水泵变频控制。在生产过程中，根据生产情况设定水洗塔热水流量的设定值，电磁流量计检测出热水流量的变化值，DCS 控制系统根据流量变化值来调整变频器的输出频率，从而使热水流量稳定在设定的范围内。

（2）水洗塔塔釜液位控制　水洗塔淡酒精经水洗塔淡酒泵输送入精馏塔中下部，水洗塔淡酒泵采用变频控制方案。水洗塔塔釜差压变送器将水洗塔液位变化值送入 DCS 系统，DCS 系统根据计算结果调整水洗塔淡酒泵变频器的输出频率，调整水洗塔淡酒泵的流量，从而使水洗塔塔釜液位控制在设定的范围内。

4. 精馏塔系统

（1）精馏塔进蒸汽控制　精馏塔进汽是整个五塔系统的主要热源，精馏塔进汽的稳定对粗馏塔、水洗塔、甲醇塔的平衡运行有很大的影响。为使精馏塔进汽能适应各种参数变化，采用 DCS 控制系统，用精馏塔底压力参数来控制精馏塔进汽。

（2）精馏塔塔釜液位控制　精馏塔在正压环境下工作，塔釜液体可利用精馏塔内压排出塔外。采用排废水管道上调节阀，塔釜差压变送器将精馏塔塔釜液位变化值送入 DCS 控制系统，DCS 控制系统根据计算结果来调整调节阀的开度，达到控制精塔馏塔釜液位的目的。

（3）精馏塔蒸汽冷凝水罐的液位控制　对于精馏塔间接蒸汽加热系统，是通过再沸器间接加热，蒸汽冷凝水进入蒸汽冷凝水罐。冷凝水泵采用变频控制，冷凝水罐差压变送器测量出冷凝水罐液位变化值，DCS 控制系统根据计算结果调整冷凝水泵变频器的输出频率，从而使冷凝水罐的液位保持在设定范围内。

（4）精馏塔取酒控制　精馏塔取酒控制方案，选择了精馏塔中温、中上温、中下温、顶温中温的温差、取酒流量多个变量组成复杂控制系统，来控制精馏塔取酒。精馏塔中温、中上温、中下温、顶温、取酒流量等参数送入 DCS 控制系统，DCS 控制系统根据内存的数学模型做出计算、比较、判断，计算出调节阀的开度，从而使精馏塔取酒可应对各种参数的变化，达到取酒的无人操作。

5. 甲醇塔系统

精馏塔采出的半成品酒精在甲醇塔中脱除甲醇后，从甲醇塔底部采出优级成品酒精，通过优级成品泵送入成品冷却器，冷却后的成品进入成品罐。优级成品泵采用变频控制方案。甲醇塔塔釜差压变送器将甲醇塔液位变化值送入 DCS 系统，DCS 系统根据计算结果调整优级成品泵变频器的输出频率，调整优级成品泵的流量，从而使甲醇塔塔釜液位控制在设定的范围内。

6. 回收塔系统

（1）回收塔进料罐液位控制　对于回收塔进料罐液位的控制，以回收塔进料罐液位为变量，采用回收塔进料泵变频控制方案。

（2）回收塔塔釜液位控制　在回收塔排废水管道上安装有调节阀。塔釜差压变送器将塔釜液位变化值送入 DCS 控制系统，DCS 控制系统根据计算结果来调整调节阀的开度，达到控制塔釜液位的目的。若回收塔废水是通过泵往外排，也可采取回收塔废水泵变频控制，DCS 系统根据计算结果调整回收塔废水泵变频器的输出频率，调整回收塔废水泵的流量，从而使回收塔塔釜液位控制在设定的范围内。

（3）回收塔取酒　回收塔取酒可采用以回收塔中温为变量的比例 - 积分 - 微分控制（PID）控制调节。

DCS 系统在酒精工业生产过程中稳定可靠，但维护不当也会不断发生问题。如温度过高、灰尘太多、特别容易造成硬盘磁头簧片的断裂和划盘。在 DCS 的平面布置上，最好考虑加一个缓冲间，再进入中控室或机房，有利于防尘措施。机房和中控室内一般不宜设有暖气，特别不要加水暖，在装活动地板和有电缆沟的情况下，尤其应注意，以免发生因暖气漏水、漏汽，侵潮电路、淹没电缆和设备的事故。

附录　酒精行业相关国家标准

附录一　GB/T 394.2—2008 酒精通用分析方法

1　范围

GB/T 394 的本部分规定了食用酒精和工业酒精产品的分析方法。

本部分适用于各类酒精产品的检测。

2　规范性引用文件

下列文件中的条款通过 GB/T 394 的本部分的引用而成为本部分的条款。凡是注日期的引用文件，其随后所有的修改单（不包括勘误的内容）或修订版均不适用于本部分，然而，鼓励根据本部分达成协议的各方研究是否可使用这些文件的最新版本。凡是不注日期的引用文件，其最新版本适用于本部分。

GB/T 601　化学试剂　标准滴定溶液的制备

GB/T 603　化学试剂　试验方法中所用制剂及制品的制备（GB/T 603—2002，ISO 6353—1：1982，NEQ）

GB/T 6682　分析实验室用水规格的试验方法（GB/T 6682—2008，ISO 3696：1987，MOD）

3　总则

3.1　本部分中所用的各种分析仪器（如：分析天平、分光光度计等）应定期检定；所用的密度瓶、移液管、容量瓶等玻璃计量器具应按有关检定规程进行校正。

3.2　试验中所用比色管应成套，其玻璃材质、色泽要一致。一般玻璃器皿用洗涤剂或铬酸洗液清洗；用过高锰酸钾的器皿须用草酸浸洗，然后用水冲洗干净。

3.3　本部分中所用的水，在未注明其他要求时，应符合 GB/T 6682 的要求。所用试剂，在未注明其他规格时，均指分析纯（AR）。

3.4　本部分中的"溶液"，除另有说明外，均指水溶液。

3.5　本方法中所用的基准乙醇，均为 95%（体积分数）乙醇，其中主要杂质的限量规定为：甲醇小于 2mg/L；正丙醇小于 2mg/L；高级醇（异丁醇＋异戊醇）小于 1mg/L；可用本部分毛细管色谱法检查。醛小于 1mg/L，可用本部分碘量法检查。酯小于 1mg/L，可用本部分皂化法检查。检验特级食用酒精时，应选用各被测组分均检不出的基准乙醇作溶剂。

3.6 限量测定（直接比较法）须直接取和该等级限量指标相应的色度标准（简称：色标）与试样比较测试。目视比色是在白色背景下，沿轴线方向，与同体积色标溶液进行目视比较测定。

4　外观

用 50mL 比色管直接取试样 50.0mL，在亮光下观察，应透明、无肉眼可见杂质。

4.1　色度

4.1.1　原理

以黑曾单位（号）铂－钴色标溶液为准，用目视法观测比较试样的颜色，找出与系列色标中相近的色标号，即为样品的色度。

注：1 黑曾单位（号）是指每升含有 2mg 六水氯化钴（$CoCl_2 \cdot 6H_2O$）和 1mg 铂（以氯铂酸 H_2PtCl_6 计）的铂－钴溶液的色度。

4.1.2　仪器

4.1.2.1　分光光度计。

4.1.2.2　比色管：50mL。

4.1.3　试剂和溶液

4.1.3.1　盐酸：密度为 1.19g/mL（g/cm^3）。

4.1.3.2　500 黑曾单位铂－钴色度标准溶液（简称：500 号色标溶液）配制和检查：

a）配制：准确称取 1.000g 氯化钴（$CoCl_2 \cdot 6H_2O$），1.2455g 氯铂酸钾（K_2PtCl_6），加入 100mL 盐酸（4.1.3.1）和适量水溶解，用水稀释至 1000mL，摇匀；

b）检查：用 1cm 比色皿，以水作参比，在不同波长下，测定吸光度。如溶液的吸光度在表 1 范围内，即为 500 号色标溶液。用棕色瓶贮于冰箱中，有效期为一年。超过有效期，溶液的吸光度仍在表 1 范围内，可继续使用。

表 1

波长/nm	吸光度
430	0.110 ~ 0.120
455	0.130 ~ 0.145
480	0.105 ~ 0.120
510	0.055 ~ 0.065

4.1.3.3 稀铂 – 钴色标溶液（有效期为一个月）

a）通用配制方法：按式（1）计算并吸取 500 号色标溶液的体积，用水稀释至 100mL，即得所需的 n 号稀铂 – 钴色标溶液。

$$V = \frac{n \times 100}{500} \tag{1}$$

式中 *V*——配制 100mL n 号稀铂 – 钴色标溶液时，所需 500 号色标溶液的体积，单位为毫升（mL）；

n——拟配制的稀铂 – 钴色标溶液的号数。

b）按通用配制方法配制 2 号、4 号、6 号、8 号、10 号、12 号色标系列溶液。

4.1.4 分析步骤

用 50mL 比色管直接取试样 50.0mL，与同体积的稀铂 – 钴色标系列标准溶液 ［4.1.3.3b）］进行目视比色。

4.1.5 精密度

在重复性条件下获得的两次独立测定结果之差不得超过 1 个色标号。

4.2 气味

用具塞量筒取试样 10mL，加水 15mL，盖塞，混匀。倒入 50mL 小烧杯中，用鼻子嗅闻，记录其气味，判定是否合格。

4.3 口味

吸取试样 20mL 于 50mL 容量瓶，加水 30mL，混匀，置于水浴中调节液温至 20℃，然后倒入 100mL 小烧杯中，品尝评价其口味，做好记录。

5 酒精度

5.1 原理

用精密酒精计读取酒精体积分数示值，按附录 A 进行温度校正，求得在 20℃时乙醇含量的体积分数，即为酒精度。

5.2 仪器

精密酒精计：分度值为 0.1% vol。

5.3 分析步骤

将试样注入洁净、干燥的量筒中，静置数分钟，待酒中气泡消失后，放入洁净、擦干的酒精计，再轻轻按一下，不应接触量筒壁，同时插入温度计，平衡约 5min，水平观测，读取与弯月面相切处的刻度示值，同时记录温度。根据测得的酒精计示值和温度，查附录 A "酒精计温度（T）、酒精度（ALC）（体积分数）换算表"，换算成 20℃时样品的酒精度。

所得结果应表示至一位小数。

5.4 精密度

在重复性条件下获得的两次独立测定结果的绝对差值，不应超过平均值的 0.5%。

6 硫酸试验色度

6.1 原理

浓硫酸为强氧化剂，具有强烈的吸水及氧化性，与分子结构稳定性较差的有机化合物混合，在加热情况下，会使其氧化、分解、炭化、缩合，产生颜色。可与铂－钴色标溶液比较，确定样品硫酸试验的色度。

6.2 仪器

6.2.1 平底烧瓶：70mL；硬质玻璃、空瓶质量为 20g±2g，球壁厚度要均匀，尺寸见图 1。

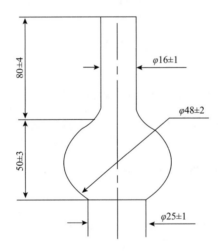

图 1 70mL 平底烧瓶

单位为毫米

6.2.2 比色管：25mL。

6.3 试剂和溶液

6.3.1 500 黑曾单位铂－钴色度标准溶液

a) 同 4.1.3.2；

b) 若测定色度大于 100 号的试样，须另配制 500 号铂－钴色标溶液：准确称取 0.300g 氯化钴（$CoCl_2 \cdot 6H_2O$）和 1.500g 氯铂酸钾（K_2PtCl_6），加入 100mL 盐酸（4.1.3.1）和适量水溶解，用水稀释至 1000mL，摇匀。

6.3.2 n 号稀铂－钴色标系列溶液

a) 取 500 号色标溶液［6.3.1a)］，按 4.1.3.3 操作配成 10 号、15 号、20 号、30 号、40 号、50 号、60 号、70 号、80 号、100 号稀铂－钴色标溶液；

　　b）若测定的试样色度大于 100 号，取 500 号色标溶液［6.3.1b）］，按 4.1.3.3 操作配成 110 号、130 号、150 号、200 号、300 号稀铂 – 钴色标系列溶液。

6.3.3 硫酸：优级纯，密度为 1.84g/mL。

6.4　分析步骤

　　吸取 10.00mL 试样于 70mL 平底烧瓶中，在不断摇动下，用量筒或刻度吸管均匀加入 10mL 硫酸（控制在 15s 内加完），充分混匀。立即将烧瓶置于沸水浴中，计时，准确煮沸 5min，取出，自然冷却。移入 25mL 比色管，与稀铂 – 钴色标系列溶液进行目视比色。

6.5　精密度

　　在重复性条件下获得的两次独立测定结果的绝对差值，不应超过平均值的 10%。

7　氧化时间

7.1　原理

　　高锰酸钾为强氧化剂。在一定条件下试样中可以还原高锰酸钾的物质，与高锰酸钾反应，使溶液中的高锰酸钾颜色消褪。当加入一定浓度和体积的高锰酸钾标准溶液，在一定温度下反应，与标准比较。确定样品颜色达到色标时为其终点，即为氧化时间。

7.2　仪器

7.2.1　具塞比色管：50mL。

7.2.2　恒温水浴：控温精度 ±0.1℃

7.2.3　刻度吸管。

7.2.4　秒表。

7.2.5　G4 砂芯漏斗。

7.3　试剂和溶液

7.3.1　高锰酸钾标准溶液［c（1/5KMnO$_4$）＝0.1mol/L］按 GB/T601 配制与标定。移入棕色瓶贮于冰箱中备用，有效期为半年。

7.3.2　高锰酸钾标准使用溶液［c（1/5KMnO$_4$）＝0.005mol/L］：使用时将 0.1mol/L 高锰酸钾标准溶液准确稀释 20 倍。此溶液须现用现配。

7.3.3　盐酸：密度为 1.19g/mL（g/cm^3）。

7.3.4　盐酸溶液（1+40）。

7.3.5　硫代硫酸钠标准溶液［c（Na$_2$S$_2$O$_3$）＝0.1mol/L］：按 GB/T 601 配制与标定。

7.3.6　淀粉指示液（10g/L）：按 GB/T 603 配制。

7.3.7　三氯化铁 – 氯化钴色标溶液

7.3.7.1　三氯化铁溶液［c（FeCl$_3$）＝0.0450g/mL］

　　a）配制：称取 4.7g 三氯化铁，用盐酸溶液（7.3.4）溶解，并定容至 100mL。用

G4 砂芯漏斗过滤，收集滤液，贮于冰箱中备用。

b）标定：吸取三氯化铁滤液 10.00mL 于 250mL 碘量瓶中，加水 50mL、盐酸（7.3.3）3mL、碘化钾 3g，摇匀，置于暗处 30min。加水 50mL，用硫代硫酸钠标准溶液（7.3.5）滴定，近终点时，加淀粉指示液（7.3.6）1mL，继续滴定至蓝色刚好消失为其终点。

c）1mL 三氯化铁溶液中含有三氯化铁的质量按式（2）计算：

$$m = \frac{(V_1 - V_2) \times c \times 0.2703}{10} \tag{2}$$

式中 m——1mL 三氯化铁溶液中含有三氯化铁的质量，单位为克（g）；

　　　V_1——试样消耗硫代硫酸钠标准溶液的体积，单位为毫升（mL）；

　　　V_2——空白试验消耗硫代硫酸钠标准溶液的体积，单位为毫升（mL）；

　　　　c——硫代硫酸钠标准溶液的浓度，单位为摩尔每升（mol/L）；

0.2703——与 1.00mL 硫代硫酸钠标准溶液 $[c(Na_2S_2O_3) = 1.000mol/L]$ 相当的以克表示的三氯化铁的质量；

　　　10——吸取试样的体积，单位为毫升（mL）。

d）用盐酸溶液（7.3.4）稀释至每毫升溶液中含三氯化铁 0.0450g。

7.3.7.2 氯化钴溶液 $[c(CoCl_2) = 0.0500g/mL]$：称取氯化钴（$CoCl_2 \cdot 6H_2O$）5g（精确至 0.0002g），用盐酸溶液（7.3.4）溶解，并定容至 100mL。

7.3.7.3 色标溶液：吸取三氯化铁溶液 [7.3.7.1d)] 0.50mL 和氯化钴溶液（7.3.7.2）1.60mL 于 50mL 比色管中，用盐酸溶液（7.3.4）稀释至刻度。

7.4　分析步骤

用 50mL 具塞比色管取试样 50.0mL，将比色管置于（15±0.1）℃水浴中平衡 10min（将色标管同时放入）。然后用刻度吸管加 1.00mL 高锰酸钾标准使用溶液（7.3.2），立即加塞振摇均匀并计时，立刻置于水浴中，与色标比较，直至试样颜色与色标一致，即为终点，记录时间，以分计。

7.5　精密度

在重复性条件下获得的两次独立测定值之差，若氧化时间在 30min 以上（含30min），不得超过 1.5min；若氧化时间在 30min 以下、10min 以上（含 10min），不得超过 1.0min；若氧化时间在 10min 以下，不得超过 0.5min。

8　醛

8.1　碘量法

8.1.1　原理

亚硫酸氢钠与醛发生加成反应，反应式为：

$$R—\overset{\overset{\displaystyle O}{\|}}{C}—H + NaHSO_3 \longrightarrow R—\overset{\overset{\displaystyle H}{|}}{\underset{\underset{\displaystyle SO_3Na}{|}}{C}}—OH$$

α - 羟基磺酸钠

用碘氧化过量的亚硫酸氢钠，反应式为：

$$NaHSO_3 + I_2 + H_2O \longrightarrow NaHSO_4 + 2HI$$

加过量的 $NaHCO_3$，使加成物分解，醛重新游离出来，反应式为：

$$R—\overset{\overset{\displaystyle H}{|}}{\underset{\underset{\displaystyle SO_3Na}{|}}{C}}—OH + 2NaHCO_3 \longrightarrow RCHO + NaHSO_3 + Na_2CO_3 + CO_2\uparrow + H_2O$$

用碘标准溶液滴定分解释放出来的亚硫酸氢钠。

8.1.2 试剂和溶液

8.1.2.1 盐酸溶液 $[c(HCl)=0.1mol/L]$：按 GB/T 601 配制。

8.1.2.2 亚硫酸氢钠溶液（12g/L）。

8.1.2.3 碳酸氢钠溶液 $[c(NaHCO_3)=1mol/L]$。

8.1.2.4 碘标准溶液 $[c(1/2\ I_2)=0.1mol/L]$：按 GB/T 601 配制与标定。

8.1.2.5 碘标准滴定溶液 $[c(1/2\ I_2)=0.01mol/L]$：使用时将 0.1 mol/L 碘标准溶液准确稀释 10 倍。

8.1.2.6 淀粉指示液（10g/L）：按 GB/T 603 配制。

8.1.3 分析步骤

吸取试样 15.0mL 于 250mL 碘量瓶中，加 15mL 水、15mL 亚硫酸氢钠溶液（8.1.2.2）、7mL 盐酸溶液（8.1.2.1），摇匀，于暗处放置 1h，取出，用 50mL 水冲洗瓶塞，以碘标准溶液（8.1.2.4）滴定，接近终点时，加淀粉指示液 0.5mL，改用碘标准滴定溶液（8.1.2.5）滴定至淡蓝紫色出现（不计数）。加 20mL 碳酸氢钠溶液（8.1.2.3），微开瓶塞，摇荡 0.5min（呈无色），用碘标准滴定溶液（8.1.2.5）继续滴定至蓝紫色为其终点。同时作空白试验。

8.1.4 结果计算

试样中的醛含量按式（3）计算：

$$X = \frac{(V_1 - V_2) \times c \times 0.022}{15} \times 10^6 \tag{3}$$

式中 X——试样中的醛含量（以乙醛计），单位为毫克每升（mg/L）；

V_1——试样消耗碘标准滴定溶液的体积，单位为毫升（mL）；

V_2——空白消耗碘标准滴定溶液的体积，单位为毫升（mL）；

c——碘标准滴定溶液的浓度，单位为摩尔每升（mol/L）；

0.022——与1.00mL碘标准使用溶液［c（1/2 I$_2$）=1.000mol/L］相当的以克表示的
乙醛的质量。所得结果表示至整数。

8.1.5 精密度

在重复性条件下获得的两次独立测定值之差，若醛含量大于5mg/L，不得超过平均
值的5%；若醛含量小于等于5mg/L，不得超过平均值的13%。

8.2 比色法

8.2.1 原理

醛和亚硫酸品红作用时，发生加成反应，经分子重排后，失去亚硫酸，生成具有醌
形结构的紫红色物质，其颜色的深浅与醛含量成正比。

8.2.2 试剂和溶液

8.2.2.1 亚硫酸氢钠溶液：称取53.0g亚硫酸氢钠（NaHSO$_3$），溶于100mL水中。

8.2.2.2 硫酸：密度为1.84g/mL。

8.2.2.3 碱性品红－亚硫酸显色剂：称取0.075g碱性品红溶于少量80℃水中，冷却，
加水稀释至约75mL，移入1L棕色细口瓶内，加50mL新配制的亚硫酸氢钠溶液
（8.2.2.1），加500mL水和7.5mL硫酸（8.2.2.2），摇匀，放置10h～12h至溶液褪色
并具有强烈的二氧化硫气味，置于冰箱中保存。

8.2.2.4 醛标准溶液（1g/L）：准确称取乙醛氨0.1386g（按乙醛：乙醛氨=1：
1.386）迅速溶于10℃左右的基准乙醇（无醛酒精）中，并定容至100mL。移入棕色试
剂瓶内，贮存于冰箱中。

8.2.2.5 醛标准使用溶液：吸取乙醛标准溶液0.30mL、0.50mL、0.80mL、1.00mL、
1.50mL、2.00mL、2.50mL和3.00mL，分别置于已有部分基准乙醇（无醛酒精）的
100mL容量瓶中，并用基准乙醇稀释至刻度。即醛含量分别为3mg/L、5mg/L、8mg/L、
10mg/L、15mg/L、20mg/L、25mg/L和30mg/L。

8.2.3 分析步骤

吸取与试样含量相近的限量指标的醛标准使用溶液及试样各2.00mL，分别注入
25mL比色管中，各加5mL水、2.00mL显色剂（8.2.2.3），加塞摇匀，放置20min（室
温低于20℃时，需放入20℃水浴中显色），取出比色。用2cm比色皿，在波长555μm
处，以水调零，测定其吸光度。

8.2.4 结果计算

试样中的醛含量按式（4）计算：

$$X = \frac{A_x}{A} \times c \tag{4}$$

式中 X——试样中的醛含量（以乙醛计），单位为毫克每升（mg/L）；

A_x——试样的吸光度；

A——醛标准使用溶液的吸光度；

c——标准使用溶液的醛含量，单位为毫克每升（mg/L）。

所得结果表示至整数。

8.2.5 精密度

在重复性条件下获得的两次独立测定值之差，若醛含量大于 5mg/L，不得超过平均值的 5%；若醛含量小于等于 5mg/L，不得超过 10%。

9 高级醇

9.1 气相色谱法

9.1.1 原理

样品被气化后，随同载气进入色谱柱，利用被测定的各组分在气液两相中具有不同的分配系数，在柱内形成迁移速度的差异而得到分离。分离后的组分先后流出色谱柱，进入氢火焰离子化检测器，根据色谱图上各组分峰的保留值与标样相对照进行定性；利用峰面积（或峰高），以内标法定量。

9.1.2 试剂和溶液

9.1.2.1 正丙醇溶液（1g/L）：作标样用。称取正丙醇（色谱纯）1g，精确至 0.0001g，用基准乙醇定容至 1L。

9.1.2.2 正丁醇溶液（1g/L）：作内标用。称取正丁醇（色谱纯）1g，精确至 0.0001g，用基准乙醇定容至 1L。

9.1.2.3 异丁醇溶液（1g/L）：作标样用。称取异丁醇（色谱纯）1g，精确至 0.0001g，用基准乙醇定容至 1L。

9.1.2.4 异戊醇溶液（1g/L）：作标样用。称取异戊醇（色谱纯）1g，精确至 0.0001g，用基准乙醇定容至 1L。

9.1.3 仪器

9.1.3.1 气相色谱仪

采用氢火焰离子化验测器，配有毛细管色谱柱联结装置。

9.1.3.2 色谱条件

PEG 20 M 交联石英毛细管柱，用前应在 200℃下充分老化。柱内径 0.25mm，柱长 25～30m。也可选用其他有同等分析效果的毛细管色谱柱。

载气（高纯氮）：流速为 0.5mL/min～1.0mL/min，分流比为 20∶1～100∶1，尾吹气约 30mL/min。

氢气：流速 30mL/min。

空气：流速 300mL/min。

柱温：起始柱温为 70℃，保持 3min，然后以 5℃/min 程序升温至 100℃，直至异戊醇峰流出。以使甲醇、乙醇、正丙醇、异丁醇、正丁醇和异戊醇获得完全分离为准。为使异戊醇的检出达到足够灵敏度，应设法使其保留时间不超过10min。

检测器温度：200℃。

进样口温度：200℃。

进样量与分流比的确定：应以使甲醇、正丙醇、异丁醇、异戊醇等组分在含量1mg/L时，仍能获得可检测的色谱峰为准。在检验特级食用酒精时，要求以甲醇、正丙醇、异丁醇、异戊醇各组分含量在小于1mg/L时，仍能获得可检测的色谱峰（最小检出0.5mg/L）为准。

载气、氢气、空气的流速等色谱条件随仪器而异，应通过试验选择最佳操作条件，以内标峰与样品中其他组分峰获得完全分离为准。

9.1.4　分析步骤

9.1.4.1　校正因子 f 值的测定

吸取正丙醇溶液、异丁醇溶液、异戊醇溶液各0.20mL于10mL容量瓶中，准确加入正丁醇溶液0.20mL，然后用基准乙醇稀释至刻度，混匀后进样1μL，色谱峰流出顺序依次为乙醇、正丙醇、异丁醇、正丁醇（内标）、异戊醇。记录各组分峰的保留时间并根据峰面积和添加的内标量，计算出各组分的相对校正因子 f 值。

9.1.4.2　试样的测定

取少量待测酒精试样于10mL容量瓶中，准确加入正丁醇溶液0.20mL，然后用待测试样稀释至刻度，混匀后，进样1μL。

根据组分峰与内标峰的保留时间定性，根据峰面积之比计算出各组分的含量。

9.1.5　结果计算

校正因子按式（5）计算：

$$f = \frac{A_1}{A_2} \times \frac{d_2}{d_1} \tag{5}$$

试样中组分的含量按式（6）计算：

$$X = f \times \frac{A_3}{A_4} \times 0.020 \times 10^3 \tag{6}$$

式中　f——组分的相对校正因子；

A_1——标样 f 值测定时内标的峰面积；

A_2——标样 f 值测定时各组分的峰面积；

d_2——标样 f 值测定时乙酸乙酯的相对密度；

d_1——标样 f 值测定时内标物的相对密度；

X——试样中组分的含量，单位为毫克每升（mg/L）；

A_3——试样中各组分相应的峰的面积；

A_4——添加于试样中的内标峰的面积；

0.020——试样中添加内标的浓度，单位为克每升（g/L）。

试样中高级醇的含量以异丁醇与异戊醇之和表示。

所得结果表示至整数。

9.1.6 精密度

在重复性条件下获得的各组分两次独立测定值之差，若含量大于等于 10mg/L，不得超过平均值的 10%；若含量小于 10mg/L、大于 5mg/L，不得超过平均值的 20%；若小于等于 5mg/L，不得超过平均值的 50%。

9.2 比色法

9.2.1 原理

除正丙醇外的高级醇，在浓硫酸作用下，都会脱水，生成不饱和烷（如：异丁醇变成丁烯，异戊醇变成戊烯）。而不饱和烃与对－二甲氨基苯甲醛反应生成橙红色化合物，与标准系列比较定量。

9.2.2 试剂和溶液

9.2.2.1 硫酸：优级纯，密度为 1.84g/mL。

9.2.2.2 对－二甲氨基苯甲醛显色剂：称取 0.1g 对－二甲氨基苯甲醛 $[(CH_3)_2N \cdot C_6H_4CHO]$ 溶于硫酸中，并定容至 200mL，移入棕色瓶内，贮存于冰箱中。

9.2.2.3 高级醇标准溶液（1g/L）：吸取密度为 0.8020g/mL 的异丁醇 1.25mL、密度为 0.8092g/mL 的异戊醇 1.24mL，分别置于已有部分基准乙醇（无高级醇酒精）的 100mL 容量瓶中，以基准乙醇稀释至刻度。再分别用基准乙醇稀释 10 倍，即得 1g/L 异丁醇溶液（甲液）及 1g/L 异戊醇溶液（乙液）。

分别按甲＋乙＝1＋4 及甲＋乙＝3＋1 的比例混合，即得 1 号及 2 号高级醇标准溶液。

9.2.2.4 高级醇标准使用溶液：取 1 号高级醇标准溶液 0.20mL、0.50mL、1.00mL、1.50mL、2.00mL 和 2 号高级醇标准溶液 2.00mL、4.00mL、6.00mL、8.00mL、10.00mL、20.00mL、30.00mL、40.00mL，分别注入 100mL 容量瓶中，用基准乙醇稀释至刻度。即高级醇含量分别为 2mg/L、5mg/L、10mg/L、15mg/L、20mg/L 和 20mg/L、40mg/L、60mg/L、80mg/L、100mg/L、200mg/L、300mg/L、400mg/L。

注：1 号高级醇标准溶液适用于食用酒精和工业酒精的优级；2 号高级醇标准溶液适用于食用酒精的普通级和工业酒精的一级、二级。

9.2.3 分析步骤

9.2.3.1 工作曲线的绘制（回归方程的建立）

a）根据样品中高级醇的含量，吸取相近的 4 个以上不同浓度的高级醇标准使用溶液各 0.50mL，分别注入 25mL 比色管中，外用冰水浴冷却，沿管壁加显色剂 10mL，加塞后充分摇匀，同时置于沸水浴中，20min 后，取出，立即用水冷却；

b）根据其含量的高低，立即用 0.5cm 或 1cm 比色皿，在波长 425nm 处，以水调零，测定其吸光度；

c）以标准使用溶液中高级醇含量为横坐标，相应的吸光度为纵坐标，绘制工作曲线。或建立线性回归方程进行计算。

9.2.3.2 试样的测定

a）吸取试样 0.50mL，按 9.2.3.1 中的 a）和 b）显色及测定吸光度。根据试样的吸光度在工作曲线上查出试样中的高级醇含量，或用回归方程直接计算。

b）或吸取与试样含量相近的限量指标的高级醇标准使用溶液及试样各 0.50mL。按 9.2.3.1 中的 a）和 b）显色并直接测定吸光度。

9.2.4 结果计算

试样中高级醇含量按式（7）计算：

$$c_x = \frac{A_x}{A} \times c \tag{7}$$

式中 c_x——试样中的高级醇含量（以异丁醇与异戊醇之和表示），单位为毫克每升（mg/L）；

A_x——试样的吸光度；

A——高级醇标准使用溶液的吸光度；

c——标准使用溶液的高级醇含量，单位为毫克每升（mg/L）。

所得结果表示至整数。

9.2.5 精密度

在重复性条件下获得的两次独立测定值之差，若高级醇含量大于等于 10mg/L，不得超过 10%；若高级醇含量小于 10mg/L，不得超过 20%。

10 甲醇

10.1 气相色谱法

10.1.1 原理

同 9.1.1。

10.1.2 试剂和溶液

10.1.2.1 甲醇溶液（1g/L）：作标样用。称取甲醇（色谱纯）1g，用基准乙醇定容至 1L。

10.1.2.2 正丁醇溶液（1g/L）：作内标用。称取正丁醇（色谱纯）1g，用基准乙醇定容至 1L。

10.1.3 仪器

同 9.1.3。

10.1.4 分析步骤

校正因子 f 值的测定，吸取甲醇溶液 1.00mL 于 10mL 容量瓶中，准确加入正丁醇溶液 0.20mL，以下步骤同 9.1.4。

10.1.5 结果计算

同 9.1.5。

10.1.6 精密度

在重复性条件下获得的两次独立测定值之差，不得超过平均值的 5%。

10.2 变色酸比色法

10.2.1 原理

甲醇在磷酸溶液中，被高锰酸钾氧化成甲醛，用偏重亚硫酸钠除去过量的 $KMnO_4$，甲醛与变色酸在浓硫酸存在下，先缩合，随之氧化，生成对醌结构的蓝紫色化合物。与标准系列比较定量。

10.2.2 试剂和溶液

10.2.2.1 高锰酸钾–磷酸溶液（30g/L）：称取 3g 高锰酸钾，溶于 15mL 85%（质量分数）磷酸和 70mL 水中，混合，用水稀释至 100mL。

10.2.2.2 偏重亚硫酸钠溶液（100g/L）。

10.2.2.3 硫酸 [90%（质量分数）]。

10.2.2.4 变色酸显色剂：称取 0.1g 变色酸（$C_{10}H_6O_8S_2Na_2$）溶于 10mL 水中，边冷却边加硫酸（10.2.2.3）90mL，移入棕色瓶置于冰箱保存，有效期为一周。

10.2.2.5 甲醇标准溶液（10g/L）：吸取密度为 0.7913g/mL 的甲醇 1.26mL，置于已有部分基准乙醇（无甲醇酒精）的 100mL 容量瓶中，并以基准乙醇稀释至刻度。

10.2.2.6 甲醇标准使用溶液：吸取甲醇标准溶液 0mL、1.00mL、2.00mL、4.00mL、6.00mL、8.00mL、10.00mL、15.00mL、20.00mL 和 25.00mL，分别注入 100mL 容量瓶中，并以基准乙醇稀释至刻度。即甲醇含量分别为：0mg/L，100mg/L，200mg/L，400mg/L，600mg/L，800mg/L，1000mg/L，1500mg/L，2000mg/L 和 2500mg/L。

10.2.3 仪器

10.2.3.1 恒温水浴：控温精度 ±1℃

10.2.3.2 分光光度计。

10.2.4 分析步骤

10.2.4.1 工作曲线的绘制（回归方程的建立）

吸取甲醇标准使用溶液和试剂空白各 5.00mL，分别注入 100mL 容量瓶中，加水稀释至刻度。根据样品中甲醇的含量，吸取相近的 4 个以上不同浓度的甲醇标准使用液各 2.00mL，分别注入 25mL 比色管中，各加高锰酸钾–磷酸溶液 1mL，放置 15min。加偏重亚硫酸钠溶液（10.2.2.2）0.6mL 使其脱色。在外加冰水冷却情况下，沿管壁加显色剂 10mL，加塞摇匀，置于（70±1）℃水浴中，20min 后取出，用水冷却 10min。

立即用 1cm 比色皿，在波长 570nm 处，以零管（试剂空白）调零，测定其吸光度。以标准使用液中甲醇含量为横坐标，相应的吸光度值为纵坐标，绘制工作曲线。或建立线性回归方程进行计算。

10.2.4.2　试样测定

取试样 5.00mL，注入 100mL 容量瓶中，加水稀释至刻线。吸取试样和试剂空白各 2.00mL 按上述操作显色及测定吸光度。根据试样的吸光度在工作曲线上查出试样中的甲醇含量，或用回归方程计算。

或吸取与试样含量相近的限量指标的甲醇标准使用液及试样各 2.00mL 按上述操作显色并直接测定吸光度。

10.2.5　结果计算

试样中的甲醇含量按式（8）计算：

$$X = \frac{A_x}{A} \times c \tag{8}$$

式中　X——试样中的甲醇含量，单位为毫克每升（mg/L）；

　　　A_x——试样的吸光度；

　　　A——甲醇标准使用溶液的吸光度；

　　　c——标准使用溶液的甲醇含量，单位为毫克每升（mg/L）。

所得结果表示至整数。

10.2.6　精密度

在重复性条件下获得的两次独立测定值之差，若甲醇含量大于等于 600mg/L，不得超过 5%；若甲醇含量小于 600mg/L，不得超过 10%。

10.3　品红－亚硫酸比色法

10.3.1　原理

试样中的甲醇在磷酸溶液中被高锰酸钾氧化成甲醛，反应式为：

$$5CH_3OH + 2KMnO_4 + 4H_3PO_4 \longrightarrow 2KH_2PO_4 + 2MnHPO_4 + 5HCHO + 8H_2O$$

甲醛与亚硫酸品红（无色）作用生成蓝紫色化合物，与标准系列比较定量。

10.3.2　试剂和溶液

10.3.2.1　高锰酸钾－磷酸溶液（30g/L）：同 10.2.2.1。

10.3.2.2　硫酸溶液（1+1）。

10.3.2.3　草酸－硫酸溶液（50g/L）：称取 5g 草酸（$H_2C_2O_4 \cdot H_2O$）溶于 40℃ 左右硫酸溶液（10.3.2.2）中，并定容至 100mL。

10.3.2.4　无水亚硫酸钠溶液（100g/L）。

10.3.2.5　盐酸：密度为 1.19g/mL。

10.3.2.6 碱性品红-亚硫酸溶液：称取 0.2g 碱性品红，溶于 80℃左右 120mL 水中，加入 20mL 无水亚硫酸钠溶液（10.3.2.4）、2mL 盐酸（10.3.2.5），加水稀释至 200mL。放置 1h，使溶液褪色并应具有强烈的二氧化硫气味（不褪色者，碱性品红不能用），贮于棕色瓶中，置于低温保存。

10.3.2.7 甲醇标准溶液（10g/L）：同 10.2.2.5。

10.3.2.8 甲醇标准使用溶液，同 10.2.2.6。

10.3.3 分析步骤

10.3.3.1 工作曲线的绘制（回归方程的建立）

a）吸取甲醇标准使用溶液和试剂空白各 5.00mL，分别注入 100mL 容量瓶中，加水稀释至刻度。

b）根据样品中甲醇的含量，吸取相近的 4 个以上不同浓度的甲醇标准使用溶液和试剂空白各 5.00mL 分别注入 25mL 比色管中，各加高锰酸钾-磷酸溶液 2.00mL 放置 15min。加草酸-磷酸溶液 2.00mL 混匀，使其脱色。加品红-亚硫酸溶液 5.00mL，加塞摇匀，置于 20℃ 水浴中放置 30min 取出。

c）立即用 3cm 比色皿，在波长 595mm 处，以零管（试剂空白）调零，测定其吸光度。

d）以标准使用溶液中甲醇含量为横坐标，相应的吸光度为纵坐标，绘制工作曲线。或建立线性回归方程进行计算。

10.3.3.2 试样的测定

a）吸取试样 5.00mL，注入 100mL 容量瓶中，加水稀释至刻线。吸取该试样液和试剂空白［10.3.3.1a)］各 5.00mL，按 10.3.3.1 中的 b）和 c）显色及测定吸光度，根据试样的吸光度在工作曲线上查出试样中的甲醇含量，或用回归方程计算。

b）或吸取与试样含量相近的限量指标的甲醇标准使用溶液［10.3.3.1a)］及试样液 10.3.3.1a)］各 2.00mL，按 10.3.3.1 中的 b）和 c）显色并直接测定吸光度。

10.3.4 结果计算

同 10.2.5。

10.3.5 精密度

同 10.2.6。

11 酸

11.1 原理

以酚酞为指示剂，利用氢氧化钠进行酸碱中和滴定。

11.2 试剂和溶液

11.2.1 酚酞指示液（10g/L）：按 GB/T 603 配制。

11.2.2 无二氧化碳的水：按 GB/T 603 配制。

11.2.3 氢氧化钠标准溶液 $[c (NaOH) = 0.1 mol/L]$：按 GB/T 601 配制与标定。

11.2.4 氢氧化钠标准滴定溶液 $[c (NaOH) = 0.02 mol/L]$：使用时将上述氢氧化钠标准溶液用无二氧化碳的水准确解释 5 倍。

11.3 仪器

碱式滴定管：5mL。

11.4 分析步骤

取试样 50.0mL 于 250mL 锥形瓶中，先置于沸腾的水浴中保持 2min，取出，立即塞以钠石灰管用水冷却。再加无二氧化碳的水 50mL、酚酞指示液 2 滴，用氢氧化钠标准滴定溶液（11.2.4）滴定至呈微红色，30s 内不消失即为终点。

11.5 结果计算

试样中酸的含量按式（9）计算：

$$X = \frac{V \times c \times 0.060}{50} \times 10^6 \tag{9}$$

式中　X——试样的含酸量（以乙酸计），单位为毫克每升（mg/L）；

　　　V——滴定试样时消耗氢氧化钠标准滴定溶液的体积，单位为毫升（mL）；

　　　c——氢氧化钠标准使用溶液的浓度，单位为摩尔每升（mol/L）；

　0.060——与 1.00mL 氢氧化钠标准溶液 $[c (NaOH) = 1.000 mol/L]$ 相当的以克表示的乙酸之质量；

　50.0——吸取试样的体积，单位为毫升（mL）。

所得结果表示至整数。

11.6 精密度

在重复性条件下获得的两次独立测定值之差，不得超过平均值的 10%。

12 酯

12.1 皂化法

12.1.1 原理

试样用碱中和游离酸后，加过量的氢氧化钠标准溶液加热回流，使酯皂化，剩余的碱用标准酸中和，以酚酞作指示液，用氢氧化钠标准滴定溶液回滴过量的酸。

12.1.2 试剂和溶液

12.1.2.1 氢氧化钠标准溶液 $[c (NaOH) = 0.1 mol/L]$：按 GB/T 601 配制与标定。

12.1.2.2 氢氧化钠标准滴定溶液 $[c (NaOH) = 0.05 mol/L]$：使用时将上述氢氧化钠标准溶液准确稀释一倍。

12.1.2.3 硫酸标准溶液 $[c (1/2 H_2SO_4) = 0.1 mol/L]$：按 GB/T 601 配制与标定。

12.1.2.4 酚酞指示液（10g/L），按 GB/T 603 配制。

12.1.3 仪器

12.1.3.1 回流装置一套：500mL 硼硅酸盐玻璃制成的磨口锥形烧瓶，同时配有 400mm 长的球形冷凝管。

12.1.3.2 碱式滴定管：5mL。

12.1.4 分析步骤

12.1.4.1 取试样 100.0mL 于磨口锥形烧瓶中，加 100mL 水，安上冷凝管，于沸水浴上加热回流 10min。取下锥形烧瓶，用水冷却，加 5 滴酚酞指示液，用氢氧化钠标准溶液（12.1.2.1）小心滴定至微红色（切勿过量）并保持 15s 内不消褪。

12.1.4.2 准确加入氢氧化钠标准溶液（12.1.2.1）10.00mL，放几粒玻璃珠，安上冷凝管，于沸水浴上加热回流 1h，取下锥形烧瓶，用水冷却。用两份 10mL 水洗涤冷凝管内壁，合并洗液于锥形烧瓶中。

12.1.4.3 准确加入 10.00mL 硫酸标准溶液（12.1.2.3）。然后，用氢氧化钠标准滴定溶液（12.1.2.2）滴定至微红色并保持 15s 内不消褪为其终点。

同时用 100mL 水，做空白试验。

12.1.5 结果计算

试样中的酯含量按式（10）计算：

$$X = \frac{(V - V_1) \times c \times 0.088}{V_2} \times 10^6 \tag{10}$$

式中 X——试样中的酯含量（以乙酸乙酯计），单位为毫克每升（mg/L）；

V——滴定试样时消耗氢氧化钠标准滴定溶液的体积，单位为毫升（mL）；

V_1——滴定空白时消耗氢氧化钠标准滴定溶液的体积，单位为毫升（mL）；

c——氢氧化钠标准滴定溶液的浓度，单位为摩尔每升（mol/L）；

0.088——与 1.00mL 氢氧化钠标准溶液 $[c\,(NaOH) = 1.000mol/L]$ 相当的以克表示的乙酸乙酯的质量；

V_2——吸取试样的体积，单位为毫升（mL）。

所得结果表示至整数。

12.1.6 精密度

在重复性条件下获得的两次独立测定值之差，不得超过平均值的 10%。

12.2 比色法

12.2.1 原理

在碱性溶液条件下，试样中的酯与羟胺生成异羟污酸盐，酸化后，与铁离子形成黄色的络合物，与标准比较定量。

12.2.2 试剂和溶液

12.2.2.1 氢氧化钠溶液 $[c\,(NaOH) = 3.5mol/L]$：按 GB/T 601 配制。

12.2.2.2 盐酸羟胺溶液 $[c (NH_2OH \cdot HCl) = 2mol/L]$。

12.2.2.3 盐酸溶液 $[c (HCl) = 4mol/L]$：按 GB/T 601 配制。

12.2.2.4 反应液：分别取氢氧化钠溶液（12.2.2.1）和盐酸羟胺溶液（12.2.2.2）等体积混合（本溶液应当天混合使用）。

12.2.2.5 三氯化铁显色剂：称取 50g 三氯化铁（$FeCl_3 \cdot 6H_2O$）溶于约 400mL 水中，加 12.5mL 盐酸溶液（12.2.2.3），用水稀释至 500mL。

12.2.2.6 酯标准溶液（1g/L）：吸取密度为 0.9002g/mL 的乙酸乙酯 1.11mL，置于已有部分 95% 基准乙醇（无酯酒精）的 1000mL 容量瓶中，用基准乙醇稀释至刻度。

12.2.2.7 酯标准使用溶液：吸取酯标准溶液 1.00mL、2.00mL、3.00mL 及 4.00mL，分别注入 100mL 容量瓶中，并用基准乙醇稀释至刻度。即酯含量分别为 10mg/L、20mg/L、30mg/L 及 40mg/L。

12.2.3 分析步骤

吸取与试样含量相近的酯标准使用溶液及试样各 2.00mL，分别注入 25mL 比色管中，各加 4.00mL 反应液（12.2.2.4），摇匀，放置 2min。加 2.00mL 盐酸溶液（12.2.2.3）、2.00mL 显色剂，摇匀。用 3cm 比色皿，在波长 520mm 处，以水调零，测定其吸光度。

12.2.4 结果计算

试样中的酯含量按式（11）计算：

$$X = \frac{A_x}{A} \times c \tag{11}$$

式中 X——试样中的酯含量（以乙酸乙酯计），单位为毫克每升（mg/L）；

A_x——试样的吸光度；

A——酯标准使用溶液的吸光度；

c——标准使用溶液的酯含量，单位为毫克每升（mg/L）。

所得结果表示至整数。

12.2.5 精密度

在重复性条件下获得的两次独立测定值之差，不得超过平均值的 5%。

13 不挥发物

13.1 原理

试样于水浴上蒸干，将不挥发的残留物烘至恒重，称量，以百分数表示。

13.2 仪器

13.2.1 电热干燥箱：控温精度 ±2℃。

13.2.2 蒸发皿：材质为铂、石英或瓷。

13.2.3 分析天平：感量 0.1mg。

13.3　分析步骤

取试样 100mL，注入恒重的蒸发皿中，置沸水浴上蒸干，然后放入电热干燥箱中，于（110±2）℃下烘至恒重。

13.4　结果计算

试样中的不挥发物含量按式（12）计算：

$$X = \frac{m_1 - m_2}{100} \times 10^6 \qquad (12)$$

式中　X——试样中不挥发物的含量，单位为毫克每升（mg/L）；

　　　m_1——蒸发皿加残渣的质量，单位为克（g）；

　　　m_2——恒重之蒸发皿的质量，单位为克（g）；

　　　100——吸取试样的体积，单位为毫升（mL）。

所得结果表示至整数。

13.5　精密度

在重复性条件下获得的两次独立测定值之差，不得超过平均值的 10%。

14　重金属

14.1　原理

重金属离子（以铅为例）在弱酸性（pH＝3～4）条件下，与硫化氢作用，生成棕黑色硫化物，当含量很少时，呈稳定的悬浮液，其反应式为：

$$Pb^{2+} + H_2S = PbS + 2H^+$$

然后，与同法处理铅标准溶液系列比较，做限量测定。

14.2　试剂和溶液

14.2.1　乙酸盐缓冲液（pH＝3.5）：称取 25.0g 乙酸铵溶于 25mL 水中，加 45mL 6mol/L 盐酸，用稀盐酸或稀氨水（6mol/L 或 1mol/L），在 pH 计上，调节 pH 至 3.5，用水稀释至 100mL。

14.2.2　酚酞指示液（10g/L）：按 GB/T 603 配制。

14.2.3　饱和硫化氢水，将硫化氢气体通入不含二氧化碳的水中，至饱和为止（此溶液临用前制备）。

14.2.4　铅标准溶液（1g/L）：称取 0.1598g 高纯硝酸铅，溶于 10mL1% 硝酸溶液中，定量移入 100mL 容量瓶中，用水稀释至刻度。

14.2.5　铅标准使用溶液（10μg/mL）：取 1g/L 铅标准溶液临用前用水准确稀释 100 倍。

14.3　仪器

比色管：50mL。

所用玻璃仪器需用 10% 硝酸浸泡 24h 以上，用自来水反复冲洗，最后用水冲洗干净。

14.4 分析步骤

14.4.1 A 管：吸取 2.50mL 铅标准使用液于 50mL 比色管中，补加 25.00mL 水，加 1 滴酚酞指示液，用稀盐酸或稀氨水调 pH 至中性（酚酞红色刚好褪去），加入 5mL 乙酸盐缓冲液（14.2.1），混匀，备用。

14.4.2 B 管：用 50mL 比色管直接取试样 25mL，补加 2.5mL 水，加 1 滴酚酞指示液，用稀盐酸或稀氨水调 pH 至中性（酚酞红色刚好褪去），加入 5mL 乙酸盐缓冲液（14.2.1），混匀，备用。

14.4.3 C 管：用 50mL 比色管直接取 25.0mL（与 B 管相同的）试样，再加入 2.50mL（与 A 管等量的）铅标准使用溶液，混匀，加 1 滴酚酞指示液，用稀盐酸或稀氨水调节 pH 至中性（酚酞红色刚好褪去），加入 5mL 乙酸盐缓冲液（14.2.1），混匀，备用。

14.4.4 向上述各管中，各加入 10mL 新鲜制备的饱和硫化氢水（14.2.3），混匀，于暗处放置 5min。取出，在白色背景下比色。其 B 管的色度不得深于 A 管；C 管的色度应与 A 管相当或深于 A 管。

15 氰化物

15.1 原理

氰化物在 pH = 7.0 的缓冲溶液中，用氯胺 T 将氰化物转化成氯化氰，再与异烟酸-吡唑啉酮作用，生成蓝色染料，与标准系列比较定量。

15.2 试剂和溶液

15.2.1 硝酸银标准溶液 $[c(AgNO_3) = 0.1mol/L]$：按 GB/T 601 配制与标定。

15.2.2 硝酸银标准滴定溶液 $[c(AgNO_3) = 0.020mol/L]$：使用时，将上述标准溶液准确稀释 5 倍。

15.2.3 氢氧化钠溶液（20g/L）。

15.2.4 氢氧化钠溶液（10g/L）。

15.2.5 酚酞指示液（10g/L）：按 GB/T 603 配制。

15.2.6 磷酸盐缓冲液（pH = 7）：称取 34.0g 无水磷酸二氢钾和 35.5g 无水磷酸氢二钠，用水溶解并稀释至 1000mL。

15.2.7 试银灵（对-二甲基亚苄基罗丹宁）溶液：称取 0.02g 试银灵，溶于 100mL 丙酮中。

15.2.8 异烟酸-吡唑啉酮溶液：称取 1.5g 异烟酸，溶于 24mL 氢氧化钠溶液（15.2.3）中。另称取 0.25g 吡唑啉酮，溶于 20mL N-二甲基甲酰胺中，合并上述两种溶液，摇匀。

15.2.9 氯胺 T 溶液（10g/L）：称取 1.0g 氯胺 T（有效氯应保证在 11% 以上），溶于 100mL 水中，此溶液须现用现配。

15.2.10 氰化钾标准溶液（100mg/L）

配制：称取 0.250g 氰化钾（KCN）溶于水中，并稀释定容至 100mL，此溶液浓度为 1g/L。用前再标定、稀释。

标定：吸取上述溶液 10.00mL 于 100mL 锥形瓶中，加 1mL 氢氧化钠溶液（15.2.3），使 pH 在 11 以上，再加 0.1mL 试银灵溶液（15.2.7），然后用硝酸银标准滴定溶液（15.2.2）滴定至橙红色为其终点（1mL 硝酸银标准滴定溶液相当于 1.08mg 氢氰酸）。

稀释：将标定好的氰化钾溶液用氢氧化钠溶液（15.2.4）准确稀释 10 倍，即为 100mg/L。

15.2.11 氰化钾标准使用溶液：吸取氰化钾标准溶液（15.2.10）0mL、0.50mL、1.00mL、1.50mL、2.00mL 及 2.50mL 分别于 100mL 容量瓶中，用氢氧化钠溶液（15.2.4）稀释至刻度，即相当于氢氰酸分别为 0mg/L、0.5mg/L、1.0mg/L、1.5mg/L、2.0mg/L 及 2.5mg/L。此溶液易降解，须现用现配。

15.2.12 乙酸溶液（1 + 6）。

15.3 仪器

15.3.1 具塞比色管：10mL。

15.3.2 分光光度计。

15.3.3 恒温水浴：控温精度 ±1℃。

15.4 分析步骤

15.4.1 绘制工作曲线（或建立回归方程）

a）吸取氰化钾标准使用溶液及试剂空白各 1.00mL 分别于 10mL 具塞比色管中，各加 2 滴酚酞指示液，用乙酸溶液（15.2.12）调至红色刚好消褪，再用氢氧化钠溶液（15.2.4）调至近红色，然后加入 2mL 磷酸盐缓冲溶液（15.2.6），摇匀（呈无色），再加 0.2mL10g/L 氯胺 T 溶液，摇匀，于 20℃ 下放置 3min。加 2mL 异烟酸 – 吡唑啉酮溶液，补加水至刻度，摇匀，在恒温水浴（30℃ ±1℃）中放置 30min，呈蓝色，取出。

b）用 1cm 比色皿，以零管（试剂空白）调零，于波长 638mn 处，测定其吸光度。

c）以氰化物标准使用溶液的含量为横坐标，相应的吸光度为纵坐标，绘制工作曲线。或以线性回归方程进行计算。

15.4.2 试样的测定

吸取试样及试剂空白各 1.00mL，按 15.4.1 中的 a）和 b）显色及测定吸光度。根据试样的吸光度在工作曲线上查出试样中的氰化物含量，或用回归方程计算。

或吸取与试样含量相近的限量指标的氰化物标准使用溶液及试样各 1.00mL，按 15.4.1 中的 a）和 b）显色并直接测定吸光度。

注1：试样中氰化物的含量高时，可适当减少取样量。

注2：氰化物属剧毒品，须按毒品管理办法执行废液不得随意排放，应集中处理后再排放。

处理方法：200mL 废水，加 10% 碳酸钠溶液 25mL、30% 硫酸亚铁溶液 25mL，搅匀，使之生成亚铁氰化钠，无毒，便可以排放。注意下水中不得有酸。

15.4.3 结果计算

试样中的氰化物含量按式（13）计算：

$$X = \frac{A_x}{A} \times c \tag{13}$$

式中　X——试样中的氰化物含量（以 HCN 计），单位为毫克每升（mg/L）；

A_x——试样的吸光度；

A——氰化物标准使用溶液的吸光度；

c——标准使用溶液的氰化物含量，单位为毫克每升（mg/L）。

所得结果表示至整数。

附录 A　（规范性附录）
酒精计温度（T）、酒精度（ALC）（体积分数）换算表（20℃）

酒精计温度（T）、酒精度（ALC）（体积分数）换算表（20℃），见表 A.1。

表 A.1　酒精计温度（T）、酒精度（ALC）（体积分数）换算表（20℃）

酒精计温度（T）	酒精度（ALC）							
	91	92	93	94	95	96	97	98
	对应20℃时的酒精度							
5	94.5	95.4	96.3	97.1	98.0	98.9	99.7	—
6	94.3	95.2	96.1	97.0	97.8	98.7	99.5	—
7	94.1	95.0	95.9	96.8	97.6	98.5	99.4	—
8	93.9	94.8	95.7	96.6	97.5	98.3	99.2	—
9	93.6	94.5	95.5	96.4	97.3	98.2	99.0	99.9
10	93.4	94.3	95.2	96.2	97.1	98.0	98.9	99.7
11	93.2	94.1	95.0	96.0	96.9	97.8	98.7	99.6
12	92.9	93.9	94.8	95.7	96.7	97.6	98.5	99.4
13	92.7	93.6	94.6	95.5	96.5	97.4	98.3	99.2
14	92.5	93.4	94.4	95.3	96.3	97.2	98.1	99.1
15	92.2	93.2	94.2	95.1	96.1	97.0	98.0	98.9
16	92.0	93.0	93.9	94.9	95.9	96.8	97.8	98.7
17	91.7	92.7	93.7	94.7	95.6	96.6	97.6	98.6

续表

酒精 计温度（T）	酒精度（ALC）							
	91	92	93	94	95	96	97	98
	对应20℃时的酒精度							
18	91.5	92.5	93.5	94.4	95.4	96.4	97.4	98.4
19	91.2	92.2	93.2	94.2	95.2	96.2	97.2	98.2
20	91.0	92.0	93.0	94.0	95.0	96.0	97.0	98.0
21	90.7	91.8	92.8	93.8	94.8	95.8	96.8	97.8
22	90.5	91.5	92.5	93.5	94.6	95.6	96.6	97.6
23	90.2	91.3	92.3	93.3	94.3	95.4	96.4	97.4
24	90.0	91.0	92.0	93.1	94.1	95.1	96.2	97.2
25	89.7	90.7	91.8	92.8	93.9	94.9	96.0	97.0
26	89.4	90.5	91.5	92.6	93.6	94.6	95.8	96.8
27	89.2	90.2	91.3	92.3	93.4	94.5	95.5	96.6
28	88.9	90.0	91.0	92.1	93.1	94.2	95.3	96.4
29	88.6	89.7	90.8	91.8	92.9	94.0	95.1	96.2
30	88.4	89.4	90.5	91.6	92.7	93.8	94.8	96.0
31	88.1	89.1	90.2	91.4	92.5	93.6	94.6	95.8
32	87.9	88.9	90.0	91.1	92.2	93.4	94.4	95.5

附录二　GB/T 679—2002 化学试剂　乙醇（95%）

1　范围

本标准规定了化学试剂乙醇（95%）的技术要求、试验方法、检验规则和包装及标志。

2　规范性引用文件

下列文件中的条款通过本标准的引用而成为本标准的条款。凡是注日期的引用文件，其随后所有的修改单（不包括勘误的内容）或修订版均不适用于本标准，然而，鼓励根据本标准达成协议的各方研究是否可使用这些文件的最新版本。凡是不注日期的引用文件，其最新版本适用于本标准。

GB/T 601—2002　化学试剂　标准滴定溶液的制备

GB/T 602—2002　化学试剂　杂质测定用标准溶液的制备

GB/T 603—2002   化学试剂   试验方法中所用制剂及制品的制备

GB/T 605—1988   化学试剂   色度测定通用方法（eqv ISO 6353 - 1：1982）

GB/T 611—1988   化学试剂   密度测定通用方法（eqv ISO 6353 - 1：1982）

GB/T 619—1988   化学试剂   采样及验收规则

GB/T 1270—1996   化学试剂   六水合氯化钴（氯化钴）（eqv ISO 6353 - 3：1987）

GB/T 6682—1992   分析实验室用水规格和试验方法（eqv ISO 3696：1987）

GB/T 9736—1988   化学试剂   酸度和碱度测定通用方法（eqv ISO 6353 - 1：1982）

GB/T 9737—1988   化学试剂   易炭化物质测定通则（eqv ISO 6353 - 1：1982）

GB/T 9740—1988   化学试剂   蒸发残渣测定通用方法（eqv ISO 6353 - 1：1982）

GB/T 15346—1994   化学试剂   包装及标志

HG/T 3474—2000   化学试剂   三氯化铁

3 性状

示性式：CH_3CH_2OH

相对分子质量：46.07（根据 1997 年国际相对原子质量）

本试剂为无色透明，易挥发，易燃液体，能与水、丙三醇、三氯甲烷、乙醚等任意混溶。

4 规格

乙醇（95%）的规格，见表 1。

表 1

名称	分析纯	化学纯
乙醇（CH_3CH_2OH）的体积分数/%	≥95	≥295
色度/黑曾单位	≤10	—
与水混合试验	合格	合格
蒸发残渣的质量分数/%	≤0.001	≤0.002
酸度（以 H^+ 计）/（mmol/100g）	≤0.05	≤0.1
碱度（以 OH^- 计）/（mmol/100g）	≤0.01	≤0.02
甲醇（CH_3OH）的质量分数/%	≤0.05	≤0.2
丙酮及异丙醇（以 CH_3COCH_3 计）的质量分数/%	≤0.0005	≤0.001
杂醇油	合格	合格
还原高锰酸钾物质（以 O 计）的质量分数/%	≤0.0004	≤0.0004
易炭化物质	合格	合格

5　试验

本章中除另有规定外，所用标准滴定溶液、标准溶液、制剂及制品，均按 GB/T 601—2002、GB/T 602—2002、GB/T 603—2002 的规定制备，实验用水应符合 GB/T 6682—1992 中三级水规格。样品均按精确至 0.1mL 量取。

5.1　含量

按 GB/T 611—1988 中 5.1 的规定测定密度，其结果不得大于 0.812g/mL（乙醇的密度与含量的关系可参见附录 A）。

5.2　色度

量取 50mL 样品，按 GB/T 605—1988 的规定测定。

5.3　与水混合试验

量取 15mL 样品，加 45mL 水，摇匀，放置 1h。溶液应澄清，无异臭。

5.4　蒸发残渣

量取 123mL（100g）样品，按 GB/T 9740—1988 的规定测定。

5.5　酸度

按 GB/T 9736—1988 中 6.2 的规定测定。其中：量取 100mL 无二氧化碳的水，加 2 滴酚酞指示液（10g/L），用氢氧化钠标准滴定溶液 $[c(NaOH)=0.02mol/L]$ 滴定至溶液呈粉红色，并保持 30s。加 25mL（约 20g）样品，摇匀，用氢氧化钠标准滴定溶液 $[c(NaOH)=0.02mol/L]$ 滴定至溶液呈粉红色，并保持 30s。结果按 GB/T 9736—1988 中第 7 章 "水溶性样品" 的规定计算。

5.6　碱度

按 GB/T 9736—1988 中 6.3 的规定测定。其中：量取 100mL 无二氧化碳的水，加 2 滴甲基红指示液（1g/L），用盐酸标准滴定溶液 $[c(HCl)=0.02mol/L]$ 滴定至溶液呈红色，并保持 30s。加 25mL（20g）样品，混匀，用盐酸标准滴定溶液 $[c(HCl)=0.02mol/L]$ 滴定至溶液呈红色，并保持 30s。结果按 GB/T 9736—1988 中第 7 章 "水溶性样品" 的规定计算。

5.7　甲醇

量取 5mL（4g）样品，稀释至 100mL，取 1mL，加 0.2mL 磷酸溶液（1+9）及 0.25mL 高锰酸钾溶液（50g/L），于 30℃～35℃ 水浴中保温 15min，滴加偏重亚硫酸钠溶液（100g/L）至溶液无色。缓缓加入 5mL 在冰水浴中冷却过的硫酸溶液（3+1），在加入时应保持混合溶液冷却，再加 0.1mL 新制备的变色酸溶液（10g/L），于 70℃～80℃ 水浴中保温 20min。溶液所呈紫色不得深于标准比色溶液。

标准比色溶液的制备是取含下列数量的甲醇标准溶液：

分析纯……0.02mgCH₃OH；

化学纯……0.08mgCH$_3$OH。

稀释至1mL，与同体积试液同时同样处理。

5.8 丙酮及异丙醇

5.8.1 糠醛溶液的制备

量取1mL新蒸馏的糠醛，稀释至100mL（临用前制备）。

5.8.2 测定方法

量取1mL（0.8g）样品，加1mL水、1mL磷酸氢二钠饱和溶液及3mL高锰酸钾饱和溶液，摇匀。置于40℃～45℃水浴中，待高锰酸钾的颜色消褪后，加3mL氢氧化钠溶液（100g/L），摇匀。用4号玻璃滤坩过滤（不必洗涤），滤液中加1mL新制备的糠醛溶液，放置10min。取1mL，加3mL盐酸，放置3min，立即比色。溶液所呈粉红色不得深于标准比色溶液。

标准比色溶液的制备是取1mL磷酸氢二钠饱和溶液、3mL氢氧化钠溶液（100g/L）及含下列数量的丙酮标准溶液：

分析纯……0.004mgCH$_3$COCH$_3$；

化学纯……0.008mgCH$_3$COCH$_3$。

稀释至9mL，与滤液同时同样处理。

5.9 杂醇油

量取10mL（8g）样品，加5mL水及1mL丙三醇，摇匀。用滤纸沾取溶液，使其自然挥发，当乙醇挥发后，滤纸应无异臭（即杂醇油气味）。

5.10 还原高锰酸钾物质

5.10.1 溶液Ⅰ的制备

称取27.5g三氯化铁（FeCl$_3$·6H$_2$O），溶于盐酸溶液（1+40），并用盐酸溶液（1+40）稀释至500mL。取20.0mL，按HG/T 3474—2000中5.1条"含量"的方法测定溶液Ⅰ的浓度。

5.10.2 溶液Ⅱ的制备

称取32.5g氯化钴（CoCl$_2$·6H$_2$O），溶于盐酸溶液（1+40），并用盐酸溶液（1+40）稀释至500mL。取8.0mL，按GB/T1270—1996中5.1条"含量"的方法测定溶液〕Ⅱ的浓度。

5.10.3 测定方法

量取20mL（16g）样品，置于干燥的具塞比色管中，调节温度至25℃，加0.1mL高锰酸钾标准滴定溶液[c（1/5KMnO$_4$）=0.1mol/L]，摇匀，盖紧比色管，于25℃放置5min。溶液所呈粉红色不得浅于同体积的标准比色溶液。

标准比色溶液的制备是分别量取溶液Ⅰ、溶液Ⅱ，使之含0.27g三氯化铁（FeCl$_3$6H$_2$O），0.47g氯化钴（CoCl$_2$·6HQ），注入100mL容量瓶中，用盐酸溶液（1+

40）稀释至刻度。

5.11　易炭化物质

按 GB/T 9737—1988 的规定测定。其中：量取 10mL 硫酸，冷却至 10C，在振摇下逐滴加入 10mL 样品（此时溶液温度不得高于 20℃，放置 5min。溶液所呈颜色不得深于 GB/T 9737—1988 中规定的标准色 $R/30_a$

6　检验规则

按 GB/T 619—1988 的规定进行采样及验收。

7　包装及标志

按 GB 15346—1994 的规定进行包装，贮存与运输，并给出标志，其中：

包装单位：第 4、5 类；

内包装形式：NB－20、NBY－20、NB－21、NBY－21、NB－23、NBY－23、NB－24、NBY－24、NB－26、NBY－26、NB－27、NBY－27、NB－28、NBY－28、NB－29、NBY－29；

隔离材料：GC－2、GG－3、GC－4；

外包装形式：WB－1；

标签应注明："易燃物品"。

附录 A　（资料性附录）
乙醇的密度与含量的关系

乙醇的密度与含量的关系，见表 A.1。

表 A.1

密度（20℃）ρ/（g/mL）	乙醇的质量分数 w/%	乙醇的体积分数 Φ/%
0.8180	90.0	93.3
0.8153	91.0	94.0
0.8126	92.0	94.7
0.8098	93.0	95.4
0.8071	94.0	96.1
0.8042	95.0	96.8
0.8014	96.0	97.5
0.7985	97.0	98.1
0.7955	98.0	98.8
0.7924	99.0	99.4
0.7893	100.0	100.0

附录三　GB/T 678—2002 化学试剂　乙醇 （无水乙醇）

示性式：CH_3CH_2OH

相对分子质量：46.07（根据 1997 年国际相对原子质量）

1　范围

本标准规定了化学试剂　乙醇（无水乙醇）的技术要求、试验方法、检验规则和包装及标志。

2　引用标准

下列标准所包含的条文，通过在本标准中引用而构成为本标准的条文。本标准出版时，所示版本均为有效。所有标准都会被修订，使用本标准的各方应探讨使用下列标准最新版本的可能性。

GB/T 601—1988　化学试剂　滴定分析（容量分析）用标准溶液的制备

GB/T 602—1988　化学试剂　杂质测定用标准溶液的制备

GB/T 603—1988　化学试剂　试验方法中所用制剂及制品的制备

GB/T 606—1988　化学试剂　水分测定通用方法（卡尔·费休法）（eqv ISO 6353 – 1：1982）

GB/T 611—1988　化学试剂　密度测定通用方法（eqv ISO 6353 – 1：1982）

GB/T 619—1988　化学试剂　采样及验收规则

GB/T 6682—1992　分析实验室用水规格和试验方法（eqv ISO 3696：1987）

GB/T 9722—1988　化学试剂　气相色谱法通则

GB/T 9723—1988　化学试剂　火焰原子吸收光谱法通则

GB/T 9733—1988　化学试剂　羰基化合物测定通用方法（eqv ISO 6353 – 1：1982）

GB/T 9736—1988　化学试剂　酸度和碱度测定通用方法（eqv ISO 6353 – 1：1982）

GB/T 9737—1988　化学试剂　易炭化物质测定通则（eqv ISO 6353 – 1：1982）

GB/T 9739—1988　化学试剂　铁测定通用方法（eqv ISO 6353 – 1：1982）

GB/T 9740—1988　化学试剂　蒸发残渣测定通用方法（eqv ISO 6353 – 1：1982）

GB 15346—1994　化学试剂　包装及标志

3　性状

本试剂为无色透明液体，易挥发，能与水、三氯甲烷、乙醚等混合，易吸水。

4 规格（见表1）

表1 乙醇（无水乙醇）的规格

名称	优级纯	分析纯	化学纯
乙醇的质量分数（CH_3CH_2QH）/%	≥99.8	≥99.7	≥99.5
密度（20℃）/（g/mL）	0.789～0.791	0.789～0.791	0.789～0.791
与水混合试验	合格	合格	合格
蒸发残渣的质量分数/%	≤0.0005	≤0.001	≤0.001
酸度（以H^+计）/（mmol/100g）	≤0.02	≤0.04	≤0.1
碱度（以OH^-计）/（mmol/100g）	≤0.005	≤0.01	≤0.03
水分的质量分数/%	≤0.2	≤0.3	≤0.5
甲醇（CH_3OH）的质量分数/%	≤0.02	≤0.05	≤0.2
异丙醇 [（CH_3）$_2$CHOH] 的质量分数/%	≤0.003	<0.01	≤0.05
羰基化合物（以CO计）的质量分数/%	≤0.003	≤0.003	≤0.005
易炭化物质	合格	合格	合格
铁（Fe）的质量分数/%	≤0.00001	—	—
锌（Zn）的质量分数/%	≤0.00001	—	—
还原高锰酸钾物质（以O计）的质量分数/%	≤0.00025	≤0.00025	≤0.0006

5 试验

本章中除另有规定外，所用标准滴定溶液、标准溶液、制剂及制品，均按 GB/T 601、GB/T 602、GB/T 603 的规定制备。实验用水应符合 GB/T 6682—1992 中三级水规格，样品均按精确至 0.1mL 量取。

5.1 乙醇的质量分数

按 GB/T 9722 的规定测定。

5.1.1 测定条件

检测器：火焰离子化检测器；

载气及流速：氮气，9cm/s；

柱长（不锈钢柱）：3m；

柱内径：3mm；

固定相：用丙酮洗涤过的 401 有机载体 [0.18mm～0.25mm（60目～80目）]，于 180℃老化 4h 以上；

柱温度：120℃；

汽化室温度：150℃；

检测室温度：150℃；

进样量：不少于 0.4μL；

色谱柱有效板高：$H_{eff} \leq 3mm$；

不对称因子：$f \leq 3.4$；

组分相对主体的相对保留值：$r_{甲醇,乙醇} = 0.47$；$r_{异丙醇,乙醇} = 2.37$。

5.1.2 定量方法

按 GB/T 9722—1988 中 8.2 的规定，需校正组分甲醇相对于乙醇的质量校正因子 $f_{甲醇/乙醇} = 2.2$。

5.2 密度

按 GB/T 611—1988 中 5.1 的规定测定。

5.3 与水混合试验

量取 15mL 样品，加 45mL 水，摇匀，放置 1h。溶液应澄清、无异臭。

5.4 蒸发残渣

量取 127mL（100g）[优级纯取 254mL（200g）]样品，按 GB/T 9740 的规定测定。

5.5 酸度

按 GB/T 9736—1988 中 6.2 的规定测定。其中：量取 100mL 无二氧化碳的水，加 4 滴酚酞指示液（10g/L），用氢氧化钠标准滴定溶液 [c（NaOH）= 0.02mol/L] 中和至溶液呈粉红色，并保持 30s。加入 25.2mL（20g）样品，用氢氧化钠标准滴定溶液 [c（NaOH）= 0.02mol/L] 滴定至溶液呈粉红色，并保持 30s。结果按 GB/T 9736—1988 中第 7 章 "水溶性样品" 的规定计算。

5.6 碱度

按 GB/T 9736—1988 中 6.2 的规定测定。其中：量取 100mL 无二氧化碳的水，加 2 滴甲基红指示液（1g/L），用盐酸标准滴定溶液 [c（HCl）= 0.02mol/L] 中和至溶液由黄色变为橙色，并保持 30s。加入 25.2mL（20g）样品，用盐酸标准滴定溶液 [c（HCl）= 0.02mol/L] 滴定至溶液由黄色变为橙色，并保持 30s。结果按 GB/T 9736—1988 中第 7 章 "水溶性样品" 的规定计算。

5.7 水分

量取 5mL（4g）样品，按 GB/T 606 的规定测定。

5.8 甲醇

同 5.1。

5.9 异丙醇

同 5.1。

5.10 羰基化合物

量取 0.63mL（0.5g）样品，按 GB/T 9733 的规定测定。溶液所呈暗红色不得深于标准比对溶液。

标准比对溶液的制备是取含下列数量的羰基化合物标准溶液：

优级纯、分析纯 ··· 0.015mg CO；

化学纯 ·· 0.025mg CO。

与样品同时同样处理。

5.11 易炭化物质

按 GB/T 9737 的规定测定。其中，量取 10mL 硫酸（优级纯，质量分数为 95% ±0.5%），冷却至 10℃，在振摇下逐滴加入 10mL 样品（此时溶液温度不得高于 20℃），放置 5min。溶液所呈颜色不得深于下列标准色：

优级纯 ·· R/40；

分析纯 ·· R/30；

化学纯 ·· R/25。

5.12 铁

量取 25mL（20g）样品，置于蒸发皿中，加 0.5mL 硫酸溶液（质量分数为 10%），于红外灯下或 75℃ 左右的水浴蒸至近干，稀释至 15mL，用氨水溶液（质量分数为 10%）将溶液 pH 调至 2 后，按 GB/T 9739 的规定测定。溶液所呈红色不得深于标准比对溶液。

标准比对溶液的制备是取含 0.002mg 铁（Fe）标准溶液，加 0.5mL 硫酸溶液（质量分数为 10%），稀释至 15mL，与同体积试液同时同样处理。

5.13 锌

按 GB/T 9723 的规定测定。

5.13.1 仪器条件

光源：锌空心阴极灯；

波长：213.5nm；

火焰：乙炔 – 空气。

5.13.2 测定方法

量取 6.3mL（5g）样品，置于蒸发皿中，于红外灯下或 75℃ 左右的水浴蒸干，加 1mL 盐酸溶液（质量分数为 20%）溶解残渣，稀释至 10mL，按 GB/T 9723—1988 中 6.2.1 的规定测定。

5.14 还原高锰酸钾物质

5.14.1 溶液 I 的制备

按 GB/T 9737—1988 中 4.2 的规定制备。

5.14.2 溶液 II 的制备

按 GB/T 9737—1988 中 4.4 的规定制备。

5.14.3 测定方法

量取 24mL（19g）［化学纯取 10mL（8g）］样品，注入干燥的具塞比色管中，调节温度至 25℃，加 0.1mL 高锰酸钾标准滴定溶液［c（1/5KMnO$_4$）= 0.1mol/L］，摇匀，盖紧比色管，于 25℃ 避光放置 5min。溶液所呈粉红色不得浅于同体积标准比对溶液。

标准比对溶液的制备是分别量取 7.9mL 溶液 I、6.0mL 溶液 II，注入 100mL 容量瓶中，用盐酸溶液（1+40）稀释至刻度。

6 检验规则

按 GB/T 619 的规定进行采样及验收。

7 包装及标志

按 GB 15346 的规定进行包装、贮存与运输，并给出标志，其中：

包装单位：第 4、5 类；

内包装形式：NB—20、NBY－20、NB－21、NBY－21、NB－23、NBY－23、NB－24、NBY－24、NB－26、NBY－26、NB－27、NBY－27、NB－28、NBY－28、NB－29、NBY－29；

隔离材料：GC－2、GC－3.GC－4；

外包装形式：WB－1；

标签应注明"易燃物品"。

附录四 GB 31640—2016 食品安全国家标准 食用酒精

1 范围

本标准适用于食用酒精。

2 术语和定义

2.1 食用酒精

以谷物、薯类、糖蜜或其他可食用农作物为主要原料，经发酵、蒸馏精制而成的，供食品工业使用的含水酒精。

3 技术要求

3.1 原料要求

原料应符合相应的产品标准和有关规定。

3.2 感官要求

感官要求应符合表1的规定。

表1 感官要求

项目	要求	检验方法
外观	无色透明	取适量试样置于烧杯中，在自然光下观察色泽和状态，应透明，无正常视力可见的外来异物
气味	具有乙醇固有香气，无异嗅	用具塞量筒取试样10mL，加水15mL，盖塞，混匀。倒入50mL小烧杯中，闻其气味
滋味	纯净，微甜，无异味	取试样20mL于50mL容量瓶中，加水30mL，混匀，然后倒入100mL烧杯中，置于20℃水浴中，待恒温后品其滋味

3.3 理化指标

理化指标应符合表2的规定。

表2 理化指标

项目		指标	检验方法
酒精度/%vol	≥	95.0	GB 5009.225
醛（以乙醛计）/（mg/L）	≤	30	附录A
甲醇/（mg/L）	≤	150	GB 5009.266
氰化物*（以HCN计）/（mg/L）	≤	5	GB 5009.36
*仅适用于以木薯为原料的产品			

3.4 污染物限量

污染物限量应符合表3的规定。

表3 污染物限量

项目	限量	检验方法
铅（以Pb计）/（mg/kg）	1.0	GB 5009.12

4　其他

4.1　包装

4.1.1　装运食用酒精应使用专用的罐、槽车和不锈钢桶，不应使用铝桶或镀锌容器包装，不应使用未做抗静电处理的容器。包装前，应对所用容器进行严格的安全、卫生检查。

4.1.2　灌装后的罐、槽车应加铅封。使用单位收货时，应检查铅封是否完好。

4.1.3　包装物应体外清洁，标注内容清晰可见，标签粘贴牢固。

4.2　运输

4.2.1　运输工具应清洁、卫生，不应与有毒、有害、有腐蚀性或有异味的物品混装混运。

4.2.2　搬运时应轻装轻卸，严禁扔摔、撞击和剧烈震荡，应远离热源和火种。

4.2.3　运输过程应防火、防爆、防静电、防雷电，严禁曝晒。

4.3　贮存

4.3.1　产品不应与有毒、有害、有腐蚀性或有异味的物品混合存放。

4.3.2　产品应贮存于阴凉、干燥、通风的环境中，应有防高温、火种、静电、雷电的设施。在贮存区域应有醒目的"严禁火种"的警示牌。

附录A　食用酒精中醛的测定

A.1　碘量法

A.1.1　原理

亚硫酸氢钠与醛发生加成反应生成 α – 羟基磺酸钠，反应式为：

$$R-\overset{\overset{O}{\|}}{C}-H + NaHSO_3 \rightarrow R-\underset{\underset{SO_3Na}{|}}{\overset{\overset{H}{|}}{C}}-OH$$

用碘氧化过量的亚硫酸氢钠，反应式为：

$$NaHSO_3 + I_2 + H_2O \rightarrow NaHSO_4 + 2HI$$

加过量的 $NaHCO_3$，使加成物分解，醛重新游离出来，反应式为：

$$R-\underset{\underset{SO_3Na}{|}}{\overset{\overset{H}{|}}{C}}-OH + 2NaHCO_3 \rightarrow RCHO + NaHSO_3 + Na_2CO_3 + CO_2\uparrow + H_2O$$

用碘标准溶液滴定分解释放出来的亚硫酸氢钠。

A.1.2 试剂和溶液

A.1.2.1 亚硫酸氢钠溶液（12g/L）。

A.1.2.2 盐酸溶液 $[c\ (\text{HCl})=0.1\text{mol/L}]$：按 GB/T 601 配制。

A.1.2.3 碘标准溶液 $[c\ (\frac{1}{2}\text{I}_2)=0.1\text{mol/L}]$：按 GB/T 601 配制与标定。

A.1.2.4 碘标准滴定溶液 $[c\ (\frac{1}{2}\text{I}_2)=0.01\text{mol/L}]$：使用时将 0.1mol/L 碘标准溶液准确稀释 10 倍。

A.1.2.5 淀粉指示液（10g/L）：按 GB/T 603 配制。

A.1.2.6 碳酸氢钠溶液 $[c\ (\text{NaHCO}_3)=1\text{mol/L}]$。

A.1.3 分析步骤

吸取试样 15.0mL 于 250mL 碘量瓶中，加 15mL 水、15mL 亚硫酸氢钠溶液、7mL 盐酸溶液，摇匀，于暗处放置 1h，取出，用 50mL 水冲洗瓶塞，以碘标准溶液滴定，接近终点时，加淀粉指示液 0.5mL，改用碘标准滴定溶液滴定至淡蓝紫色出现（不计数）。加 20mL 碳酸氢钠溶液，微开瓶塞，摇荡 0.5min（呈无色），用碘标准滴定溶液继续滴定至蓝紫色为其终点。同时做空白试验。

A.1.4 结果计算

试样中的醛含量按式（A.1）计算：

$$X = \frac{(V_1 - V_2) \times c \times 0.022}{15} \times 10^6 \qquad (\text{A.1})$$

式中 X——试样中的醛含量（以乙醛计），单位为毫克每升（mg/L）；

V_1——试样消耗碘标准滴定溶液的体积，单位为毫升（mL）；

V_2——空白消耗碘标准滴定溶液的体积，单位为毫升（mL）；

c——碘标准滴定溶液的浓度，单位为摩尔每升（mol/L）；

0.022——与 1.00mL 碘标准使用溶液 $[c\ (\frac{1}{2}\text{I}_2)=1.000\text{mol/L}]$ 相当的以克表示的乙醛的质量。

结果保留至整数。

A.1.5 精密度

在重复性条件下获得的两次独立测定值之差，若醛含量 >5mg/L，不得超过平均值的 5%；若醛含量 ≤5mg/L，不得超过平均值的 13%。

A.2 比色法

A.2.1 原理

醛和亚硫酸品红作用时，发生加成反应，经分子重排后，失去亚硫酸，生成具有醌形结构的紫红色物质，其颜色的深浅与醛含量成正比。

A.2.2　试剂和溶液

A.2.2.1　亚硫酸氢钠溶液（53%）：称取 53.0g 亚硫酸氢钠（NaHSO₃），溶于 100mL 水中。

A.2.2.2　硫酸：密度为 1.84g/cm³。

A.2.2.3　碱性品红 - 亚硫酸显色剂：称取 0.075g 碱性品红溶于少量 80℃水中，冷却，加水稀释至约 75mL，移入 1L 棕色细口瓶内，加 50mL 新配制的亚硫酸氢钠溶液，加 500mL 水和 7.5mL 硫酸，摇匀，放置 10h～12h 至溶液褪色并具有强烈的二氧化硫气味，置于冰箱中保存。

A.2.2.4　醛标准溶液（1g/L）：准确称取乙醛氨 0.1386g（按乙醛：乙醛氨 = 1：1.386）迅速溶于 10℃左右的基准乙醇（无醛酒精）中，并定容至 100mL。移入棕色试剂瓶内，贮存于冰箱中。

A.2.2.5　醛标准使用溶液：吸取乙醛标准溶液 0.30mL、0.50mL、0.80mL、1.00mL、1.50mL、2.00mL、2.50mL 和 3.00mL，分别置于已有部分基准乙醇（无醛酒精）的 100mL 容量瓶中，并用基准乙醇稀释至刻度。即醛含量分别为 3mg/L、5mg/L、8mg/L、10mg/L、15mg/L、20mg/L、25mg/L 和 30mg/L。

A.2.3　分析步骤

吸取与试样含量相近的限量指标的醛标准使用溶液及试样各 2mL，分别注入 25mL 比色管中，各加 5mL 水、2mL 显色剂，加塞摇匀，放置 20min（室温低于 20℃时，需放入 20℃水浴中显色），取出比色。用 2cm 比色皿，在波长 555nm 处，以水调零，测定其吸光度。

A.2.4　结果计算

试样中的醛含量按式（A.2）计算：

$$X = \frac{A_x}{A} \times c \tag{A.2}$$

式中　X——试样中的醛含量（以乙醛计），单位为毫克每升（mg/L）；

　　　A_x——试样的吸光度；

　　　A——醛标准使用溶液的吸光度；

　　　c——标准使用溶液的醛含量，单位为毫克每升（mg/L）。

结果保留至整数。

A.2.5　精密度

在重复性条件下获得的两次独立测定值之差，若醛含量 >5mg/L，不得超过平均值的 5%；若醛含量 ≤5mg/L，不得超过 10%。

附录五 GB/T 394.1—2008 工业酒精

1 范围

GB/T 394 的本部分规定了工业酒精的要求、分析方法、检验规则和标志、包装、运输、贮存。本部分适用于以发酵法生产的工业酒精，不适用于食用酒精。

2 规范性引用文件

下列文件中的条款通过 GB/T 394 的本部分的引用而成为本部分的条款。凡是注日期的引用文件，其随后所有的修改单（不包括勘误的内容）或修订版均不适用于本部分，然而，鼓励根据本部分达成协议的各方研究是否可使用这些文件的最新版本。凡是不注日期的引用文件，其最新版本适用于本部分。

GB 190 危险货物包装标志

GB/T 191 包装储运图示标志（GB/T 191—2008，ISO 780：1997，MOD）

GB/T 394.2 酒精通用分析方法

3 要求

感官和理化要求应符合表 1 的规定。

表 1 感官和理化要求

项目		要求			
		优级	一级	二级	粗酒精
外观		无色透明液体			淡黄色液体
气味		无异臭			—
色度/号	≤	10			—
乙醇（20℃）/（%vol）	≥	96.0	95.5	95.0	95.0
硫酸试验色度/号	≤	10	80	—	—
氧化时间/min	≥	30	15	5	—
醛（以乙醛计）/（mg/L）	≤	5	30	—	—
异丁醇＋异戊醇/（mg/L）	≤	10	80	400	—
甲醇/（mg/L）	≤	800	1200	2000	8000
酸（以乙酸计）/（mg/L）	≤	10	20		—
酯（以乙酸乙酯计）/（mg/L）	≤	30	40	—	—
不挥发物/（mg/L）	≤	20	25	25	—

4　分析方法

按 GB/T 394.2 执行。

5　检验规则

5.1　组批

5.1.1　每班生产的同一类别、同一品质、规格相同的产品为一批。

5.1.2　罐、槽车装，以每一罐次、槽车为一批。

5.2　抽样

5.2.1　取样方法

a）以槽车为单位包装的产品，每一槽车为一个样本，取一个样。

b）以桶装、瓶装的产品按表 2 抽取样本。

表 2　抽样表

批量范围	样本大小
≤150	5
151～3200	8
3201～35000	20
≥35001	23

5.2.2　从罐内酒精上、中、下三个部位，立式罐按体积 2：3：2、卧式罐按体积 1：3：1 取样。槽车、桶装样品从中间部位取样。

5.2.3　每批取样 2L，混匀，装入两个棕色细口试剂瓶中，立即贴上标签，注明：样品名称、批号（罐、槽车、桶编号）、等级、取样时间与地点、采样人。一瓶检验，另一瓶保存两个月备查。

5.3　检验分类

5.3.1　出厂检验

5.3.1.1　产品出厂前，应由生产厂的质量监督检验部门按本部分规定逐批进行检验，检验合格，并附上质量合格证明的，方可出厂。

5.3.1.2　检验项目：外观、气味、色度、乙醇、硫酸试验色度、氧化时间、醛、异丁醇+异戊醇和甲醇。

5.3.2　型式检验

5.3.2.1　检验项目：本部分中全部要求项目。

5.3.2.2　一般情况下，同一类产品的型式检验每半年进行一次，有下列情况之一者，亦应进行：

a）原辅材料有较大变化时；

b）更改关键工艺或设备；

c）新试制的产品或正常生产的产品停产 3 个月后，重新恢复生产时；

d）出厂检验与上次型式检验结果有较大差异时；

e）国家质量监督检验机构按有关规定需要抽检时。

5.4 判定规则

5.4.1 检验结果有指标不符合本部分要求时，应重新自同批产品中抽取两倍量样品进行复检，以复检结果为准。

5.4.2 若复检结果中仍有一项（或一项以上）不合格时，则判整批产品为不合格。

5.4.3 当供需双方对检验结果有异议时，可由双方协商解决，或委托有关单位进行仲裁检验，以仲裁检验结果为准。

6 标志、包装、运输、贮存

6.1 标志

6.1.1 销售包装使用标签时，标签上应标注：产品名称"工业酒精"、原料、乙醇含量、制造者名称和地址、灌装日期、净含量、执行标准号及质量等级。包装容器（桶、罐、瓶）上应明显标注有不得食用的警示标志。

6.1.2 装运工业酒精的罐、槽车上应标注"工业酒精"，随车附有《出厂产品质量检验合格证明书》。

6.1.3 包装储运图示标志应符合 GB 190 和 GB/T 191 要求。

6.2 包装

6.2.1 装运工业酒精应使用专用的罐、槽车和铁桶，不得使用铝桶或镀锌容器包装，不得使用易产生静电和静电不易释放的容器如塑料桶。包装前，应对所用容器进行检查。

6.2.2 灌装后的罐、槽车应加铅封。使用单位收货时，应检查铅封是否完好。

6.2.3 包装物应体外清洁，标注内容清晰可见，标签粘贴牢固。

6.3 运输

6.3.1 运输工具应清洁，不得与有毒、有害、有腐蚀性或有异味的物品混装混运。

6.3.2 搬运时应轻装轻卸，不得扔摔、撞击和剧烈振荡，应远离热源和火种。

6.3.3 运输过程应防火、防爆、防静电、防雷电，不得曝晒。

6.4 贮存

6.4.1 产品不得与有毒、有害、有腐蚀性或有异味的物品混合存放。

6.4.2 产品应贮存于阴凉、干燥、通风的环境中，应有防高温、火种、静电、雷电的设施，并要求在贮存区域有醒目的"严禁火种"的警示牌。

附录六　GB/T 25866—2010 玉米干全酒糟（玉米 DDGS）

1　范围

本标准规定了饲料用玉米干全酒糟（玉米 DDGS）的术语和定义、要求、试验方法、检验规则以及标签、包装、运输和贮存。

本标准适用于采用玉米为原料通过干法酒精生产、半干法酒精生产和湿法酒精生产得到的干酒精糟及可溶物。

2　规范性引用文件

下列文件对于本文件的应用是必不可少的。凡是注日期的引用文件，仅注日期的版本适用于本文件。凡是不注日期的引用文件，其最新版本（包括所有的修改单）适用于本文件。

GB/T 6432　饲料中粗蛋白测定方法

GB/T 6433　饲料中粗脂肪的测定

GB/T 6434　饲料中粗纤维的含量测定　过滤法

GB/T 6435　饲料中水分和其他挥发性物质含量的测定

GB/T 6437　饲料中总磷的测定　分光光度法

GB/T 6438　饲料中粗灰分的测定

GB/T 8381.4　配合饲料中 T－2 毒素的测定　薄层色谱法

GB/T 10647　饲料工业术语

GB 10648　饲料标签

GB 13078　饲料卫生标准

GB/T 13092　饲料中霉菌总数的测定

GB/T 14698　饲料显微镜检查方法

GB/T 14699.1　饲料　采样

GB/T 16764　配合饲料企业卫生规范

GB/T 17480　饲料中黄曲霉毒素 B_1 的测定　酶联免疫吸附法

GB/T 18823　饲料　检测结果判定的允许误差

GB/T 19539　饲料中赭曲霉毒素 A 的测定

GB/T 19540　饲料中玉米赤霉烯酮的测定

GB/T 20806　饲料中中性洗涤纤维（NDF）的测定

3 术语和定义

GB/T 10647 界定的以及下列术语和定义适用本文件。

3.1

玉米干全酒糟 distiller's dried grain with solubles（corn）

玉米 DDGS

以玉米为原料，由酵母发酵蒸馏提取酒精后，将酒糟和剩余的残液中至少四分之三以上的可溶固形物浓缩干燥后所得的产品。

3.2

干法酒精生产 dry mill ethanol production

玉米除杂后直接粉碎进行发酵生产酒精的方法，副产物包括 DDG、DDS 和 DDGS。

3.3

半干法酒精生产 semi – dry mill ethanol production

玉米预先用水湿润，水分含量达到18%～20%，然后破碎筛分，分离部分胚芽和玉米皮，胚芽经过浸提生产玉米油，去胚芽后的玉米单独或连同提油后的胚芽混合后粉碎发酵生产酒精的方法，副产物包括玉米油、DDG、DDS 和 DDGS，甚至还有玉米纤维饲料、玉米胚芽粕等。

3.4

湿法酒精生产 wet mill ethanol production

玉米经过浸泡，碾磨分离为淀粉、纤维、胚芽和蛋白质等组分，胚芽经过浸提生产玉米油，淀粉发酵生产酒精的方法，副产物包括玉米油、DDG、DDS 和 DDGS 以及玉米纤维饲料、玉米胚芽粕、玉米蛋白粉等。

4 要求

4.1 感官要求

浅黄色和黄褐色，粉状或颗粒状，无发霉、结块，具有发酵气味，无异味。

4.2 技术指标及质量分级

技术指标及质量分级见表1。

表1 饲料用玉米干全酒糟（玉米 DDGS）技术指标及质量分级

项目	高脂型 DDGS		低脂型 DDGS	
	一级	二级	一级	二级
色泽	浅黄色	黄褐色	浅黄色	黄褐色
水分/%	≤12			

续表

项目	高脂型 DDGS		低脂型 DDGS	
	一级	二级	一级	二级
粗蛋白质/%	≥28	≥24	≥30	≥26
粗脂肪/%		≥7		≥2
磷/%		≥0.60		
粗纤维/%		≤12		
中性洗涤纤维/%		≤50		
粗灰分/%		≤7		

4.3　杂质

不得掺入除玉米以外的谷物或杂质。

4.4　卫生指标

应符合 GB 13078 的要求，对于 GB 13078 中未限定的霉菌毒素应符合表 2 的要求。

表 2　饲料用玉米干全酒糟 （玉米 DDGS） 卫生指标

项目	指标
黄曲霉毒素 B_1/（μg/kg）	≤50
玉米赤霉烯酮/（μg/kg）	≤500
T-2 毒素/（μg/kg）	≤100
赭曲霉毒素 A/（μg/kg）	≤100
霉菌总数/（个/g）	≤10 ×10³

5　试验方法

5.1　感官指标：采用目测及嗅觉检验。

5.2　水分的测定按 GB/T 6435 执行。

5.3　粗蛋白质的测定按 GB/T 6432 执行。

5.4　粗脂肪的测定按 GB/T 6433 执行。

5.5　磷的测定按 GB/T 6437 执行。

5.6　粗纤维的测定按 GB/T 6434 执行。

5.7　中性洗涤纤维的测定按 GB/T 20806 执行。

5.8　粗灰分的测定按 GB/T 6438 执行。

5.9 杂质的检测按 GB/T 14698 执行。

5.10 黄曲霉毒素 B_1 的测定按 GB/T 17480 执行。

5.11 玉米赤霉烯酮的测定按 GB/T 19540 执行。

5.12 T-2 毒素的测定按 GB/T 8381.4 执行。

5.13 赭曲霉毒素 A 的测定按 GB/T 19539 执行。

5.14 霉菌含量的测定按 GB/ T13092 执行。

6 检验规则

6.1 采样方法

按 GB/T 14699.1 执行。

6.2 出厂检验

6.2.1 批

以同班、同原料的产品为一批。

6.2.2 出厂检验项目

感官性状、水分、粗蛋白质和油脂含量。

6.3 型式检验

6.3.1 型式检验项目

为本标准第 4 章规定的全部项目。

6.3.2 有下列情况之一，应进行型式检验：

a) 改变配方或生产工艺；

b) 正常生产每半年或停产半年后恢复生产；

c) 国家饲料质量监督部门提出要求时。

6.4 判定方法

以本标准的有关试验方法和要求为依据进行判定。检验结果中如有一项指标不符合本标准要求时，应重新自两倍量的包装中再抽样进行复检，复检结果如仍有一项指标不符合本标准要求，则该批产品判为不合格。各项成分指标判定合格或验收的界限根据 GB/T 18823 执行。

7 标签、包装、运输和贮存

7.1 标签应符合 GB 10648 的要求。

7.2 包装、运输和贮存应符合 GB/T 16764 中的要求。

饲料用玉米干全酒糟（玉米 DDGS）在规定的储存条件下，从生产之日起，原包装产品保质期为 6 个月。

附录七　GB 27631—2011 发酵酒精和白酒工业水污染物排放标准

1　适用范围

本标准规定了发酵酒精和白酒工业企业或生产设施水污染物排放限值、监测和监控要求，以及标准的实施与监督等相关规定。

本标准适用于现有发酵酒精和白酒工业企业或生产设施的水污染物排放管理。

本标准适用于对发酵酒精和白酒工业建设项目的环境影响评价、环境保护设施设计、竣工环境保护验收及其投产后的水污染物排放管理。

本标准适用于法律允许的污染物排放行为。新设立污染源的选址和特殊保护区域内现有污染源的管理，按照《中华人民共和国环境影响评价法》、《中华人民共和国水污染防治法》、《中华人民共和国海洋环境保护法》、《中华人民共和国大气污染防治法》、《中华人民共和国固体废物污染环境防治法》等法律、法规、规章的相关规定执行。

本标准规定的水污染物排放控制要求适用于企业直接或间接向其法定边界外排放水污染物的行为。

2　规范性引用文件

本标准内容引用了下列文件或其中的条款。

GB/T 6920—1986　水质　pH 的测定　玻璃电极法

GB/T 11893—1989　水质　总磷的测定　钼酸铵分光光度法

GB/T 11894—1989　水质　总氮的测定　碱性过硫酸钾消解紫外分光光度法

GB/T 11901—1989　水质　悬浮物的测定　重量法

GB/T 11903—1989　水质　色度的测定　稀释倍数法

GB/T 11914—1989　水质　化学需氧量的测定　重铬酸盐法

HJ/T 195—2005　水质　氨氮的测定　气相分子吸收光谱法

HJ/T 199—2005　水质　总氮的测定　气相分子吸收光谱法

HJ/T 399—2007　水质　化学需氧量的测定　快速消解分光光度法

HJ 505—2009　水质　五日生化需氧量（BOD_5）的测定　稀释与接种法

HJ 535—2009　水质　氨氮的测定　纳氏试剂比色法

HJ 536—2009　水质　氨氮的测定　水杨酸分光光度法

HJ 537—2009　水质　氨氮的测定　蒸馏 – 中和滴定法

《污染源自动监控管理办法》（国家环境保护总局令 第 28 号）

《环境监测管理办法》（国家环境保护总局令 第 39 号）

3 术语和定义

下列术语和定义适用于本标准。

3.1 发酵酒精工业

指以淀粉质、糖蜜或其他生物质等为原料，经发酵、蒸馏而制成食用酒精、工业酒精、变性燃料乙醇等酒精产品的工业。

3.2 白酒工业

指以淀粉质、糖蜜或其他代用料等为原料，经发酵、蒸馏而制成白酒和用食用酒精勾兑成白酒的工业。

3.3 现有企业

本标准实施之日前已建成投产或环境影响评价文件已通过审批的发酵酒精和白酒工业企业或生产设施。

3.4 新建企业

本标准实施之日起环境影响评价文件通过审批的新建、改建和扩建的发酵酒精和白酒工业建设项目。

3.5 排水量

指生产设施或企业向企业法定边界以外排放的废水的量，包括与生产有直接或间接关系的各种外排废水（含厂区生活污水、冷却废水、厂区锅炉和电站排水等）。

3.6 单位产品基准排水量

指用于核定水污染物排放浓度而规定的生产单位酒精或原酒（原酒按 65 度折算）的废水排放量上限值。

3.7 公共污水处理系统

指通过纳污管道等方式收集废水，为两家以上排污单位提供废水处理服务并且排水能够达到相关排放标准要求的企业或机构，包括各种规模和类型的城镇污水处理厂、区域（包括各类工业园区、开发区、工业聚集地等）废水处理厂等，其废水处理程度应达到二级或二级以上。

3.8 直接排放

指排污单位直接向环境排放污染物的行为。

3.9 间接排放

指排污单位向公共污水处理系统排放污染物的行为。

4 水污染物排放控制要求

4.1 自 2012 年 1 月 1 日起至 2013 年 12 月 31 日止，现有企业执行表 1 规定的水污染物排放限值。

表1   现有企业水污染物排放限值

单位：mg/L（pH、色度除外）

序号	污染物项目	限值		污染物排放监控位置
		直接排放	间接排放	
1	pH	6～9	6～9	
2	色度（稀释倍数）	60	80	
3	悬浮物	70	140	
4	五日生化需氧量（BOD_5）	40	80	
5	化学需氧量（COD_{Cr}）	150	400	企业废水总排放口
6	氨氮	15	30	
7	总氮	25	50	
8	总磷	1.0	3.0	
单位产品基准排水量（m³/t）	发酵酒精企业	40	40	排水量计量位置与污染物
	白酒企业	30	30	排放监控位置一致

4.2   自2014年1月1日起，现有企业执行表2规定的水污染物排放限值。

4.3   自2012年1月1日起，新建企业执行表2规定的水污染物排放限值。

表2   新建企业水污染物排放限值

单位：mg/L（pH、色度除外）

序号	污染物项目	限值		污染物排放监控位置
		直接排放	间接排放	
1	pH	6～9	6～9	
2	色度（稀释倍数）	40	80	
3	悬浮物	50	140	
4	五日生化需氧量（BOD_5）	30	80	
5	化学需氧量（COD_{Cr}）	100	400	企业废水总排放口
6	氨氮	10	30	
7	总氮	20	50	
8	总磷	1.0	3.0	
单位产品基准排水量（m³/t）	发酵酒精企业	30	30	排水量计量位置与污染物
	白酒企业	20	20	排放监控位置一致

4.4　根据环境保护工作的要求，在国土开发密度较高、环境承载能力开始减弱，或水环境容量较小、生态环境脆弱，容易发生严重水环境污染问题而需要采取特别保护措施的地区，应严格控制企业的污染排放行为，在上述地区的企业执行表3规定的水污染物特别排放限值。

执行水污染物特别排放限值的地域范围、时间，由国务院环境保护主管部门或省级人民政府规定。

表3　水污染物特别排放限值

单位：mg/L（pH、色度除外）

序号	污染物项目	限值		污染物排放监控位置
		直接排放	间接排放	
1	pH	6 ~ 9	6 ~ 9	
2	色度（稀释倍数）	20	40	
3	悬浮物	20	50	
4	五日生化需氧量（BOD_5）	20	30	
5	化学需氧量（COD_{Cr}）	50	100	企业废水总排放口
6	氨氮	5	10	
7	总氮	15	20	
8	总磷	0.5	1.0	
单位产品基准排水量（m^3/t）	发酵酒精企业	20	20	排水量计量位置与污染物排放监控位置一致
	白酒企业	10	10	

4.5　水污染物排放浓度限值适用于单位产品实际排水量不高于单位产品基准排水量的情况。若单位产品实际排水量超过单位产品基准排水量，须按式（1）将实测水污染物浓度换算为水污染物基准水量排放浓度，并以水污染物基准水量排放浓度作为判定排放是否达标的依据。产品产量和排水量统计周期为一个工作日。

在企业的生产设施同时生产两种或两种以上类别的产品、可适用不同排放控制要求或不同行业国家污染物排放标准，且生产设施产生的污水混合处理排放的情况下，应执行排放标准中规定的最严格的浓度限值，并按式（1）换算水污染物基准水量排放浓度。

$$\rho_{基} = \frac{Q_{总}}{\Sigma Y_i \times Q_{i基}} \times \rho_{实} \tag{1}$$

式中　$\rho_{基}$——水污染物基准水量排放浓度，mg/L；

$Q_{总}$——排水总量，m^3；

Y_i——第 i 种产品产量，t；

$Q_{i基}$——第 i 种产品的单位产品基准排水量，m^3/t；

$\rho_{实}$——实测水污染物排放浓度，mg/L。

若 $Q_{总}$ 与 $\Sigma Y_i \times Q_{i基}$ 的比值小于 1，则以水污染物实测浓度作为判定排放是否达标的依据。

5 水污染物监测要求

5.1 对企业排放废水的采样应根据监测污染物的种类，在规定的污染物排放监控位置进行，有废水处理设施的，应在该设施后监控。企业应按国家有关污染源监测技术规范的要求设置采样口，在污染物排放监控位置应设置永久性排污口标志。

5.2 新建企业和现有企业安装污染物排放自动监控设备的要求，按有关法律和《污染源自动监控管理办法》的规定执行。

5.3 对企业水污染物排放情况进行监测的频次、采样时间等要求，按国家有关污染源监测技术规范的规定执行。

5.4 企业产品产量的核定，以法定报表为依据。

5.5 对企业排放水污染物的测定采用表4所列的方法标准。

表4 水污染物测定方法标准

序号	污染物项目	方法标准名称		方法标准编号
1	pH	水质	pH 的测定 玻璃电极法	GB/T 6920—1986
2	色度	水质	色度的测定	GB/T 11903—1989
3	悬浮物	水质	悬浮物的测定 重量法	GB/T 11901—1989
4	五日生化需氧量（BOD_5）	水质	五日生化需氧量（BOD_5）的测定 稀释与接种法	HJ 505—2009
5	化学需氧量（COD_{Cr}）	水质	化学需氧量的测定 重铬酸盐法	GB/T 11914—1989
		水质	化学需氧量的测定 快速消解分光光度法	HJ/T 399—2007
6	氨氮	水质	氨氮的测定 蒸馏－中和滴定法	HJ 537—2009
		水质	氨氮的测定 纳氏试剂比色法	HJ 535—2009
		水质	氨氮的测定 水杨酸分光光度法	HJ 536—2009
		水质	氨氮的测定 气相分子吸收光谱法	HJ/T 195—2005
7	总氮	水质	总氮的测定 碱性过硫酸钾消解紫外分光光度法	GB/T 11894—1989
		水质	总氮的测定 气相分子吸收光谱法	HJ/T 199—2005
8	总磷	水质	总磷的测定 钼酸铵分光光度法	GB/T 11893—1989

5.6 企业须按照有关法律和《环境监测管理办法》的规定，对排污状况进行监测，并保存原始监测记录。

6 实施与监督

6.1 本标准由县级以上人民政府环境保护主管部门负责监督实施。

6.2 在任何情况下，发酵酒精和白酒生产企业均应遵守本标准规定的水污染物排放控制要求，采取必要措施保证污染防治设施正常运行。各级环保部门在对企业进行监督性检查时，可以现场即时采样或监测的结果，作为判定排污行为是否符合排放标准以及实施相关环境保护管理措施的依据。在发现企业耗水或排水量有异常变化的情况下，应核定企业的实际产品产量和排水量，按本标准规定，换算水污染物基准水量排放浓度。

附录八 酿酒师国家职业标准

1 职业概况

1.1 职业名称

酿酒师。

1.2 职业定义

是指利用生物工程技术及相关知识，从事指导、设计酒类制造工艺的技术人员。

1.3 职业等级

本职业共设三个等级，分别为：助理酿酒师（国家职业资格三级）、酿酒师（国家职业资格二级）、高级酿酒师（国家职业资格一级）。

1.4 职业环境

室内外、常温。

1.5 职业能力特征

应有敏锐的色觉、视觉、嗅觉和味觉及分析、推理和判断能力，具有较强的表达能力、计算能力和动作的协调性。

1.6 基本文化程度

大专毕业（或同等学历）。

1.7 培训要求

1.7.1 培训期限

全日制职业学校教育，根据其培养目标和教学计划确定。晋级培训期限：助理酿酒师不少于 240 标准学时；酿酒师不少于 200 标准学时；高级酿酒师不少于 150 标准学时。

1.7.2　培训教师

培训助理酿酒师的教师应具有本职业酿酒师职业资格证书或相关专业中级及以上专业技术职务任职资格；培训酿酒师的教师应具有本职业高级酿酒师职业资格证书或相关专业高级专业技术职务任职资格；培训高级酿酒师的教师应具有本职业高级酿酒师职业资格证书2年以上或相关专业高级专业技术职务任职资格。

1.7.3　培训场地设备

理论知识培训场地应具有可容纳30人以上的标准教室。实际操作培训场地应具有必备设备的培训场所。具体酒种设备要求如下：

啤酒设备：麦汁制备系统设备、啤酒发酵及酵母扩培系统设备、过滤及啤酒灌装系统设备。

白酒设备：甑桶、酒精计、试管、培养皿、过滤器等。

果露酒（葡萄酒）设备：除梗破碎机、气囊压榨机、橡木桶清洗机、灌装机、过滤机。

黄酒设备：小麦破碎机、麦曲拌和机、酒母罐、蒸饭机、发酵罐、压榨机、煎酒器、过滤机、洗瓶机、灌装机、杀菌机、贴标机等。

酒精设备：输送机、粉碎机、蒸煮罐、糖化锅、发酵罐、蒸馏塔、冷凝器、杂醇油分离器等。

1.8　鉴定要求

1.8.1　适用对象

从事或准备从事本职业的技术人员。

1.8.2　申报条件

——助理酿酒师（具备以下条件之一者）

（1）连续从事本职业工作5年以上。

（2）连续从事本职业工作4年以上，经本职业三级正规培训达规定标准学时数，并取得结业证书。

（3）取得相关专业院校（大专以上）或高级技工学校或经劳动保障部门审核认定的、以高级技能为培养目标的高等职业学校（相当大专）本职业（专业）毕业证书。

——酿酒师（具备以下条件之一者）

（1）连续从事本职业工作10年以上。

（2）连续从事本职业工作8年以上，经本职业二级正规培训达规定标准学时数，并取得结业证书。

（3）取得本职业三级职业资格证书后，连续从事本职业工作6年以上。

（4）取得本职业三级职业资格证书后，连续从事本职业工作5年以上，经本职业二级正规培训达规定标准学时数，并取得结业证书。

（5）取得酿造工三级职业资格证书后（大专毕业以上学历），连续从事本职业工作5年以上，经本职业二级正规培训达规定标准学时数，并取得结业证书。

（6）取得硕士研究生及以上学历证书后，连续从事本职业工作2年以上。

——高级酿酒师（具备以下条件之一者）

（1）连续从事本职业工作15年以上。

（2）取得本职业二级职业资格证书后，连续从事本职业工作5年以上。

（3）取得本职业二级职业资格证书后，连续从事本职业工作4年以上，经本职业一级正规培训达规定标准学时数，并取得结业证书。

1.8.3　鉴定方式

分为理论知识考试和技能操作考核，理论知识考试采用闭卷笔答或上机答题方式，技能操作考核采用现场实际操作方式或模拟操作等方式。理论知识考试和技能操作考核均实行百分制，成绩皆达60分及以上者为合格。酿酒师和高级酿酒师要进行综合评审。

1.8.4　考评人员与考生配比

理论知识考试考评员与考生的配比为1∶15，每个标准教室不少于2名考评员；技能操作考核考评员与考生的配比为1∶5，且不少于3名考评员。综合评审委员不少于5人。

1.8.5　鉴定时间

理论知识考试时间不少于90min；技能操作考核时间不少于60min；综合评审时间不少于30min。

1.8.6　鉴定场所设备

理论知识考试在标准教室进行。技能操作考核在具有必备的设备、通风条件良好，光线充足和安全措施完善的场所进行。

2　基本要求

2.1　职业道德

2.1.1　职业道德基本知识

2.1.2　职业守则

（1）遵纪守法，廉洁自律，讲团结，讲文明。

（2）保守技术机密，用心酿酒。

（3）爱岗敬业，自觉履行职责。

（4）严格工艺，严把质量，诚信务实。

（5）安全生产，善于创新。

2.2 基础知识

2.2.1 管理基础知识

从事生产技术管理的基础知识。

从事生产技术研究和本专业国内外现状、现代管理发展趋势的知识。

组织生产试验研究的知识。

全面质量管理知识。

2.2.2 酒类酿造知识

（1）酒种分类知识。

（2）酿酒原辅料基础知识。

（3）酿酒理论基础知识。

（4）包装知识。

（5）分析检验基础知识。

2.2.3 酒类酿造设备基础知识

（1）原料处理设备知识。

（2）蒸煮设备知识。

（3）糖化发酵设备知识。

（4）存贮设备知识。

（5）灌装设备知识。

（6）检测化验设备知识。

2.2.4 酿酒微生物基础知识

（1）酵母知识。

（2）霉菌知识。

（3）细菌知识。

2.2.5 机械和电器知识

（1）机械原理知识。

（2）电气仪表知识。

2.2.6 其他知识

（1）安全操作知识。

（2）职业安全卫生和环境保护知识。

2.2.7 相关法律、法规、标准化知识

（1）《中华人民共和国劳动法》的相关知识。

（2）《中华人民共和国产品质量法》的相关知识。

（3）食品安全法规的相关知识。

（4）《中华人民共和国商标法》的相关知识。

（5）食品标签法规的相关知识。

（6）《中华人民共和国计量法》的相关知识。

（7）国际标准化组织（ISO）的相关知识。

3 工作要求

3.1 助理酿酒师

职业功能	工作内容	技能要求	相关知识
一、原料和辅料的选择和处理	（一）原辅料的选择和配比	1. 能进行原辅料的计量 2. 能提出淀粉质、薯类或糖蜜等原料及相应辅料的验收质量标准和贮存方法 3. 能根据原料数量及产量任务调整工艺参数和作业量	1. 酒精酿造原辅料的使用要求 2. 发酵基本知识 3. 原辅料质量与发酵过程关系
	（二）原料处理	1. 能检查判定原料处理设备的完好状况 2. 能保持原料处理工序现场整洁有序 3. 能检查原料除杂和粉碎操作	1. 动力设备、仪表运行的基础知识 2. 生产现场管理知识 3. 工艺操作文件 4. 粉碎基本知识
二、蒸煮、糖化	（一）蒸煮	1. 能判断设备运行情况是否正常 2. 能检查蒸煮设备的维修和调试工作 3. 能检查蒸煮工序检测器具的使用 4. 能根据蒸煮情况调节蒸煮时的温度和时间 5. 能根据不同原料计算液化酶用量	1. 检测器具知识 2. 机械传动知识 3. 灭菌知识 4. 蒸煮基本知识 5. 喷射液化知识
	（二）糖化	1. 能根据糖化工艺规程制定糖化作业指导书 2. 能检查糖化发酵剂的调配工作 3. 能检查操作工的糖化操作 4. 能制定糖化有关理化指标 5. 能计算不同原料糖化酶用量	1. 糖化和糖化剂理化指标分析知识 2. 糖化基本知识 3. 糖化操作知识 4. 淀粉酶和糖化酶基本知识
三、发酵	（一）发酵剂的选择和制备	1. 能检查酒母制备工作 2. 能鉴别成熟酒母质量 3. 能使用酒母或活性干酵母进行酒精发酵 4. 能判定酒母和活性干酵母活化状况的质量	1. 酒精酵母知识 2. 酒母制备工艺技术 3. 活性干酵母应用知识 4. 固定化酵母应用知识

续表

职业功能	工作内容	技能要求	相关知识
三、发酵	（二）发酵工艺管理	1. 能根据发酵工艺规程制定发酵作业指导书 2. 能根据工艺条件对发酵的接种量、温度、时间等进行调控 3. 能进行发酵工艺原始记录的统计分析	1. 酒精发酵基本原理 2. 酒精发酵工艺知识 3. 发酵设备基本知识 4. 间歇发酵、半连续发酵及连续发酵的基本知识 5. 大罐发酵和浓醪发酵技术
四、蒸馏和精馏	（一）蒸馏	1. 能对工艺参数进行调整以适应原料和产品品种要求 2. 能检查操作工蒸馏操作 3. 能应用酒精蒸馏的工艺数据分析工艺执行情况 4. 能根据成熟发酵醪含酒份计算酒精产量 5. 能进行原料出酒率的计算	1. 发酵成熟醪的组成成分 2. 酒精蒸馏基本原理 3. 蒸馏的作用和目的 4. 设备系统流程符号知识 5. 自动化与仪表控制基本知识 6. 酒精蒸馏设备基础知识 7. 蒸馏安全知识
	（二）精馏	1. 能检查操作人员进行精馏操作 2. 能确定各馏分杂质在精馏塔中的分布位置 3. 能根据产品要求对精馏工艺参数进行调整 4. 能根据工艺规程制定精馏作业指导书	1. 粗酒精组成成分 2. 酒精精馏基本知识 3. 精馏塔工作原理及回流比知识 4. 酒精精馏工艺知识 5. 挥发系数和精馏系数 6. 粗酒精杂质分离的理论知识

3.2 酿酒师

职业功能	工作内容	技能要求	相关知识
一、原料和辅料的选择和处理	（一）原辅料的选择和配比	1. 能鉴别主要原料中对酒精生产有害和有益的化学成分 2. 能根据原料质量调整辅料的使用比例 3. 能提出各工序对水质的不同要求	1. 酒精酿造原辅料知识 2. 原料的选择原则 3. 原辅料对发酵过程的影响和原因
	（二）原料处理	1. 能提出各种原料的处理工艺流程 2. 能根据工艺要求进行设备选型 3. 能处理除杂和粉碎中出现的异常问题	1. 酒精原辅料加工知识 2. 原料粉碎知识 3. 酒精发酵知识

续表

职业功能	工作内容	技能要求	相关知识
二、蒸煮、糖化	（一）蒸煮	1. 能根据原料种类提出蒸煮工艺条件和设备要求 2. 能鉴别蒸煮过程中原料各组分的变化 3. 能计算蒸煮蒸汽消耗 4. 能判定影响蒸煮醪质量的主要因素	1. 蒸煮的原理和目的 2. 蒸煮设备知识 3. 影响蒸煮的主要因素 4. 蒸煮工艺知识
	（二）糖化	1. 能根据原料种类选择糖化剂种类和糖化工艺 2. 能提出影响糖化的各因素条件 3. 能对糖化剂制备中出现的问题找出原因并处理 4. 能对糖化工艺流程和工艺条件进行调控	1. 淀粉酶和糖化酶知识 2. 糖化剂制备知识 3. 糖化原理
三、发酵	（一）发酵剂的选择和制备	1. 能正确保藏菌种 2. 能选择使用酒精生产合适的酵母菌种 3. 能检查酒母制备工作 4. 能进行发酵剂制备原始记录的统计和分析 5. 根据统计和分析结果提出改进意见或建议	1. 菌种保藏知识 2. 常见与酵母共生杂菌基本知识 3. 统计技术知识
	（二）发酵工艺管理	1. 能对酒精发酵过程中杂菌污染进行有效防治 异常发酵进行有效防治和处理 2. 能根据物料平衡计算发酵过程中理论产量 3. 能计算发酵醪冷却面积 4. 能依据发酵过程统计分析结果提出发酵改进方案	1. 酒精发酵副产物种类和形成机制 2. 影响酒精发酵的主要因素 3. 酵母发酵机理知识 4. 间歇发酵、半连续发酵及连续发酵理论
四、蒸馏和精馏	（一）蒸馏	1. 能制定蒸馏作业指导书 2. 能制定蒸馏工艺流程 3. 能制定蒸馏各关键控制点及参数 4. 能处理蒸馏过程中出现的疑难问题 5. 能分析蒸馏塔逃酒事故原因并及时纠正 6. 能对工艺和设备改进提供方案	1. 酒精蒸馏原理 2. 物料和热量平衡知识 3. 程序控制知识 4. 技术文件编写知识 5. 企业管理知识

续表

职业功能	工作内容	技能要求	相关知识
四、蒸馏和精馏	（二）精馏	1. 能根据精馏原始记录进行统计分析 2. 能制定精馏工序中各关键控制点及参数 3. 能根据产出酒精质量缺陷分析原因并调整工艺参数提高产品质量 4. 能应用和设计仪表自控和微机程控系统 5. 能根据工艺生产高纯度酒精和燃料酒精	1. 酒精精馏原理 2. 脱甲醇塔工作原理 3. 多塔及差压蒸馏知识 4. 自动化与仪表控制知识
五、培训和指导	（一）培训	1. 能培训酒精助理酿酒师 2. 能编写专项培训计划	1. 专项培训计划编写方法 2. 教学法的有关知识 案例教学法
	（二）指导	能对酒精助理酿酒师进行技术指导	

3.3　高级酿酒师

职业功能	工作内容	技能要求	相关知识
一、原料和辅料的选择和处理	（一）原辅料的选择和配比	1. 能根据原料检验结果对酒精原辅料的使用制定工艺方案 2. 能对新原料的应用提出工艺调整方案 3. 能根据各工序对水质的要求确定水处理方法 4. 能根据原料选择辅助添加剂	1. 酒精酿造原辅料的成分和特征 2. 酒精生产各工序用水的要求 3. 辅助原料和辅助添加剂的种类和特点对发酵过程的影响
	（二）原辅料处理	1. 能制定原料预处理工艺规程 2. 能根据不同原料种类对原料处理工艺进行调整 3. 能根据实际情况对原料加工设备进行改造 4. 能确定原料处理方法和程序	1. 原料处理设备知识 2. 原料处理工艺对蒸煮、糖化、发酵和蒸馏等后续工序的影响
二、蒸煮、糖化	（一）蒸煮	1. 能根据原料种类确定蒸煮工艺 2. 能解决蒸煮过程中出现的问题并能应用工艺和设备参数进行生产调控 3. 能计算蒸汽消耗提出降低能耗措施	1. 蒸煮的原理和目的 2. 蒸煮过程原料组分的物理化学变化 3. 蒸煮工艺理论知识 4. 双酶法应用知识 5. 蒸煮工艺对发酵的影响

续表

职业功能	工作内容	技能要求	相关知识
二、蒸煮、糖化	（二）糖化	1. 能制定糖化工艺规程 2. 能对不同种类糖化剂的生产方法和工艺进行调控 3. 能制定糖化剂制备中的病害防治措施 4. 能对糖化工艺流程和工艺条件进行改进 5. 能根据影响糖化的因素控制糖化过程	1. 淀粉酶系统的酶的性质与水解淀粉机制 2. 糖化剂种类和其生产菌和酶系特性 3. 糖化过程中物质的变化 4. 糖化质量对发酵的影响
三、发酵	（一）发酵剂的选择和制备	1. 能制定酒母培养工艺规程 2. 能鉴别酒母培养中污染杂菌的菌别并能提出预防和处理措施 3. 能制定酒母扩培工艺 4. 能制定活性干酵母的保存及应用工艺 5. 能检查酒母糖化醪的制备工作 6. 能制定酒母糖化醪和合格酒母质量标准	1. 培养条件对酵母的影响 2. 菌种选育知识 3. 新型发酵剂知识 4. 酒母培养中的杂菌污染和防治知识 5. 发酵知识 6. 发酵原理与控制
	（二）发酵工艺管理	1. 能制定发酵工艺规程 2. 能根据季节和发酵情况调整工艺参数和改进工艺措施 3. 能采取措施提高酒精发酵效率 4. 能对发酵过程进行监控和调节 5. 能根据发酵新技术设计发酵工艺过程	1. 酒精发酵机理 2. 发酵设备加工基本知识 3. 酒精发酵调控机理 4. 酒精发酵新技术 5. 自动化与仪表知识
四、蒸馏和精馏	（一）蒸馏	1. 能制定蒸馏工艺规程 2. 能根据蒸馏原始记录分析提出改进措施 3 能采取措施降低蒸馏能耗 4. 能根据建设规模设计粗馏塔 5. 能进行新项目进行投料和试车	1. 酒精蒸馏设备知识 2. 蒸馏设备加工知识 3. 蒸馏塔器设计知识 4. 原料出酒率和蒸馏效率的计算

续表

职业功能	工作内容	技能要求	相关知识
四、蒸馏和精馏	（二）精馏	1. 能根据工艺要求制定精馏工艺规程 2. 能应用不同物质的精馏曲线到生产工艺 3. 能对精馏过程中常见的事故进行预防和处理 4. 能根据精馏原始记录分析提出改进措施 5. 能设计、安装和调试塔器 6. 能设计仪表自控和微机程控系统 7. 能制定高纯度酒精及燃料酒精的生产工艺 8. 能对酒精分离新技术确定试验和应用方案	1. 典型杂质的分离原理和方法 2. 酒精及杂质的挥发系数和精馏系数 3. 酒精脱水理论和工艺
五、培训和指导	（一）培训	1. 能培训酒精酿酒师 2. 能编写培训计划 3. 能编写培训讲义	1. 综合培训计划编写方法 2. 培训讲义的编写方法
	（二）指导	能对酒精酿酒师进行指导	酒精酿造技术新发展

4 比重表

4.1 酒精

4.1.1 理论知识

	项目	助理酿酒师/%	酿酒师/%	高级酿酒师/%
基本要求	职业道德	5	5	5
	基础知识	15	10	5
相关知识	原料和辅料的选择和处理	20	10	10
	蒸煮、糖化	25	20	15
	发酵	20	25	25
	蒸馏和精馏	15	20	25
	培训和指导	0	10	15
合计		100	100	100

4.1.2 技能操作

	项目	助理酿酒师/%	酿酒师/%	高级酿酒师/%
技能要求	原料和辅料的选择和处理	20	15	5
	蒸煮、糖化	30	15	10
	发酵	20	25	30
	蒸馏和精馏	30	35	40
	培训和指导	0	10	15
合计		100	100	100

附录九 酒精酿造工国家职业标准

1 职业概况

1.1 职业名称

酒精酿造工。

1.2 职业定义

以淀粉质的粮谷、薯类等物料为原料，经筛理除杂、粉碎、蒸煮、糖化、发酵、蒸馏而制成酒精的人员。

1.3 职业等级

本职业共设五个等级，分别为：初级（国家职业资格五级）、中级（国家职业资格四级）、高级（国家职业资格三级）、技师（国家职业资格二级）、高级技师（国家职业资格一级）。

1.4 职业环境

室内。

1.5 职业能力特征

职业能力	非常重要	重要	一般
智力（分析）判断			√
口头、书面表达能力		√	
动作协调性		√	
色觉	√		
视觉	√		
嗅觉	√		
味觉	√		
数学计算		√	

1.6 基本文化程度

初中毕业。

1.7 培训要求

1.7.1 培训期限

全日制职业学校教育，根据其培养目标和教学计划确定。晋级培训期限：初级不少于 150 标准学时；中级不少于 200 标准学时；高级不少于 300 标准学时；技师不少于 150 标准学时；高级技师不少于 150 标准学时。

1.7.2 培训教师

培训初级、中级的教师应具有本职业高级及以上职业资格证书；培训高级的教师应具有本职业技师及以上职业资格证书；培训技师的教师应具有本职业高级技师职业资格证书 2 年以上或相关专业中级及以上专业技术职务任职资格；培训高级技师的教师应具有本职业高级技师职业资格证书 3 年以上或相关专业高级专业技术职务任职资格。

1.7.3 培训场所及设备

理论培训场地应为具有可容纳 30 人以上的标准教室；实际操作培训场地应具有电子模拟室或酒精酿造车间的生产设备。

1.8 鉴定要求

1.8.1 适用对象

从事或准备从事本职业的人员。

1.8.2 申报条件

——初级（具备下列条件之一者）

（1）经本职业初级正规培训达规定标准学时数，并取得结业证书。

（2）在本职业连续见习工作 2 年以上。

（3）本职业学徒期满。

——中级（具备下列条件之一者）

（1）取得本职业初级职业资格证书后，连续从事本职业工作 3 年以上，经本职业中级正规培训达规定标准学时数，并取得结业证书。

（2）取得本职业初级职业资格证书后，连续从事本职业 5 年以上。

（3）连续从事本职业工作 7 年以上。

（4）取得经劳动保障行政部门审核认定的、以中级技能为培养目标的中等以上职业学校职业（专业）毕业证书。

——高级（具备下列条件之一者）

（1）取得本职业中级职业资格证书后，连续从事本职业工作 4 年以上，经本职业高级正规培训达规定标准学时数，并取得结业证书。

（2）取得本职业中级职业资格证书后，连续从事本职业工作7年以上。

（3）取得高级技工学校或经劳动保障行政部门审核认定的、以高级技能为培养目标的高等职业学校本职业（专业）毕业证书。

（4）取得本职业中级职业资格证书的大专以上本专业或相关专业毕业生，连续从事本职业工作2年以上。

——技师（具备下列条件之一者）

（1）取得本职业技师职业资格证书后，连续从事本职业工作5年以上，经本职业技师正规培训达规定标准学时数，并取得结业证书。

（2）取得本职业高级职业资格证书后，连续从事本职业工作8年以上。

（3）取得本职业高级职业资格证书的高级技工学校本职业（专业）毕业生，连续从事本职业工作满2年。

——高级技师（具备下列条件之一者）

（1）取得本职业技师职业资格证书后，连续从事本职业工作3年以上，经本职业高级技师正规培训达规定标准学时数，并取得结业证书。

（2）取得本职业技师职业资格证书后，连续从事本职业工作5年以上。

1.8.3　鉴定方式

分为理论知识考试和技能操作考核。理论知识考试采用闭卷笔试方式，技能操作考核采用现场实际操作方式。理论知识考试和技能操作考核均实行百分制，成绩皆达60分及以上者为合格。技师、高级技师的鉴定还须进行综合评审。

1.8.4　考评人员与考生配比

理论知识考试考评员与考生的配比为1∶15，每个标准教室不少于2名考评员；技能操作考核考评员与考生的配比为1∶5，且不少于3名考评员；综合评审委员不少于5人。

1.8.5　鉴定时间

理论知识考试时间不少于90~120min；技能操作考核时间为60~90min；综合评审时间不少于30min。

1.8.6　鉴定场所设备

理论知识考试在标准教室进行；技能操作考核在具有必备的除杂、粉碎、蒸煮、糖化、发酵、蒸馏设备、仪器仪表及理化分析设施，通风条件良好，光线充足和安全措施完善的场所进行。

2　基本要求

2.1　职业道德

2.1.1　职业道德基本知识

2.1.2　职业守则

（1）遵守法律、爱岗敬业。

（2）工作认真负责，自觉履行职责。

（3）文明礼貌。

（4）努力学习，不断提高自身素质，有创新精神。

（5）谦虚谨慎，团结协作。

（6）遵守操作规程，爱护各种仪器设备。

2.2　基础知识

2.2.1　酒精酿造基础知识

（1）酒精品种的分类。

（2）原辅材料的性能、质量要求。

（3）酒精酿造基础知识。

2.2.2　酒精酿造设备知识

除杂、粉碎、蒸煮、糖化、发酵、蒸馏等各种设备的结构和特性。

2.2.3　酒精酿造微生物的基础知识

（1）酒精曲、酵母的特性。

（2）读图的基本知识。

（3）电气仪表使用基础知识。

2.2.4　安全知识

（1）安全操作知识。

（2）职业安全卫生和环境保护知识。

2.2.5　相关法律、法规知识

（1）劳动法的相关知识。

（2）产品质量法的相关知识。

（3）食品卫生法的相关知识。

（4）商标法的相关知识。

（5）食品标签法的相关知识。

（6）计量法的相关知识

3　工作要求

本标准对初级、中级、高级、技师和高级技师的技能要求依次递进，高级别包括低

级别的要求。

3.1 初级

职业功能	工作内容	技能要求	相关知识
一、生产准备	工作场所、设备及仪表、物料的准备	1. 能识别所用的设备、仪表 2. 能检查设备、仪表运行是否正常，工序是否完全通畅 3. 能进行设备、仪表的润滑和保养 4. 能检查物料是否符合质量要求 5. 能检查并清理现场 6. 能进行记录表格的准备 7. 能根据需要准备培养器皿、仪器、培养基所用化学品	1. 设备、仪表、测量器具的识别知识 2. 设备、仪表等维护和保养知识 3. 物料的使用要求知识
二、操作与控制	接料、投料、配料及工艺控制	（一）除杂、粉碎工 1. 能巡回检查设备、仪表的运行情况 2. 能清楚生产设备运行中的杂物	设备、仪表使用的一般知识
		（二）蒸煮、糖化工 1. 能清洗设备、管道和容器 2. 能对设备、管道、容器进行灭菌操作 3. 能做生产记录 4. 能配制蒸煮醪液 5. 能检测糖化程度	1. 设备、管道、容器清洗知识 2. 灭菌知识 3. 压力、温度、时间与蒸煮、糖化的关系
		（三）发酵工 1. 能检查过程的发酵程度 2. 能排放发酵成熟醪	1. 发酵程度知识 2. 温度、时间、种量与发酵的关系
		（四）蒸馏工 1. 能送成品化验 2. 能识别水、电、汽的供应状况 3. 能提取副产品	水、电、汽的供应知识
		（五）糖化、酒化剂制备工 1. 能制备试管、平板等培养基 2. 能进行简单菌体的镜检	微生物中曲、酵母的培养、检查知识

3.2 中级

职业功能	工作内容	技能要求		相关知识
一、生产准备	工作场所、设备及仪表、物料的准备	（一）除杂、粉碎工	1. 能检查设备、仪表的完好情况 2. 能检查物料的质量 3. 能准备所需技术文件 4. 能检查工序是否畅通正常	1. 设备完好的判断标准 2. 机械传动的基本知识 3. 物料的质量标准
		（二）蒸煮、糖化工	1. 能正确处置和保管各种物料 2. 能清洗设备、管道和容器 3. 能根据作业量准备液化、糖化剂 4. 能够据蒸煮醪外观及时调节蒸煮温度	1. 机械传动的基本知识 2. 物料的质量标准
		（三）发酵工	1. 能根据作业量准备酒化剂 2. 能准备抑菌剂	酒化剂的性能基本知识
		（四）蒸馏工	能在巡回检查中发现过程中的不正常现象	发现不正常现象的方法
		（五）糖化、酒化剂制备工	1. 能准备所需技术文件 2. 能识别菌体并能镜检	微生物检查知识
二、操作与控制	接料、投料、配料及工艺控制	（一）除杂、粉碎工	1. 能调整计量设备 2. 能操作设备进行物料输送、粉碎 3. 能清洁设备 4. 能准确记录运行数据	1. 设备产品说明书 2. 设备操作规程 3. 除杂、粉碎工艺规程

续表

职业功能	工作内容	技能要求	相关知识
		（二）蒸煮、糖化工	1. 能判断工艺记录是否正确 2. 能按工艺文件要求调整设备和仪表的控制点 3. 能更换设备的易损件 4. 能判断设备的运行情况是否正常 5. 能配合维修及调试设备 6. 能完成设备、仪表的维护和保养工作	1. 蒸煮、糖化工艺规程 2. 机械设备结构知识 3. 设备、仪表是维修知识
二、操作与控制	接料、投料、配料及工艺控制	（三）发酵工	1. 能测定糖度、温度和酒精度 2. 能根据微生物检查结果判断发酵过程的卫生状况 3. 能回收二氧化碳	测定温度、糖度、酒度知识
		（四）蒸馏工	1. 能初步操作蒸馏塔 2. 能根据塔的运行状况，判断塔的排糟排废水情况 3. 能判断水、电、汽能否满足生产要求	1. 测定温度知识 2. 操作规程
		（五）糖化、酒化剂制备工	1. 能独立完成曲、酵母的扩大培养 2. 能完成镜检菌体和酵母的计数操作	微生物中检查和培养知识

续表

职业功能	工作内容	技能要求		相关知识
三、质量控制	质量分析与感官品评	（一）除杂、粉碎工	1. 能检查清理筛上杂质 2. 能清理磁铁上的被吸铁块、铁钉 3. 能回收由杂质带走的粮食 4. 能巡回检查运行质量，并发现问题 5. 能参加 TQC 活动	清理检查知识
		（二）蒸煮、糖化工	1. 能正确测定温度、糖度 2. 能配合技术部门进行新产品开发理化分析	理化指标分析知识
		（三）发酵工	能正确测定温度、糖度、酒精度	测定温度、糖度、酒精度的知识
		（四）蒸馏工	1. 能正确检查温度、压力 2. 能从理化分析指标结果判断过程是否正常	1. 测定温度压力的知识 2. 酒精蒸馏的基础理论知识 3. 压力、温度与蒸馏的关系
		（五）糖化、酒化剂制备工	1. 能根据菌体生长情况及时调节培养温度、pH、通风量 2. 能判断培养产品是否感染杂菌 3. 能根据培养产品外观判断培养质量	1. 菌体培养条件知识 2. 菌体检查知识 3. 糖化、酒化工艺规程

3.3 高级

职业功能	工作内容	技能要求	相关知识
一、生产准备	工作场所、设备及仪表、物料的准备	（一）除杂、粉碎工 1. 能检查发现设备、仪表的异常情况，并组织修理或更换 2. 能测试设备、仪表，确定是否可用	1. 设备、仪表性能知识 2. 简单机械的结构知识 3. 测试标准仪表的方法
		（二）蒸煮、糖化工 能准备检测器具	1. 检测器具的性能知识 2. 工艺规程
		（三）发酵工 能准备培养抑菌剂	抑菌剂性能知识
		（四）蒸馏工 能准备检测器具	1. 检测器具的性能知识 2. 抑菌剂性能知识
		（五）糖化、酒化剂制备工 1. 能检查器皿及无菌操作准备情况 2. 能检查所需营养物品的备料	无菌操作和代谢的知识
二、操作与控制	接料、投料、配料及工艺控制	（一）除杂、粉碎工 1. 能根据生产情况调整工艺参数和作业量 2. 能对不同原料采用不同的工艺和粉碎机械	1. 生产工艺规程 2. 粉碎机的性能、原理
		（二）蒸煮、糖化工 1. 能根据理化分析指标调整工艺参数 2. 能根据生产需要调整作业量 3. 能检验蒸煮、糖化有关理化指标 4. 能参与蒸煮、糖化工艺的设计工作	1. 生产工艺规程 2. 设备维修知识 3. 理化指标分析知识 4. 工艺设计的基本知识

续表

职业功能	工作内容		技能要求	相关知识
		（三）发酵工	1. 能检查发酵有关理化指标 2. 能参加发酵设备的一般设计工作 3. 能根据不同菌种调整工艺参数	1. 酵母特性知识 2. 设备性能结构知识
二、操作与控制	接料、投料、配料及工艺控制	（四）蒸馏工	1. 能根据不同原料、产品品种调整工艺参数进行操作 2. 能识读蒸馏塔的结构图 3. 能分析酒精产品的理化指标，并根据理化指标调整工艺参数 4. 能参加工艺和设备的改造工作	1. 原料特性和品种特性知识 2. 蒸馏塔图样知识 3. 设备、工艺设计基本知识 4. 设备维修知识
		（五）糖化、酒化剂制备工	1. 能配制大、小培养基 2. 能发现菌体培养过程中的异常现象并采取预防措施 3. 能参与培养设备的一般设计工作 4. 能检验理化指标	1. 曲、酵母的有关知识 2. 理化分析知识
三、质量控制	质量分析与感官品评	（一）除杂、粉碎工	1. 能检验原辅料的含砂率 2. 能检验除杂后"净粮食"的含砂率	检验原料含砂率的知识

续表

职业功能	工作内容		技能要求	相关知识
三、质量控制	质量分析与感官品评	（二）蒸煮、糖化工	1. 能完成质量分析项目的理化分析 2. 能配合技术部门开展新工艺试验的理化分析 3. 能完成质量报告 4. 能用目视观察法判断半成品的外观质量	1. 理化分析规程 2. 适用性文件编写知识 3. 产品感官品评知识
		（三）发酵工	1. 能完成质量分析项目 2. 能根据质量指标分析结果判断发酵是否正常	产品感官品评知识
		（四）蒸馏工	能参与酒精产品的品评，并提出改进意见	产品的品评知识
		（五）糖化、酒化剂制备工	1. 能根据分析数据判断曲、酵母培养的发展趋势，并采取措施提高单位体积酶活力和酵母数量 2. 能利用镜检识别培养中是否感染杂菌，并能采取措施抑制杂菌生长	1. 菌体检查知识 2. 抑菌剂的性能知识

3.4   技师

职业功能	工作内容	技能要求		相关知识
一、生产准备	工作场所、设备及仪表、物料的准备	（一）蒸煮、糖化工	1. 能参与安排变更产品的工艺操作，并准备相关文件	1. 工艺操作文件
		（二）发酵工	2. 能检查现场的定置定位	2. 生产现场管理知识
		（三）蒸馏工	3. 能指导对设备仪表的全面检查，保证设备的完好运行	3. 机电设备和仪表运行操作知识
		（四）糖化、酒化剂制备工		
二、操作与控制	接料、投料、配料及工艺控制	（一）蒸煮、糖化工	1. 能解决本工序接料、投料、配料过程中的技术难题	1. 酒精的工艺文件及技术知识
		（二）发酵工	2. 能应用工艺和设备参数调整生产控制	2. 原材料特性知识
			3. 能协调上下工序出现的问题	3. 上下工序的联系制度
		（三）蒸馏工	4. 能参加本工序技改项目的审定，提出具体意见并进行实施	4. 酿造设备的设计及布局的基础知识
		（四）糖化、酒化剂制备工	5. 能预防和排除设备故障	5. 设备故障预防和排除知识
三、质量控制	质量分析与感官品评	（一）蒸煮、糖化工	1. 能参与质量分析	1. 仪器分析知识
		（二）发酵工	2. 能参与开展新的分析项目	2. 计量知识
			3 能对质量问题提出处理意见	3. ISO 9000 管理知识
		（三）蒸馏工		4. 全面质量管理知识
			4. 能对原料、设备的质量提出评价意见	5. 原辅材料采购的管理知识
		（四）糖化、酒化剂制备工		6. 行业法规和技术标准知识
			5. 能开展 TQC 活动	7. 感官品评的基础知识

续表

职业功能	工作内容	技能要求		相关知识
四、管理与培训	管理与培训	（一）蒸煮、糖化工	1. 能参与组织现场生产调度 2. 能参与组织工段管理制度的制定 3. 能参与编写工艺试验、技术改造项目总结 4. 能参与编写新产品操作规程 5. 能对初、中、高级技术工人进行本工序以前的酒精生产工艺操作指导	1. 生产作业安排和调度知识 2. 管理基础知识 3. 文件编写基础知识 4. 文艺规程的编写要点 5. 酒精酿造工艺学基本知识
		（二）发酵工		
		（三）蒸馏工		
		（四）糖化、酒化剂制备工		

3.5 高级技师

职业功能	工作内容	技能要求		相关知识
一、生产准备	工作场所、设备及仪表、物料的准备	蒸馏工	1. 能核查技术文件，提出合理化建议 2. 能解决产品检查中的难点并采取预防措施 3. 能合理安排物流，使其符合设备运营能力并处于畅通状态 4. 能根据工艺要求，设定各设备、仪表的工艺参数	1. 酒精酿造理论知识 2. 定量、定位管理知识 3. 动力设备、仪表运行的基础理论知识
二、操作与控制	接料、投料、配料及工艺控制	蒸馏工	1. 能组织指导操作人员正确完成酒精生产全过程的操作 2. 能及时发现各种原辅材料、酶制剂、抑菌剂培菌中的问题，并实施有效的改进措施 3. 能叙述，分析原辅材料的质量要求 4. 能参与扩建项目的投料和试车 5. 能为技改工程提供方案 6. 能全面掌握酒精生产的工艺参数，分析工艺执行情况 7. 能阅读流程图，并指导新设备安装 8. 能制定降低消耗的技术措施，并组织落实 9. 能指导培菌有关工作，并对有害菌形态特征进行鉴别	1. 酶制剂知识和抑菌剂知识 2. 原辅材料质量知识 3. 设备工艺技术参数、平面布置知识 4. 物料和热量平衡知识 5. 设备系统流程符号知识 6. 程序控制知识 7. 设备管理知识 8. 设备安装技术规范

续表

职业功能	工作内容		技能要求	相关知识
三、质量控制	质量分析与感官品评	蒸馏工	1. 能对质量指标完成情况进行综合分析，并评价各工序生产和工作质量 2. 能配合有关部门对新产品试制开展质量分析及新工艺、新材料、新设备应用的效果分析 3. 能全面评价酒精酿造过程中的制品的质量，并对产品质量提出预测和改进意见 4. 能根据主要原材料的质量对酒精质量的影响提出意见 5. 能讲解酒精感官指标和理化分析的理论和方法	1. 质量指标考核体系知识 2. 新产品质量的评价知识 3. 原材料及酶制剂对产品质量的影响 4. 酒精感官的品评知识 5. 工艺规程和产品标准
四、管理与培训	管理与培训	蒸馏工	1. 能参与生产过程的经济核算 2. 能参与生产过程的安全检查，并提出预防措施 3. 能对蒸馏过程中检查出的问题进行解决和处理 4. 能参与技术文件的编写和文件、档案的管理 5. 能总结经验，并撰写专题论文 6. 能对技师及以下的工人进行酒精酿造的培训、指导	1. 经济管理的基本知识 2. 设备管理知识 3. 应用文和技术文件编写知识 4. 酒精酿造学知识 5. 企业生产管理基本知识

4 比重表

4.1 理论知识

4.1.1 除杂、粉碎工

	项目		初级/%	中级/%	高级/%
	基本要求	职业道德	12	9	7
		基础知识	40	33	30
	生产准备	现场检查	6	4	3
		设备、仪表检查	8	7	5
相关知识		物料检查	6	4	4
		工序质量检查	7	6	5
	操作与控制	接料	7	5	4
		投料	6	8	7
		工艺控制	8	19	22
	质量控制	质量分析	—	3	8
		感官品评	—	2	5
	合计		100	100	100

4.1.2 蒸煮、糖化工

	项目		初级/%	中级/%	高级/%	技师/%
	基本要求	职业道德	12	9	7	6
		基础知识	40	33	30	25
	生产准备	现场检查	5	3	2	1
		设备、仪表检查	7	5	4	3
		物料检查	5	3	3	2
		工序质量检查	6	5	4	3
相关知识	操作与控制	接料	6	4	3	2
		投料	5	7	6	5
		配料	7	10	8	6
		工艺控制	7	18	21	23
	质量控制	质量分析	—	2	7	7
		感官品评	—	1	5	5
	管理与培训	管理	—	—	—	8
		培训	—	—	—	4
	合计		100	100	100	100

4.1.3 发酵工

		项目	初级/%	中级/%	高级/%	技师/%
相关知识	基本要求	职业道德	12	9	7	6
		基础知识	40	33	30	25
	生产准备	现场检查	5	4	3	2
		设备、仪表检查	8	6	5	4
		物料检查	6	4	4	3
		工序质量检查	7	6	5	4
	操作与控制	接料	7	5	4	3
		投料	6	8	7	5
		工艺控制	8	20	22	23
	质量控制	质量分析	—	3	8	8
		感官品评	—	2	5	5
	管理与培训	管理	—	—	—	8
		培训	—	—	—	4
	合计		100	100	100	100

4.1.4 蒸馏工

		项目	初级/%	中级/%	高级/%	技师/%	高级技师/%
相关知识	基本要求	职业道德	12	9	7	6	4
		基础知识	40	33	30	25	22
	生产准备	现场检查	6	4	3	1	1
		设备、仪表检查	8	6	5	3	2
		物料检查	6	4	4	2	2
		工序质量检查	7	6	5	3	3
	操作与控制	接料	7	5	4	3	1
		投料	6	8	7	6	4
		工艺控制	8	20	22	24	26
	质量控制	质量分析	—	3	8	7	8
		感官品评	—	2	5	6	7
	管理与培训	管理	—	—	—	9	12
		培训	—	—	—	5	8
	合计		100	100	100	100	100

4.1.5 糖化、酒化剂制备工

		项目	初级/%	中级/%	高级/%	技师/%
相关知识	基本要求	职业道德	12	9	7	6
		基础知识	40	33	30	25
	生产准备	现场检查	5	3	2	1
		设备、仪表检查	6	5	4	3
		物料检查	5	3	3	2
		工序质量检查	6	5	4	3
	操作与控制	接料	5	4	3	2
		投料	7	7	6	6
		配料	7	10	8	6
		工艺控制	7	18	22	23
	质量控制	质量分析	—	2	7	7
		感官品评	—	1	4	4
	管理与培训	管理	—	—	—	7
		培训	—	—	—	5
	合计		100	100	100	100

4.2 技能操作

4.2.1 除杂、粉碎工

		项目	初级/%	中级/%	高级/%
技能要求	生产准备	现场检查	11	10	9
		设备、仪表检查	14	13	12
		物料检查	15	12	11
		工序质量检查	16	13	11
	操作与控制	接料	15	13	11
		投料	13	11	10
		工艺控制	16	22	24
	质量控制	质量分析	—	5	10
		感官品评	—	1	2
	合计		100	100	100

4.2.2 蒸煮、糖化工

	项目		初级/%	中级/%	高级/%	技师/%
相关知识	生产准备	现场检查	10	8	6	3
		设备、仪表检查	13	10	8	5
		物料检查	13	10	7	5
		工序质量检查	16	12	9	7
	操作与控制	接料	12	9	8	5
		投料	12	11	9	5
		配料	11	15	17	12
		工艺控制	13	19	25	23
	质量控制	质量分析	—	5	9	10
		感官品评	—	1	2	7
	管理与培训	管理	—	—	—	9
		培训	—	—	—	9
合计			100	100	100	100

4.2.3 发酵工

	项目		初级/%	中级/%	高级/%	技师/%
相关知识	生产准备	现场检查	12	9	7	4
		设备、仪表检查	14	13	9	6
		物料检查	14	10	8	5
		工序质量检查	16	15	12	8
	操作与控制	接料	13	12	11	9
		投料	14	15	16	12
		工艺控制	17	20	25	22
	质量控制	质量分析	—	5	10	12
		感官品评	—	1	2	4
	管理与培训	管理	—	—	—	10
		培训	—	—	—	8
合计			100	100	100	100

4.2.4 蒸馏工

	项目	初级/%	中级/%	高级/%	技师/%	高级技师/%
	现场检查	12	9	6	3	2
生产准备	设备、仪表检查	14	12	8	4	3
	物料检查	14	10	7	3	2
	工序质量检查	17	15	11	6	5
操作与控制	接料	13	12	10	8	5
	投料	14	15	16	10	10
	工艺控制	16	21	25	23	20
质量控制	质量分析	—	5	12	13	15
	感官品评	—	1	5	8	12
管理与培训	管理	—	—	—	14	14
	培训	—	—	—	8	12
合计		100	100	100	100	100

(技能要求)

4.2.5 糖化、酒化剂制备工

	项目	初级/%	中级/%	高级/%	技师/%
	现场检查	10	8	5	2
生产准备	设备、仪表检查	13	9	7	3
	物料检查	13	8	7	3
	工序质量检查	16	10	8	6
操作与控制	接料	12	10	8	6
	投料	12	13	14	10
	配料	11	16	18	16
	工艺控制	13	19	21	20
质量控制	质量分析	—	6	10	12
	感官品评	—	1	2	4
管理与培训	管理	—	—	—	10
	培训	—	—	—	8
合计		100	100	100	100

(技能要求)

参考文献

［1］章克章. 酒精与蒸馏酒工艺学［M］. 北京：中国轻工业出版社，2018.

［2］张强，韩德明，李明堂. 乙醇浓醪发酵技术研究进展［J］. 化工进展，2014，33（3）：724－729.

［3］王晨霞，杜风光，李根德. 淀粉原料生料发酵法生产酒精概述［J］. 粮食与油脂，2008，6：11－13.

［4］Dariush Jafari, Morteza Esfandyari. Optimization of temperature and molar flow ratios of triglyceride/alcohol in biodiesel production in a batch reactor［J］. Biofuels, 2020, 11（3）：261－267.

［5］Qingguo Liu, Nan Zhao, Yanan Zou, Hanjie Ying, Yong Chen. Feasibility of ethanol production from expired rice by surface immobilization technology in a new type of packed bed pilot reactor［J］. Renewable Energy, 2020, 149：321－328.

［6］PInar Karagoz, Roslyn M. Bill, Melek Ozkan. Lignocellulosic ethanol production：Evaluation of new approaches, cell immobilization and reactor configurations［J］. Renewable Energy, 2019, 143：741－752.

［7］Mohammad Pooya Naghshbandi, Meisam Tabatabaei, Mortaza Aghbashlo, Vijai Kumar Gupta, Alawi Sulaiman, Keikhosro Karimi, Hamid Moghimi, Mina Maleki. Progress toward improving ethanol production through decreased glycerol generation in *Saccharomyces cerevisiae* by metabolic and genetic engineering approaches［J］. Renewable & Sustainable Energy Reviews, 2019：115.

［8］Nilton Asao Fukushima, Milagros Cecilia Palacios－Bereche, Reynaldo Palacios－Bereche, Silvia Azucena Nebra. Energy analysis of the ethanol industry considering vinasse concentration and incineration［J］. Renewable Energy, 2019, 142：96－109.

［9］Yeolan Lee, Eric A. Fong. The impact of diversifying and de novo firms on regional innovation performance in an emerging industry：a longitudinal study of the US ethanol industry［J］. Industry and Innovation, 2019, 26（7）：769－794.

［10］Fujin Yi, C.－Y. Cynthia Lin Lawell, Karen E. Thome. The effects of government subsidies on investment：A dynamic model of the ethanol industry［N］. Working paper, University of California at Davis, 2016.

［11］Bernardo A. Cinelli, Leda R. Castilho, Denise M. G. Freire, Aline M. Castro. A brief review on the emerging technology of ethanol production by cold hydrolysis of raw starch［J］. Fuel, 2015, 150：721－729.

［12］Leonidas Matsakas, Dimitris Kekos, Maria Loizidou, Paul Christakopoulos. Utilization of household food waste for the production of ethanol at high dry material content［J］. Biotechnology for Biofuels, 2014, 7（1）：4.

［13］Muhammad Tahir Ashraf, Mette Hedegaard Thomsen, Jens Ejbye Schmidt. Hydrothermal pretreatment and enzymatic saccharification of corn stover for efficient ethanol production ［J］. Industrial Crops and Products, 2013, 44: 367 – 372.

［14］Li Youran, Zhang Liang, Ding Zhongyang, Gu Zhenghua, Shi Guiyang. Engineering of isoamylase: improvement of protein stability and catalytic efficiency through semi – rational design ［J］. Journal of industrial microbiology & Biotechnology, 2016, 43（1）: 3 – 12.

［15］Enquist – Newman M, Faust AME, Bravo DD, et al. Efficient ethanol production from brown macroalgae sugars by a synthetic yeast platform ［J］. Nature, 2014, 505（7482）: 239.

［16］Zhang Liang, Tang Yan, Guo Zhongpeng, Shi Guiyang. Engineering of the glycerol decomposition pathway and cofactor regulation in an industrial yeast improves ethanol production ［J］. Journal of Industrial Microbiology & Biotechnology, 2013, 40（10）: 1153 – 1160.

［17］Zhang Liang, Tang Yan, Guo Zhongpeng, Ding Zhongyang, Shi Guiyang. Improving the ethanol yield by reducing glycerol formation using cofactor regulation in *Saccharomyces cerevisiae* ［J］. Biotechnology letters, 2011, 33（7）: 1375 – 1380.

［18］Xue Chuang, Liu Fangfang, Xu Mengmeng, Zhao Jingbo, Chen Lijie, Ren Jiangang, Bai Fengwu, Yang Shangtian. A novel in situ gas stripping – pervaporation process integrated with acetone – butanol – ethanol fermentation for hyper n – butanol production ［J］. Biotechnology and Bioengineering, 2016, 113（1）: 120 – 129.

［19］Ilgook Kim, Bomi Lee, Ji – Yeon Park, Sun – A. Choi, Jong – In Han. Effect of nitric acid on pretreatment and fermentation for enhancing ethanol production of rice straw ［J］. Carbohydrate polymers, 2014, 99: 563 – 567.

［20］Jan Baeyens, Qian Kang, Lise Appels, Raf Dewil, Yongqin Lv, Tianwei Tan. Challenges and opportunities in improving the production of bio – ethanol ［J］. Progress in Energy and Combustion Science, 2015, 47: 60 – 88.

［21］Jhinuk Gupta, Blake W. Wilson, Praveen V. Vadlani. Evaluation of green solvents for a sustainable zein extraction from ethanol industry DDGS ［J］. Biomass and Bioenergy, 2016, 85: 313 – 319.

［22］Devanand L Luthria, Ayaz A Memon, Keshun Liu. Changes in phenolic acid content during dry – grind processing of corn into ethanol and DDGS ［J］. Journal of the Science of Food and Agriculture, 2014, 94（9）: 1723 – 1728.

［23］N. Bessemans, P. Verboven, B. E. Verlinden, B. M. Nicolaï. A novel type of dynamic controlled atmosphere storage based on the respiratory quotient（RQ – DCA）［J］. Postharvest Biology and Technology, 2016, 115: 91 – 102.

［24］Miguel Peris, Laura Escuder – Gilabert. On – line monitoring of food fermentation processes using electronic noses and electronic tongues: a review ［J］. Analytica Chimica Acta, 2013, 804: 29 – 36.

［25］曹运齐, 刘云云, 胡南江, 胡晓玮, 张瑶, 赵于, 吴蔼民. 燃料乙醇的发展现状分析及前景展望 ［J］. 生物技术通报, 2019, 35（4）: 163 – 169.

［26］唐瑞琪, 熊亮, 程诚, 赵心清, 白凤武. 纤维素乙醇生产重组酿酒酵母菌株的构建与优化研究进展 ［J］. 化工进展, 2018, 37（8）: 3119 – 3128.

酒精工艺学习题（含答案）

1. 酒精生产常用的原料有哪些？

淀粉质原料：玉米、甘薯干、木薯、其他（小麦、高粱、大麦）。

糖质原料：甘蔗，甜菜，糖蜜。

纤维素原料：农作物包括秸秆、麦草、稻草、玉米秆、玉米芯、高粱秆、花生壳；工厂纤维包括半纤维下脚料、甘蔗渣、造纸行业下脚料。

辅助材料：酶制剂、活性干酵母、尿素、纯碱、硫酸等。

2. 常用的原料除杂方法及设备有哪些？（3种以上）

方法：筛选、风选、磁力除铁。

设备：平面回旋筛、TCXT系列强力永磁筒、去石机、5－48－Ⅱ型除尘风网。

3. 常用的粉碎方法和设备有哪些？（3种以上）

方法：干式粉碎、湿式粉碎。

设备：滚筒式粉碎机、机械冲击式粉碎机、锤式粉碎机、气流粉碎机、圆盘钢磨、对辊粉碎机。

4. 酒精厂常用的输送设备有哪些？

机械输送：皮带输送机、螺旋输送器、斗式提升机。

气流输送、混合输送。

5. 请给出淀粉糊化、液化、糖化、老化的定义。

淀粉糊化：当粉碎的原料与一定温度、一定比例的水混合后，淀粉颗粒会吸水、膨胀，随着醪液温度上升，从40℃开始，淀粉颗粒膨胀速度明显加快，当温度升高至60~80℃，淀粉颗粒体积膨胀到原来的50~100倍，淀粉分子间的结合削弱，引起淀粉颗粒部分解体，形成均一的黏稠液体。这种大幅度膨胀的现象称为淀粉的糊化。

液化：醪液中α－淀粉酶水解淀粉分子内部的α－1,4糖苷键，生成糊精和低聚糖，随着淀粉糖苷键的断裂，淀粉链逐渐变短，淀粉浆黏度下降、流动性增强的现象。

糖化：利用糖化酶将淀粉液化产物——糊精及低聚糖进一步分解成葡萄糖的过程。

老化：经过糊化的淀粉在较低温度下放置后，会变得不透明甚至凝结而沉淀的现象。

6. 简述双酶法糖化工艺。

双酶法糖化工艺包括淀粉的液化和糖化两个步骤，液化是利用液化酶使淀粉糊化，黏度降低，并水解到糊精和低聚糖的程度，然后利用糖化酶将液化产物进一步水解成葡萄糖的过程。

7. 酒精发酵过程中产生的副产物有哪些？怎样尽量减少副产物的产生。

主要有甘油、琥珀酸，还有乳酸、乙酸、丁酸、杂醇油、糖醛、双乙酰与乙偶姻、焦糖色素以及醇、醛、酸、酯四大类化学物质。

（1）减少甘油产生的方法（加入 NaF 作为防腐剂）。

亚硫酸盐法甘油发酵：在酵母酒精发酵时，往醪液中加亚硫酸氢钠。

碱法甘油发酵：将酵母酒精发酵的发酵醪 pH 调至碱性，保持 pH7.6 以上。

（2）控制杂菌污染。

（3）提供足够数量的优质酵母菌及相应营养（防止醛、酸、酯类的过量生成）。

（4）温度不宜过高，酒精发酵在酸性条件下进行，pH 不宜过高，且选择原料时蛋白质不宜过高（防止高级醇的产生）。

（5）防止其他糖分过量消耗，不能过量通风。

8. 酒精发酵常污染的微生物有哪些？可采取哪些方法进行防治？

常污染的微生物如下。

革兰阴性菌：乳酸菌、乳酸杆菌、明串珠菌、小球菌、双歧杆菌、链球菌。

革兰阳性菌：乙酸杆菌、运动发酵单胞菌和肠杆菌科的细菌。

防治方法：① 添加抗生素（青霉素、链霉素）、乳苷、防腐剂、抗生素。

　　　　　② 蒸汽消毒、死角消除、罐体清洗。

　　　　　③ 加强生产环境的卫生管理，减少生产环境中空气的含菌量。

　　　　　④ 保证菌种纯种。

9. 无水酒精的制备方法有哪些？

（1）氧化钙吸水法。

（2）液体吸水剂除水，如用甘油、汽油等。

（3）用苯、戊烷、环己烷等的共沸脱水法。

（4）盐类溶液脱水法　能使共沸点移动的盐类溶液，如氯化钙，醋酸钾。

（5）蒸汽通过微孔隔板扩散脱水。

（6）真空蒸馏法脱水。

（7）有机物作吸附剂制备无水酒精，如用玉米粉或玉米淀粉。

（8）蒸馏和膜分离相结合的方法脱水。

（9）低温下除水，如氧化钙脱水法和分子筛脱水法。

（10）二氧化碳抽提法。

（11）树脂法。

（12）醋酸盐加乙二醇萃取法。

（13）固体吸附剂脱水。

工业制备无水乙醇：萃取精馏、膜分离法、共沸精馏。

10. 什么是酒化酶？

酒化酶是指参与酒精发酵的各种酶及辅酶的总称。

11. 酒母成熟的指标有哪些？

（1）酵母细胞数 是观察酵母繁殖能力的一项指标，也是反映酵母培养成熟的指标。成熟的酒母醪其酵母细胞数一般为 1 亿/mL 左右。

（2）出芽率 酵母出芽率是衡量繁殖旺盛与否的一项指标。出芽率高，说明酵母处于旺盛的生长期，反之，则说明酵母衰老。成熟酒母出芽率要求在 15% ~ 30%。

（3）酵母死亡率 用美蓝对酵母细胞进行染色，如果酵母细胞被染成蓝色，说明此细胞已死亡。正常培养的酒母不应有死亡现象，如果死亡率在 1% 以上，应及时查找原因并采取措施进行挽救。

（4）耗糖率 酵母的耗糖率也是观察酒母成熟的指标之一。成熟的酒母，耗糖率一般要求控制在 40% ~ 50%。耗糖率太高，说明酵母培养已经过"老"，反之则"嫩"。

（5）酒精含量 成熟酒母醪中的酒精含量一方面反映酵母耗糖情况，也反映酵母成熟程度。如果酒母醪中酒精含量高，说明营养消耗大，酵母培养过于成熟。此时，应停止酒母培养，否则会因营养缺乏或酒精含量高抑制酵母生长，造成酵母衰老。成熟酒母醪中的酒精含量一般为 3% ~ 4%（体积分数）。

（6）酸度 测定酒母醪中的酸度是观察酒母是否被细菌污染的一项指标。如果成熟酒母醪中酸度明显增高，说明酒母被产酸细菌所污染。酸度增高太多，镜检时又发现有很多杆状细菌，则不宜作种子用。

12. 为什么获得浓度高的酒精需要加压蒸馏？

加压蒸馏是指对常压沸点很低的物系，蒸气相的冷凝不能采用常温水和空气等廉价冷却剂，或对常温常压下为气体的物系（如空气）进行精馏分离，可采用加压以提高混合物的沸点。加压蒸馏可以使一些沸点低于酒精的气体馏分分离。加压蒸馏使被蒸馏的物质密度变大，同样直径的蒸馏设备可以通过更多的蒸馏物质，因此，设备蒸馏的能力变大，蒸馏设备的直径变小，所以设备的投资就可以减少。加压蒸馏可以节能。

13. 酒精六塔蒸馏工艺中，六塔是哪六塔，每个塔的作用是什么？

六塔为：醪塔、粗辅塔、水萃取塔、精馏塔、脱甲醇塔、含馏分处理塔。

（1）醪塔 将酒精和挥发性杂质从发酵醪中分离出来。多采用低温负压蒸馏，使得酒精和挥发性物质更容易分离且节能。

（2）粗辅塔 分两段，上段设在醪塔顶部，预热醪液；下段独立成塔紧接醪塔，便于回流循环。

（3）水萃取塔 将来自醪塔、精馏塔等浓度较高的粗酒精通过水稀释，进一步除去头级和中级杂质。低酒精度，中级杂质的 $K' > 1$，将聚集在塔顶。

（4）精馏塔　排除一部分水萃取塔未能排尽的杂质，进一步提高粗酒精的酒精浓度，并排出废水。高度最高，直径次于醪塔。

（5）脱甲醇塔　一般 17.5m 高，将精馏塔出来的 95% 酒精进一步除甲醇及其他残余头级杂质。

（6）含馏分处理塔　将含杂醇油较多的低浓度酒精浓缩除杂，生产工业酒精。

14. 什么是挥发系数和精馏系数？

挥发系数（酒精）：乙醇在气相中的浓度 A 与液相中浓度 a 之比。$K_{酒精} = A/a$。

挥发系数（杂质）：杂质在气相中的百分浓度 α 与在液相中的百分浓度 β 之比。$K_{杂} = \alpha/\beta$。

杂质的精馏系数：指杂质的挥发系数和酒精挥发系数之比。$K' = K_{杂}/K_{酒精} = \alpha a/A\beta$。

15. 糖蜜酒精发酵工艺对酵母的要求是什么？常用的生产菌种有哪些？

要求如下：

（1）要有强的耐渗透性。

（2）要具有较高的耐酸和耐温的能力。

（3）用驯养的方法提高酵母菌对重金属，特别是对铜离子的耐受性。

（4）选育产泡沫少的菌株。

常用的生产菌种：台湾酵母 396 号，古巴 1 号、2 号，甘化 1 号，川 102，Я 字酵母及 B 酵母。

16. 连续发酵的特点是什么？

优点如下。

（1）设备运行稳定并提高了设备利用率。

（2）提高了淀粉的酒精产率。

（3）不需要连续酵母扩培工序。

（4）便于实现自动化。

缺点：菌种易退化、易污染杂菌。

发酵过程的各个阶段分别在不同的发酵罐内独立进行，而不同于间歇发酵的发酵过程全部都在同一罐内完成。

17. 酒精发酵对水有什么要求？

（1）符合饮用水标准，硬度 <7mgCa/L。

（2）不能使用 RA 值过大的水，因为整个过程都需要在酸性环境下进行。

18. 可以用来生产酒精的纤维质原料有哪些？

（1）农作物　秸秆、麦草、稻草、玉米秆、玉米芯、高粱秆、花生壳等。

（2）工厂纤维、半纤维下脚料、甘蔗渣，造纸行业下脚料。

（3）城市垃圾。

19. 请说明温度对酒精发酵的影响。

发酵温度控制：酒精酵母繁殖温度为27～30℃，发酵温度30～33℃，生产中发酵醪温度可根据发酵形式不同进行控制。间歇发酵：接种温度27～30℃；发酵温度30～33℃；后发酵温度（30±1）℃。连续发酵各罐温度控制在30～33℃。

20. 利用淀粉进行酒精发酵的理论得率。

浓醪发酵玉米粉浓度的计算　醪液质量 = 谷物质量 + 水质量（$M = G + W$）

谷物中淀粉质量 = 谷物质量×谷物中淀粉含量%（GS）

完全转化成葡萄糖的质量 = 180/162GS = 1.11GS

例：玉米淀粉含量78%，以1000m³为例，成熟醪酒精度10%（体积分数），发酵罐中乙醇含量：1000 × 10% × 0.7893。

$$nC_6H_{12}O_6 \rightarrow 2nC_2H_5OH \quad + \quad 2nCO_2 \quad 发酵$$

$$180n \qquad\qquad 92n \qquad\qquad 88n$$

$$m_1 \qquad\qquad\qquad 78.93 \qquad\qquad m_1 = 180 \times 78.93/92$$

$$(C_6H_{10}O_5)\ n + nH_2O \rightarrow nC_6H_{12}O_6 \quad 糖化$$

$$162n \qquad\qquad 18n \qquad\qquad 180n$$

$$m_2 \qquad\qquad\qquad m_1 \qquad\qquad m_2/78\% = 淀粉用量$$

21. 目前酒精行业面临的主要问题是什么？对策如何？如何节能？

问题：成本高、原料受限、酒糟处理、如何提高发酵力。

对策：纤维原料代替粮食原料。提高发酵强度。菌种选育。酒糟综合利用，生成SCP、DDGS、燃料、饲料等。

节能：无蒸煮工艺，浓醪发酵，酒精节能回收。

22. 淀粉质原料酒精生产的工艺流程及特点如何？

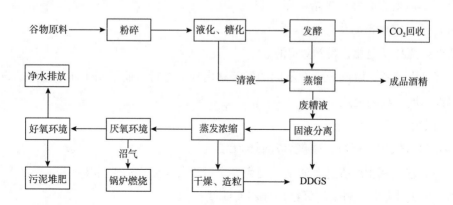

特点：

（1）粉碎原料 ①与整料蒸煮比，节省消耗的蒸汽。②糊化较彻底，出酒率高。③改善劳动条件，减轻劳动强度。

（2）水热处理。

（3）酸、酶处理成发酵性糖，需要一个糖化过程。

23. 简化蒸煮过程中各组分的变化。

（1）淀粉糊化 淀粉在水中经加热后出现膨润现象，继续加热成为溶液状态。

（2）组织与细胞变化。

① 预煮：淀粉、纤维素膨化，细胞内物质部分溶解，组织坚固性减弱。

② 蒸煮：120～135℃，果胶质膨化溶解；145～150℃淀粉从细胞内释放。

③后熟：组织与细胞未失去原态，在吹醪时，由蒸煮锅吸出，压力发生巨大变化，使细胞破裂，组织完全碎解。

（3）化学变化

① 纤维素：不变化。

② 半纤维素：多聚戊糖分解为木糖及阿拉伯糖等，木糖失水易形成糠醛不利发酵。

③果胶：细胞壁的组成成分 $[(RCOOCH_3)_n + nH_2O \rightarrow (RCOOH)_n + nCH_3OH$ 薯类产生的甲醇多于谷物类，因而对薯类蒸煮温度不宜过高]。

④ 淀粉：基本没有淀粉水解，但预煮过程可能会形成低聚糖，造成发酵糖的损失。

⑤ 糖分：单糖和低聚糖。

甘薯：麦芽糖；谷物：蔗糖。

黑色素的生成：己糖脱水→羟甲基糠醛

↓ 聚合或氨基酸缩合

黑色素

黑色素的生成造成了糖与氨基酸的损失。

原因：局部过热引起，碱性条件 > 酸性条件。

措施：增加料水比，减小蒸煮压力。

⑥ 含氮物的变化：>100℃，可溶性蛋白质下降。

⑦ 酸度：上升，生成果胶酸。

24. 蒸煮工艺有哪些？

① 间歇蒸煮（设备：立式锥形蒸煮锅）。

② 连续蒸煮。

罐式：我国常用；原料利用率大于间歇蒸煮，提高 1%～2%；占地面积大，时间长，有滞留滑漏现象。

管式：出酒率高。

塔式：蒸汽耗量低。

③ 喷射液化：传热效率高，可以达到100%；蒸汽用量少，高效节能；结构轻巧，控制精度高；操作运行平稳。

④ 低温蒸煮工艺：节能，40%～60%；未发现染菌，预防可加NaF等；不需要高压设备；发酵率达87.5%，略低于高温发酵（88%）。

⑤ 无蒸煮工艺：节约能耗，节省冷却用水；设备简单；适于浓醪发酵，发酵率高；可获优质酒精等。

⑥ 膨化蒸煮工艺。

25. 液化、糖化过程主要控制哪些参数？

液化：α-淀粉酶活性，5.5～7.0最适；稳定pH是5.0～10.0，温度100～105℃，钙浓度0.2‰

糖化：糖化酶活性（pH最适4.0～4.5，温度最适58～60℃），糖化时间短（糖化率40%～55%，利于保持酶活，时间长糖化好，但影响后糖化）。

（1）酶浓度　活性相同，酶浓度越高，糖化时间越小。

（2）温度　温度高，反应快，过高则酶失活。

（3）pH（偏酸）。

（4）糖化时间。

（5）其他。

26. 影响酒精发酵的因素有哪些？

（1）稀释速度　控制进料速度，就可以控制酵母细胞数和营养成分。

（2）发酵醪pH的控制　连续发酵pH控制在4.0～4.5，间歇发酵pH可控制在4.7～5.0，pH的控制，可用H_2SO_4来调节。

（3）发酵温度的控制　酒精酵母繁殖温度为27～30℃，发酵温度30～33℃。

间歇发酵：接种温度27～30℃；发酵温度30～33℃；后发酵温度（30±1）℃。连续发酵各罐温度控制在30～33℃。

（4）发酵醪的滞留和滑漏问题　多级连续发酵要求醪液保持先进先出。

（5）多级连续发酵时发酵罐数量问题。

（6）发酵醪浓度　生产上希望尽量采用浓醪发酵，提高设备利用率，降低生产成本，增加产量。

（7）发酵时间　缩短发酵时间。

（8）细菌污染　添加抗生素、防腐剂、蒸汽消毒、死角消除、罐体清洗。

27. 酒精发酵有哪些新技术？

（1）高强度酒精发酵（浓醪发酵）　浓醪发酵能提高企业生产能力，降低生产成本。提高了发酵强度，也就是单位时间内，单位体积发酵液中得到的产物量获得提升，在发酵容积及时间不变的情况下提高酒精浓度。能源消耗及用水量大幅下降。对菌种及设备提出了新的要求。

（2）细菌酒精发酵。

28. 什么是发酵强度，如何提高发酵强度？

发酵强度就是发酵效率，是指单位时间、单位有效发酵罐容积内生产的酒精量。

方法：增大发酵罐，提高酒母质量和数量、深入糖化。